U0211089

启真馆 出品

歌唱的尼安德特人

语言和音乐的起源

[英]史蒂芬·米森 著

贾丙波 李静 夏君 译

ZHEJIANG UNIVERSITY PRESS

浙江大学出版社

·杭州·

图书在版编目（CIP）数据

歌唱的尼安德特人：语言和音乐的起源 /（英）史蒂芬·米森著；贾丙波，李静，夏君译. —杭州：浙江大学出版社，2023.8

（启真·科学）

书名原文：The Singing Neanderthals: The Origins of Music, Language, Mind, and Body

ISBN 978-7-308-23755-0

Ⅰ.① 歌… Ⅱ.① 史… ② 贾… ③ 李… ④ 夏… Ⅲ.① 尼安德特人－研究 Ⅳ.① Q981.5

中国国家版本馆CIP数据核字（2023）第079031号

审图号：GS（2023）2269号

歌唱的尼安德特人：语言和音乐的起源

［英］史蒂芬·米森 著　贾丙波，李静，夏君 译

责任编辑	伏健强
文字编辑	谢　涛
责任校对	闻晓虹
装帧设计	林吴航
出版发行	浙江大学出版社
	（杭州天目山路148号　邮政编码310007）
	（网址：http://www.zjupress.com）
排　　版	北京楠竹文化发展有限公司
印　　刷	北京中科印刷有限公司
开　　本	880mm×1230mm　1/32
印　　张	15
字　　数	322千
版印次	2023年8月第1版　2023年8月第1次印刷
书　　号	ISBN 978-7-308-23755-0
定　　价	88.00元

前　言

创作音乐这一天性，是人类最神秘、美妙而又备受冷落的特征。写这本书的初衷，是用我的理论来解释人类为何如此本能地钟情于创作和倾听音乐。我希望能综合各学科近来得到的种种证据——涵盖考古学、人类学、心理学、神经学以及必不可少的音乐学——并对它们之间的关联做出解释。但是，恰是在我开始这项工作之后，我才渐渐意识到，我所试图研究的不单单是音乐，还有语言：二者相辅相成，研究中缺一不可。随着工作的进行，我还发现，音乐和语言的进化必须以人体构造和思维的进化为基础。因此，这势必是一项格外艰巨的工作，但我希望这本书能让广大学者感兴趣，也能让普通读者读得懂，确切来说，让对人类发展史——音乐是其中不可磨灭的一部分——感兴趣的读者读得懂。

当我对我的家人谈起我打算写一本与音乐有关的书时，霎时间寂静无声，接着是一阵哄堂大笑。虽然我也常常听音乐，但我唱歌跟不上调子，打拍子跟不上节奏，对乐器更是一窍不通。我的妻子苏擅长唱歌，她和我的三个孩子都会弹钢琴，我的小女儿希瑟还会拉小提琴。我无论如何也不可能同她们中的一个人四手联弹或者为她们伴唱，一想到此，不由得心酸起来。此前我也试过和她们一起唱歌，但整个过程对所有人都是煎熬。

写这本书也是为了弥补我在音乐上的短板。当我的孩子们在房间里锲而不舍地苦练琴技时，我也正在另一间房间里锲而不舍地钻研音乐理论。这是我们共同徜徉于音乐中，配合得最天衣无缝的一次。若是她们练习得不够努力，我恐怕也不会如此用心，这本书也不会得以问世。因此，我万分感谢她们的勤奋刻苦，为她们所取得的音乐成就倍感骄傲的同时，也对她们的音乐能力欣羡不已。

我在雷丁大学的同事尼古拉斯·班南以其对音乐发展史充满感染力的热情和自然流露的歌唱表演，唤醒了我内心对此课题潜藏已久且始终如一的兴趣。

随着对相关课题学生论文的指导——尤其是伊恩·莫利和汉娜·迪肯的论文——我展开了自己的研究。这进一步激发了我的兴趣，我也因此潜心研读相关文献。一个喜出望外的发现是，光是听着音乐，我就能一连几小时琢磨阅读材料，思考其中含义。

研究过程中，许多朋友、同事和学术上的伙伴所给予的帮助和建议让我受益匪浅。其中，我最为感谢艾莉森·雷。她的作品对我的个人思考影响最深。她还好意地为我的初稿提意见，并把她未出版的文稿提供给我作参考资料。肯尼·史密斯也好心地阅读了我的初稿全文并提出了他的意见。吉尔·鲍伊、迪克·伯恩、安娜·梅钦、伊莎贝拉·佩雷茨、伊洛娜·罗斯针对部分章节提出了宝贵意见。我在此对他们给予的建议和帮助深表感激。

我还要感谢布伦特·伯林、玛格丽特·克莱格、伊恩·克罗斯、瓦莱丽·柯蒂斯、弗朗西斯科·德里科、罗宾·邓巴、克里斯托弗·亨希尔伍德、玛吉·托勒曼和安迪·怀腾。他们将我引向了出版，与我探讨各种想法，回答了我邮件中的问题，还为我提供了多份尚未出版的文稿作参考。

2004年10月，我和尼古拉斯·班南在雷丁大学合作组织了题为"音乐、语言和人类进化"的研讨会，研讨会得到了欧洲科学基金会的诚心赞助。这一切在本书初稿完成后进行，这让我有机会与众多我曾引用其作品，却素未谋面的学者们面对面交流。此项活动极具启发性，进一步丰富了我的知识，激发了我的想法和灵感，使我能完成此书。我在此对所有与会人士深表感谢：玛格丽特·克莱格、伊恩·克罗斯、佩德罗·埃斯皮·桑奇斯、特库姆塞·菲奇、罗伯特·富利、克莱夫·甘布尔、陈光海、比约恩·默克、伊恩·莫利、伊莎贝拉·佩雷茨、伊洛娜·罗斯、约翰·桑德伯格、伊丽莎白·托尔伯特和桑德拉·特雷赫。

同上述各位的探讨和论辩使我受益匪浅。但是，本书中出现的任何错误或思维混乱皆为我一人之过。

在写作过程中，我有幸得到了克里斯·琼斯在文书方面的帮助。她学校的工作繁重，在参加会议和完成文案工作的间隙，热心帮我校对参考书目，在网上搜集资料，复印各种材料，还帮我完成了各种琐碎的事情，从而让本书得以问世。我也很感谢韦登菲尔德与尼科尔森出版社的编辑汤姆·沃顿为我的书稿提供了大量宝贵意见，他为本书出版做出了极大贡献。

在我的生命中，印象最深刻的一次音乐经验是在1983年的一个冬夜，苏带我去约克大教堂，融融烛光下听到了福雷的《安魂曲》。正因那晚的经历，过去 21 年间，我一直在研究人类发展史，并用了去年一年的时间写成此书，来了解我和其他众多听众被那晚的音乐打动并深受其鼓舞的原因。当时是我第一次听到福雷的《安魂曲》。从那之后，苏一直向我推荐新音乐，常常是通过她所在的雷丁节日合唱团的音乐会。我的生命也因此更为完满。在此，我满怀感谢，将本书献给她。

2004 年 12 月 31 日

目　录

第二部分　过去篇

第一章　音乐之谜

一部音乐进化史的必要性

曾听人评价，舒伯特（Schubert）《C 大调弦乐五重奏》（*String Quintet in C Major*）的柔板宛如天籁。[1] 此时此刻，我的耳边正放着这首曲子，因此不难理解此评价。巴赫（Bach）的《无伴奏大提琴组曲》（*Cello Suites*）和迈尔斯·戴维斯（Miles Davis）的《泛蓝调调》（*Kind of Blue*）也能称得上绝世难得的仙乐。这是我个人的看法，您的喜好或许另有不同。本书所要探讨的也并非我们具体喜欢的音乐类型，而是我们不约而同喜欢音乐这个事实——为了听音乐，我们愿意付出不少时间、力气，甚至金钱；为了完美演绎乐曲，很多人苦练多年；对那些技艺高超、别具匠心、天资超凡的音乐家，我们常常爱慕不已，为之倾倒。

仅通过成长经历和社会环境来解释这一现象远远不够，虽然这两方面因素很大程度上会影响个人的音乐品味。欣赏音乐是人类共通的特点，所有社会群体都会创作音乐，人们以某种方式参与其中也很常见。而在现代西方社会，很多人对音乐敬而远之，甚至自称是音痴，此种现象着实不寻常。要想解开人类创作和倾听音乐的天性之谜，追究社会或历史因素并无益处，我们要先接受这种天性已在人类进化过程中刻进了我们的基因里。而我要揭秘的便是这一切如何发生，何时发生，为何发生。

人类大脑的其他共有属性，尤其是语言能力和创新思维能力，在近些年受到了全面而细致的研究和讨论，唯有音乐能力被遗漏。也就是说，我们在研究中遗漏了人类境况的一个基本方面，而现已获得的有关何之为人的认识不过只是部分的。

语言研究和音乐研究形成了鲜明的对比。巴黎语言学学会在其 1866 年的创始章程中规定，严禁任何与语言起源相关的讨论。[2]这一状况在学界持续了一个多世纪，一直到 20 世纪 90 年代，大批研究才开始涌现。如今，语言学家、心理学家、哲学家、神经学家、人类学家和考古学家经常就语言的起源和进化史进行辩论，发表和出版了大量与此相关的文章和书籍。[3]

尽管巴黎语言学学会对研究音乐的起源没有任何意见，学术界却似乎自发颁布了一条禁令，并一直本分地遵守着，直至今日仍未废除。但是，也出现了一些反其道而行之的优秀学者，我们应对他们做出的突破表示感谢。其中一位是查尔斯·达尔文（Charles Darwin），他在 1871 年出版的《人类的由来》(*The Descent of Man*) 一书中用了几页的篇幅来讲音乐的进化。时间再往后推移，著名民族音乐学家约翰·布莱金（John Blacking）在其 1973 年出版的《人的音乐性》(*How Musical Is Man?*) 一书中首次提出，音乐是人类生来共有的特质。[4]

我们不仅应当给予音乐起源同等分量的重视，而且还应将音乐和语言二者综合看待。虽然近年来对语言进化的研究日益增多，但取得的进展有限。这部分归结于对考古和化石证据的忽视，部分归结于对音乐的忽视。公然违抗巴黎语言学学会的学者们意识到，音乐和语言之间存在联系，且在不断发展变化。让－雅克·卢梭（Jean-Jacques Rousseau）的《论语言的起源》（*Essai sur l'origine des langues*）（1781 年）是对语言和音乐的综合思考。[5]一百多年以后，19 世纪到 20 世纪最伟大的语言学家奥托·叶斯柏森（Otto Jespersen）在其 1895 年出版的《语言的进步》（*Progress in Language*）一书中这样总结道："语言……始于描述个体和事件的半音乐化且不可分析的表达。"[6] 此种洞见似乎早已被遗忘，因为近来出版的大量与语言起源相关的书籍和刊物对音乐只字未提。[7]

或许只是因为音乐的起源太难以攻克。而语言的功能不言自明，即传递信息[8]，即便人们不清楚其演进的历史，也很容易认同其为进化的产物。那音乐呢？[9]

这一问题将我们引向另一个更受忽视的研究层面：情绪。若要论及音乐的首要作用，那一定是表达和诱发情绪。考古学家为研究人类祖先的智力程度费尽周折，但对其情感生活的研究却和音乐一样，冷落一旁。因此，这也限制了我们对人类语言能力进化的认识。

有关原始语的两种观点

语言是一种极其复杂的交流系统。现代人的祖先及其近亲所使用的交流系统越来越复杂，逐渐进化出了语言。[10]学界人士将这些交流系统统称为"原始语"。要想了解语言进化的过程，最重要的便是要正确认识原始语的本质。

因为界定语言的本质是一项艰巨异常的工作（我将在下一章中详述），语言学家们自然对这一问题争论不休。我们可以将他们的理论划分为两大阵营：一类认为原始语在本质上是"组合性的"（compositional），一类认为原始语是"整体性的"（holistic）。[11]

组合论的本质是，原始语由词语和有限的语法构成。该观点的代表人物是语言学家德里克·比克顿（Derek Bickerton）。过去十年间，他出版和发表了一系列有关语言进化的书和文章，在这方面颇具影响力。[12]

按照比克顿的观点，人类祖先及其近亲，比如尼安德特人，可能已经具备了相当大的词汇量，每个词对应一个心理概念，比如"肉""火""狩猎"等。他们能将这些词排列起来，但只能以近乎随机的方式进行。比克顿认为，此种方式会造成歧义。比如，"人杀熊"（man killed bear）的意思是人杀了熊还是熊杀了人？在音乐与语言方面都有研究的认知心理学家雷·杰肯道夫（Ray Jackendoff）认为，简单的规则可能会减少歧义，比如"施事在前"（即人杀了熊）。[13]但是，潜在话语的数量和复杂程度可能会因此受到极大限制。在原始语向现代语言进化的过程中，语法（界定语序的规则）也需要进化，在这种规则中，有限的词语组合在一起，形成无限的话语，每种话语都有各自的含义。

过去十年间，组合论在语言进化研究中占主导地位，且影响极大。但在我看来，这一理论将我们引向了认识语言进化最早期阶段的错误方向。近来，出现了一种新观点，那便是整体论。该观点的代表人物并没有比克顿那么有名，但我认为这位语言学家探寻到了原始语真正的本质。她就是卡迪夫大学的艾莉森·雷（Alison Wray）。[14] 之所以使用"整体"一词，是为了强调在语言产生之前使用的交流系统由"信息"构成，而非词语；原始人的每句话都独一无二地代表一种随机的含义，正如现代语言和比克顿式原始语中的词语一样。但是，雷认为原始人的多音节话语并不是由较小的意义单位（也就是词语）组成的，这些意义单位可以随机地组合在一起，或者按照规则排列来产生新的意义。在她看来，完整的话语被"分割"产生词语，之后词语组合起来形成传递新意义的表达，现代语言才逐渐形成。因此，虽然比克顿认为词汇出现在语言演化的早期阶段，但雷认为，词汇在后期才出现。

忽视和冷落

原始语的本质受到了学界广泛关注，而音乐的本质几乎无人问津。即便是研究人类祖先遗留下的骨骼和手工制品的古人类学家也未发觉其重要性。我本人也很惭愧，在我1996年出版的《思维的史前史》（The Prehistory of the Mind）一书中，也未考虑音乐。我在此书中提出了一种人类思维的进化情景，即从"特定领域"向"认知流动"思维转变，后者仅为智人所有。认知流动性指的是来自不同思维模块的知识和思维方式的融合，从而使人类能够使用比喻并进行创造性想象，这为科学、宗教和艺术的产生和发展奠定了基础。在《思维的史前史》中，我虽然将语言看作认知流动性的工具，但并未对语言的实际进化过程给予足够关注，对像尼安德特人一样的史前人类如何在没有语言的情况下进行交流这一难题，此书没有给出令人满意的答案。

我在最近写新书《冰河之后》（*After the Ice*）时，才敏锐觉察到自己对音乐的忽视。在这本书中，我对生活在公元前两万到前五千年之间的狩猎采集者和当时的早期农耕社会进行了场景重建。只有在想象到音乐的存在后，很多场景才让我体会到真实感：人们边唱歌，边做着日常琐事；在庆祝和哀悼时，大家一起边唱边跳；母亲边哼着曲调，边照看孩子；孩子们做着和音乐有关的游戏。相较而言，《冰河之后》中所研究的社会离我们更近，但类似的场景也存在于早期智人、尼安德特人，甚至更早的原始人，比如海德堡人和匠人的生活中。如果缺少了音乐，史前史显得过于安静，安静得异常。

音乐得到学界关注后，又有人将音乐解释成不过是语言能力的派生物而已。[15] 语言学家和进化论者史蒂芬·平克（Steven Pinker）于 1997 年出版了《心智探奇》（*How the Mind Works*）一书，这本书从诸多方面来看都是杰出的大部头著作，但全书 660 页仅有 11 页谈到了音乐。实际上，平克认为音乐不可能在人类思维发展中扮演重要角色。在平克看来，音乐从其他早先进化出的能力中衍生出来，它的出现仅为供人娱乐。"从生物学的因果关系来看，音乐没半点用处……音乐与语言截然不同……音乐是一种工艺，而不是适应器 ① （adaptation）。"[16]

有些学者将整个学术生涯奉献给音乐研究，但平克却将音乐轻描淡写地视作听觉上的芝士蛋糕和"制造叮玲噪声的过程"[17]，这自然会激起学者们的不满。剑桥大学的音乐学家伊恩·克罗斯（Ian Cross）对此做出了最有力的回应。他坦言自己出于个人角度为音乐作为人类活动的价值辩护，他认为音乐不仅深植于人类身体，而且对儿童的认知发展起重要作用。[18]

伊恩·克罗斯是率先开始研究音乐能力进化的几位学者之一——这一发展在平克撰写否定之词时就已开始。[19] 约翰·霍普金斯大学皮博迪音乐学院的伊丽莎白·托尔伯特（Elizabeth Tolbert）也对平克的观点提出了异议。她强调音乐与象征、身体运动之间的关系，并认为音乐和语言共同进化。[20] 雷丁大学音乐教育领域的专家尼古拉斯·班南（Nicholas Bannan）认为，"唱歌的本能"和平克所支持的"说话的本能"同样强大。[21] 利物浦大学著名进化心理学家罗宾·邓巴（Robin Dunbar）在他 2004 出版的《人类的算法》（*The Human Story*）一书中提到语言在进化过程中经历了一个音乐阶段。[22]

我和上述所有学者不仅追随着卢梭和奥托·叶斯柏森的脚步，而且还受到约翰·布莱金的影响。写作《人的音乐性》十年后，布莱金在最后一篇论文中提出，曾经存在过"一种非言语、前语言、'音乐性'的思维和行为模式"。[23] 而我希望在本书中探

---

① 适应器是进化心理学中的概念，是一种遗传的、能够稳定发展起来的特性，通过自然选择形成，有助于机体解决生存和繁殖问题。本书脚注均为译注。

讨并最终证明的正是此观点。

关于本书

我很惭愧在自己先前的研究中忽略了音乐，现在受艾莉森·雷整体原始语理论的启发，迫切希望了解史前祖先如何进行交流，并坚信音乐的进化也影响着语言的发展。通过本书，我梳理了自己有关音乐和语言进化的观点，并根据考古和化石证据对他人的观点进行了评价。

本书分为两部分。第一部分从第二章到第七章，围绕当今的音乐和语言展开，介绍音乐和语言的特点，以及我们对二者关系的认识；第二部分从第八章到第十七章，从进化史的角度对前半部分所述特点再次进行解读。

首先，我在第二章中对音乐和语言的异同进行了分析，之后主要聚焦三个问题：音乐和语言如何在大脑中形成（第三章到第五章）；我们如何与处于前语言阶段的婴儿交流（第六章）；音乐与情绪之间的关系（第七章）。

之所以如此安排，是因为这三个问题不仅有从进化角度进行解答的必要，而且能为我们研究音乐和语言的起源提供线索。自然，音乐和语言还有其他方面的问题等待我们去探究——特别是当今世界语言和音乐风格的多样性及分布——但本书并未对这类问题做出解答，因为这类问题的答案主要在于人类社会的历史发展和在人类进化出共同的语言和音乐能力很久之后所发生的人口分散。[24]

第一部分为所需探究的问题做好铺垫后，第二部分一开始视线仍然停留在现代，介绍的是猴子和类人猿的交流系统（第八章）。我认为它们的交流系统与我们的早期祖先类似，而我们的音乐和语言能力正是从祖先的基础上进化而来的。本书并没有研究其他动物的交流系统，虽然学界常常认为它们也具备音乐能力甚至语言能力，尤其是鸟类和鲸。不得不说，它们的音乐与人类的音乐确实存在惊人的相似之处[25]，但是鉴于人和鸟、鲸之间的进化距离，这种相似性应该是趋同进化的结果，换言之，自然选择为相似的问题——比如守卫领地和求偶——提供了相似的解决办法。我的研究重点放在人属的语言和音乐进化史上，未为此种趋同进化研究留出空间。

在第九章，我从 600 万到 200 万年前生活在非洲的原始人祖先入手开始研究。第十章到第十四章剖析了早期人类，比如匠人、直立人和海德堡人的进化和社会，探究直立行走、狩猎采集、社会关系、生活经历及协作对交流方式进化的意义。每章都呈现了重要的古人类学证据，并介绍了来自灵长类研究、心理学和语言学等学科的进一步材料。第十五章分析了尼安德特人的生活方式和交流系统。第十六章和第十七章分别梳理了语言和音乐诞生的最后阶段，并将这一切与 20 万年前非洲智人的出现相联系。

最后几章重回第一部分讲过的现代语言和音乐的特点，并用我提出的进化史对它们进行阐释。本书不仅完整描述了音乐和语言的进化过程，而且涵盖了它们与人类思维、身体和社会进化之间的关系。它将解释为什么我们喜欢音乐，不论你是钟情蓝调、巴赫还是小甜甜布兰妮（Britney）。

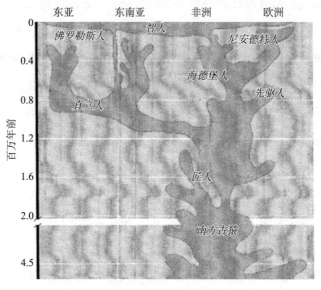

图 1　原始人进化树（含文中所提原始人种）

第一部分

现在篇

第二章 不只是芝士蛋糕？

音乐和语言的异同

真如平克所说，音乐不过是听觉上的芝士蛋糕？音乐只是语言在进化中的派生物？不过是一次天降好运带来了唱歌跳舞，将人类从生存和繁衍的单调乏味中解脱出来？还有一种观点认为，音乐具有适应性，并和语言一样深植于我们身上，而平克的观点不过是对这一意见的一种下意识反应。这两种观点是否都能得到证实？若语言和音乐之间存在联系，那么二者的关系如何产生，为何产生？要想回答上述问题，第一步便是要详细了解音乐和语言之间的异同。

这个问题不仅有关语言和音乐显而易见的性质，而且还涉及它们对大脑中同一运算过程的依赖程度。[1]我们关注的终极问题是我们这一人种，即智人为了发展语言和音乐能力所进化出的生理和心理特征。而且，在研究语言和音乐能力时，我们不仅要重视创作能力，还要关注倾听能力。[2]

本章将从不存争议的共同点入手，之后再来探讨音乐是否具备语言的三大特征，即象征、语法和信息传递。

问题定义

著名民族音乐学家布鲁诺·内特尔（Bruno Nettl）将音乐定义为"语言范畴以外的人声交流"。[3]这或许是目前来说最贴切的定义了。此处所说的"音乐"，是我们现代西方社会所普遍认知的音乐。与此同时，我们必须要清楚，在不同的文化背景下，音乐的概念是不同的。有些语言缺少词或短语来形容西方社会认知为音乐的整体现象，但是它们中可能包含形容具体音乐活动的词语，比如：宗教歌曲、世俗歌曲、舞蹈和弹奏特定乐器。[4]即便在西方，音乐也只部分存在于知音者耳边，虽然对于约翰·凯奇（John Cage）1952年创作的《4分33秒》（4' 33"）来说，这本身是一个矛盾的说法。[5]

而语言的定义可能更为直接：语言是由一个词语库（一套拥有公认含义的词语）和一套语法规则（一套规定词语如何组合成句子的规则）所组成的交流系统。但此定义尚存争议。支持整体原始语理论的艾莉森·雷认为，口语的一大要素是"程式化"的话语——作为整体来学习和使用的预制短语。最典型的例子是习语，比如"驴唇不对马嘴""挂羊头卖狗肉"①。[6]与本段中其他句

---

① 原文用的习语是"straight from the horse's mouth"和"a pig in a poke"。前者意为"据可靠消息"，后者意为"轻率购买的商品"。

子不同，这类短语的意思在只掌握词语和语法规则的情况下是很难理解的。

雷和其他一些语言学家认为，"词语加语法"的定义过多强调书面语，对日常使用的自然口语没有给予足够重视，因为自然口语所使用的语法常常不一定正确。[7]彼得·奥尔（Peter Auer），以及与他合著《时间中的语言》（*Language in Time*）（1999年）的其他学者也会认同此观点。他们认为，传统语言学家忽略了口头交流中的韵律和节奏，而正是韵律和节奏让我们在对话中达到话语同步。这是语言一个基本和普遍的特征，而且明显和群体音乐创造有关。

有些文化中存在既不属于音乐，也不属于语言的声音表达。最直观的例子是印度宗教中念诵的咒语。[8]这是一种持续时间很长的言语行为，听起来很像口头语言，但并没有实际的含义和语法结构。咒语由师傅传给弟子，不仅发音要准确，而且节奏、旋律和姿势也要正确。因此，佛教咒语拥有一整套固定表达，几百年来未曾发生过变化。咒语同时具备语言和音乐的特点，但不属于二者中任何一类。

普遍性，但文化上有多样性

音乐和语言存在于所有现存人类社会以及有史料记载的人类社会中。考古学家相信，音乐和语言也曾存在于所有史前智人社会中。[9]虽然音乐的概念在不同文化中或有不同，但是所有文化中都有歌曲和舞蹈，且音乐话语中存在某种形式的内在重复和变形。韵律结构以音符长度和重音变化为基础。[10]

音乐所使用的情境及其在社会中的功能也是富于变化的，其中娱乐、确认社会制度和建立社会联系尤为普遍。最重要同时可能也是唯一普遍应用的情境是宗教：在所有文化中，音乐广泛应用于与神交流及称颂和/或侍奉神的活动中。[11]

另一种形式的普遍性不在社会或文化层面，而在个人层面：除了患有认知缺陷的人以外，所有个体都有习得语言的能力，并且生来就有音乐鉴赏力。这种说法我将在第六章（此章讨论婴儿的发育）进行探讨并加以证实。布鲁诺·内特尔对全球状况进行了总结："虽然世界上音乐种类繁多，但显然，人类不仅想创造音乐，而且想以一种特定方式进行创造。"[12]

音乐的普遍性可能比语言存在更大的争议。因为比起倾听，我们过于重视创作，而且还有很多人自称缺乏乐感。约翰·布莱金在西方中产阶级社会（安立甘宗高教会派、公立学校、剑桥大学）长大，20世纪70年代时，他曾对中产阶级社会中存在的理论和实践之间的矛盾发表过评论。时至今日，他的观点依旧没有过时。从过去到现在，音乐一直伴我们左右：我们在餐厅吃饭和机场休息室聊天时能听到音乐；广播电台一天到晚播放着音乐；实际上，很少有人不会选择用音乐来填充可能安静的时刻。布莱金评价："人们声称只有少数人才有乐感，但是从实际来看，好像所有人都具备基本的音乐能力，即倾听和辨别声音的能力，不然音乐传统何以存在？"[13]他认同世界上没有音痴的观点，而且指出，因为有了具备音乐鉴赏能力的听众，才会有巴赫和贝多芬创作的优秀音乐作品。[14]

虽然我们发现，语言和音乐共同存在于所有的社会中，而且有很多共同点，但是过往的研究以记录和解释他们的多样性为主。[15] 全世界现存语种有6000多种，这也仅是曾存在过的所有语种中很小的一部分。全世界的音乐数量要更为庞大，种类更为繁多。

语言有英语、汉语和阿拉伯语，音乐也有爵士、黑脚印第安人音乐和西藏梵呗等。和语言一样，音乐也有风格、地区和社会之分。音乐有不同的类型；我们可以追溯其起源、融合和发展历程。语言和音乐的多样性和模式化都是依赖于世代之间和社会之间的文化传递发展起来的。这就为分辨语言和音乐的界限增加了难度，无论是从历史角度来看（古英语何时演变成中古英语？古典主义音乐何时过渡成浪漫主义音乐？），还是从当今世界来看。例如，民间音乐、蓝调、福音音乐、乡村音乐和爵士乐之间有怎样的界限？更别提老派嘻哈、电子音乐、新电子音乐、硬派浩室、放克浩室、深度浩室和渐进浩室了。[16]

音乐和语言在不同文化之间的可翻译程度完全不同。如果有人对我讲一种完全陌生的语言，我根本不可能知道他们在说些什么——尤其是与英语完全不同语系的语言，比如日语或有搭嘴音的非洲语言。我或许会从他们的表情、语调和手势中感知些许对方的情绪，但是很难了解其中内容。但是，如果身旁有翻译，我所听到的奇异话语就能翻译成英语，如此我便能理解。

音乐则不同。我们不仅可以把日语翻译成英语，还能翻译成世界上其他任何一种语言，不过在此过程中原始信息中的细微之处可能会遗失。但将一种文化中的音乐翻译到另一种文化中完全没有意义，而且也没有必要。[17] 约翰·布莱金曾在 1973 年指出，这种情况也似乎说明了我们有可能找到解释语言行为的通用理论，但是不可能找到音乐的通用理论。布莱金还讨论了南非的文达族，他曾在 20 世纪 50 年代与文达族人共同生活，他的观点正切合我在此书中的理论基础。此处须做详细引用：

> 音乐能跨越时间和文化。虽然莫扎特、贝多芬时代的文化与现在已有不同，但他们的音乐如今听来依旧打动人心。虽然披头士最终解散了，但他们早期的音乐依旧让人激动不已。同样地，文达族几百年前创作的歌曲现在依然让我情绪激昂。许多人被日本的筝乐、印度的西塔琴音乐和乔皮族的木琴音乐等吸引。我并不是说我们能和演奏者感同身受（而且我早先也说过，即便生活在同一社会中，不同的人对音乐的理解也不一样），但从我们的亲身经验来看，我们一定程度上能实现跨文化交流。我深信原因在于音乐的深层结构中存在着人类心灵共通的元素，而这些元素可能在表层结构中显现不出来。[18]

大脑、身体与声音

语言和音乐都有三种表现形式：声音，即说话和唱歌；动作手势，即手语和跳舞；书写的形式。每种形式在大脑中都有相应的生物学基础，认知病态会导致失语症和/或失乐症（参见第三章至第五章）。第一种形式发声是贯穿本书的核心内容，第三种形式也是人类历史发展的产物，但不在我研究的时间范畴内。在音乐和语言交流中，肢体应用是重要一环，音乐、语言与现代人的体质进化之间的关系也是我研究的重点之一。

音乐最突出，同时也是没有受到充分研究的特征之一是愉悦身体，即我们为何在听到音乐时会轻敲手指和脚趾，有时还会摆动身体。其实，将带有节奏和旋律的声音与带有节奏和旋律的动作分离来看，即将音乐和舞蹈分离来看，是极度不自然的，在本书中，我将用"音乐"一词涵盖声音和动作。理解这一概念最简单的方法是仅将音乐视为动作的产物，通过从膈肌一直延伸到唇部的多部分声道共同运动而实现。

许多人也会觉得，将手语排除在语言之外，即将语言和手势分离，一样生硬不自然。人们说话时常常伴随着手部或整个身体的运动，而有几位人类学家也认为，口语由手势进化而来。[19]虽然人们说话时会有意地做一些手势，但大多数情况下都是自然流露。说话者常常无意中做了手势，而且很多人发现自己很难抑制自己的动作——就像人们听到音乐时很难抑制住身体的律动（有关内容将在第十章中详述）。[20]

习得和能力

一种特定语言的文化从一代传向下一代，似乎有赖于童年时代的被动习得：孩子单纯靠听来学。用"似乎"二字，是因为孩子必定需要练习。只有和能熟练使用语言的人进行有意义的交流，孩子才能获得语言能力。到四岁时，他们将会掌握几千的词汇量，灵活使用一整套语法规则，并能用自己掌握的词汇进行广泛表达。[21] 此外，无论孩子所学为何种语言，他们都会经历相同的语言学习阶段。虽然孩子通过类似的方式学习音乐，但似乎音乐技能更难习得——那些苦学钢琴、小提琴和唱歌的孩子们能现身说法（他们的父母也能作证）。但是，我们也须谨慎，因为我们的认知深受现代西方文化的影响。

在"传统"社会中，唱歌在日常生活中更为普遍，因此婴儿习得音乐知识可能比现代西方社会更容易。而且，如果我们能更注重倾听、非正式的歌唱和跳舞[22]，而不是高难度的乐器学习，我们或许可以像习得语言一样自然地习得音乐。乐器学习可能更接近语言学习中的写，而不是说。约翰·布莱金对全世界不同文化中的音乐进行了研究，他总结道："在我看来，音乐能力中至关重要的能力与其他文化能力不同，是学不来的；这种能力潜藏于人的体内，等待挖掘和开发，就像基本的语言规则一样。"[23]

虽然很多成年人会使用双语，还有一些人能流利地说多门语言，但是大多数人只熟练掌握了一门语言，而且听说能力相当。至少，大家的普遍认知如此，这种认知可能深受已实现语言统一的单一民族大国的影响。双语和多语很可能在过去更为常见，或许在工业化的西方社会以外是常态。即便如此，语言能力水平还是与音乐能力水平形成了鲜明对比：大多数人了解多种音乐风格，但比起听音乐，会创作的人要更少。很少有人能谱曲，而且很多人（包括我）连调子都跟不上。[24]但这可能也只是现代西方社会的状况，不适用于全人类。这或许反映了西方教育系统对音乐的相对不重视以及随之而来的对音乐相当精英化和形式化的态度。

层次结构、递归和节奏

语言和音乐拥有相同的层次结构，先由声音元素（词语或音调）组合成短句（话语或旋律），短句再进一步结合，生成语言或音乐事件。此二者均可称为"组合系统"（combinatorial system）。

这种组合方式常常会产生递归——一个短语或乐句嵌入另一个相似的短语或乐句中，类似于从句中套从句。一套有限的组成元素会生成无限的表达。久负盛名的学术期刊《科学》最近登载了一篇有关人类语言的综述，作者是同样久负盛名的哈佛大学团队：马克·豪泽（Marc Hauser）、诺姆·乔姆斯基（Noam Chomsky）和特库姆塞·菲奇（Tecumseh Fitch）。他们总结得出，递归是唯一在动物交流系统中缺少对等物的语言属性，因此，这一特点可能是近些年进化出来的，即在 600 万年前人类和黑猩猩的共同祖先进化分离出人属物种之后。[25] 但是，乔姆斯基和他的同事们认为，递归并非作为语言系统的一部分而产生，递归进化的目的是解决与导航、数字处理和社交相关的计算问题，之后递归作为进化的副产品成为语言系统的一部分。但他们没有发现递归也是音乐最为重要的特点之一。[26] 如伊恩·克罗斯所说，乔姆斯基对语言的定义突出了递归的作用，这让该定义也同样适用于音乐。[27]

相反，大家普遍认为节奏是音乐的重要特征，但很少有人注意到语言的节奏性。彼得·奥尔和他的同事们认为，忽视了说话者在对话中的节奏性互动，也就是放弃了认识语言最为重要的特点之一的机会。他们分析了大量英语、意大利语和德语对话中的时间和节奏结构，研究了多位说话者如何在对话中实现"发言权"的自然过渡。他们得出结论，首位发言人定下了明确的节奏基调，"无障碍的轮流说话……不仅仅是没有交叠（同时）说话或'空隙'，而是取决于一种节奏感，凭借这种节奏感，我们可以推断下一位说话者什么时候说出第一个重音"。[28]

象征和意义

虽然音乐和语言都是由离散单元（词语和音调）所构成的层级系统，但是其离散单元的本质完全不同：语言的离散单元本质是象征，但音乐不是。[29] 我将其称为象征，只是想表达大多数词语与其所指的实体之间的关系是随机的；"狗"指的是一种特定的多毛哺乳动物，但这个词的发音听起来并不像狗，还有"树"的发音听起来也不像一株高大的木本植物，"男人"的发音听起来也不像人种中的男性。并非所有词语都符合这一特征。在所有语言中，拟声词都扮演着重要的角色。有些词语的发音与其指称对象的外形、动作或触感相像，即声音通感，这一话题在之后的章节也会探讨。[30] 然而，婴儿最了不起的成就便是，他们能在如此短暂的时间内学会大量词语的随机含义。

音符并没有指称意义。中央 C 音就是中央 C 音，除此之外，再没有其他意思：它没有所指对象，也不是象征。响亮的高音常用来吸引注意力和警示危险状况，比如火警警报声或警笛声，但是，最终效果不仅取决于音调本身，还在于背景环境。如果我们置身音乐会现场，这些声音便会产生不同的效果。尽管一些音符，特别是一些音符序列，可能在不同个体身上产生相似的情感反应（我将在第七章详述），但是并没有公认的规定说明音符如何代表情绪，就像词语和意义之间的关系一样。

如果赋予音乐意义，那么音乐的意义通常有高度的个体性，可能与过去听同一首音乐的记忆有关——以"亲爱的，他们弹的是我们最爱的曲子"为典型症状。伊恩·克罗斯最近提到："同一首曲子对演奏者和听众，又或者两位不同的听众来说可能蕴含不同的意思，即便对同一位听众或参与者，在不同时间同一首歌可能承载着不同的含义。"[31] 宗教音乐最能体现这个特点。我是一个无神论者，所以当听到 18 世纪称颂上帝的合唱曲，如亨德尔（Handel）的《弥赛亚》（Messiah）或巴赫的《马太受难曲》（St Matthew Passion）时，这些音乐对我和对怀有宗教信仰的人来说，有着完全不同的"意味"。如约翰·布莱金所说，如果脱离印度文化背景，我们很难充分理解印度北部的音乐，同理，如果脱离 18 世纪的世界观，也很难充分理解巴赫和亨德尔的音乐作品。而我对 18 世纪欧洲文化和印度文化只懂皮毛，自然会产生与生活在相应文化背景中的人不同的感受。[32]

肥皂剧的主题曲向我们说明了有些音乐如何能够在一个群体中代表一种共同的含义。《弓箭手》（Archers）是英国广播公司广播四台的长篇连续剧。很多英国人在听到《弓箭手》的主题曲时，立马就能辨认出来，而且会把它看作该电台节目的象征（symbol）——虽然用"符号"（sign）或"索引符"（index）来形容其实更为贴切。[33] 他们在听到主题曲的同时，便会联想到《弓箭手》。但是世界上其他地方的大多数人（我认为）在听到这首歌时，并不会产生这种联想，而是把它当作没有任何象征意义的歌曲来听。

这种意义来自整首音乐，或者至少是一段重复出现的重要旋律，而不是来自赋予单个音符的单独含义。有些口语的意义也是如此。此处说的正是本章开头所提到的预制短语，比如"打铁还需自身硬"，我们要从整体角度来理解其实际意思。如果把《弓箭手》的主题曲拆成一个个的音符，整首歌便失去了意义。同样地，如果把这类短语拆成单个字或单个音，原话也就丧失了意义。

要想理解别人用外语说的话，我们要从整体角度，而不是从部分来分析考虑，这与上面所说是同样的道理。比如，我学到威尔士语中的"我很抱歉"是 *mae'n flin 'da fi*，但我并不知道威尔士语使用者怎么拆分这句话：哪部分是"我很"，哪部分是"抱歉"。语言这种程式化的特点表明，其与音乐的相似性比最初显示的更大。[34]

语言和音乐中的语法

语言具有组合性，词语通过规则，即语言的语法，组合形成口语或书面语。准确来说，此过程通过三大语法规则系统之一的句法实现。另外两大规则系统为词法——词和字组成复杂词语的方式，音韵——语言发音系统的规则。

语法规则有其特殊性，因为语法赋予了短语象征以外的意义，并将词语含义映射到句子的含义中。在英语语法中，主语一般置于动词前，因此，"狗咬人"和"人咬狗"代表不同的含义。

因为有了语法规则，一种语言中有限的词语可以组合成无限的句子，如上所述，其中部分是通过发挥递归的作用实现的。

孩子能习得语法规则是很了不起的，因为他们需要从自己听到的话语中提取语法规则。20世纪50年代，诺姆·乔姆斯基发现孩子能用与学画画、学演奏乐器和学骑自行车同样的方式学会语言，这确实让人觉得难以置信。他认为，孩子从父母、兄弟姐妹和其他人那里所能听到的话语数量和特点不足以让其从中总结出语法规则，因此他们所说的话语带有自身特点，但能传达意思。这便是"刺激贫乏论"。乔姆斯基以此为基础提出了"普遍语法"，即一套智人身上普遍存在的天生机制，其为习得语法创造了一种起步优势。这也就意味着，所有语言之间可能存在一些共通的语法规则，它们只不过以不同的形式表现出来。"普遍语法"中的某些"参数"在婴儿听父母或其他人说话的过程中设定下来，以适用于其所要习得的语言。

乔姆斯基提出"普遍语法"后，音乐学家开始寻找对应的音乐理论。[35] 但他们并未取得显著成果。他们为有些音乐（比如瑞典民歌）制定了语法，如此，按照同一种主要结构就能创作出新的乐曲。实际上，按定义来说，所有的音乐风格都遵照一套相应的规则。如果没有遵照规则，乐曲听来就和违背了语法规则的话语一样怪异。比如，在西方，大多数人生来就掌握了一套音乐的"调性知识"，能辨别出不符规则的曲调。那些曲调听起来就是"不顺耳"，第四章还会对此详细介绍。这种调性知识（详见第四章），就像语法知识，我们西方人能轻而易举学会并灵活使用，但对大多数读者来说却一时难以理解。

在阐释音乐语法方面最卓著的尝试是 1983 年弗雷德·勒达尔（Fred Lerdahl）和雷·杰肯道夫合著的《调性音乐的生成理论》（*A Generative Theory of Tonal Music*）。[36] 他们认为，调性音乐的知识依赖于一种天生的音乐能力——音乐中的"普遍语法"。但很少有音乐学家认同这种音乐能力相当于语言中的语法。最近，音乐哲学家道格拉斯·登普斯特（Douglas Dempster）解释说，很多系统都由规则（比如下棋的规则和做菜的菜谱）和例行程序（比如各种计算机任务的执行和录像机的设定）来决定，但我们把这些统称为"语法"并没有什么作用。[37] 音乐也一样。

一种音乐风格的规则和一门语言的规则迥然不同。音乐规则通过和语法规则不同的方式，赋予音乐意义。"狗咬人"和"人咬狗"有着本质的区别，但颠倒三个音符的顺序对一首音乐来说并没有那么大的影响。这可能会让音乐听起来不顺耳，但我们不能说，颠倒顺序改变了音乐的意义，因为一开始就没有所谓意义可改变。

顺时而变

音乐风格的规则和语法规则的第二大不同在于改变的速度。登普斯特认为，因为我们用语言进行交流，有理解说话人意图的需要，因此，语法规则承担着保持稳定性的巨大压力。音乐规则所肩负的压力则明显不同，我们认为音乐风格的偏离很宝贵——

再次重申，此观点可能更偏向于现代西方音乐，与其他音乐传统中对一致性和稳定性程度的要求相矛盾。但是，登普斯特认为，与语言相比，音乐风格的规则面临更大的审美压力，需要保持相对不稳定。[38]

语言的确顺时而变。发音在变化，人们创造着新词语，从其他语言中引入新词语，词语的含义也发生着变化（典型例子是"同志"的词义在过去二三十年间已发生了改变）。语言能用来肯定社会身份（比如，使用特定的俗语或行话），因此，随着社会结构的变化，语言特点也会随之而变。然而，这种变化相对缓慢，因为世代之间和社会群体之间的交流必须保持有效性。一种语言非常有可能历经一千年的演变，才能变成另一种截然不同的语言。

音乐进化的速度更显而易见，从兴起于 20 世纪 70 年代的说唱的发展可见一斑。说唱属于嘻哈文化这一更为宽泛的亚文化的一部分，嘻哈文化还包括霹雳舞、涂鸦以及搓碟和切片。说唱最早诞生于布朗克斯，以牙买加唱片骑师库尔·赫克（Kool Herc）的出现为标志，他最早是随着当时流行歌曲的伴奏进行唱诵。此后，说唱迅速发展起来，因为说唱几乎没什么规则，除了一条：跟着音乐的拍子押韵。什么内容都能说唱出来，但要注重内容的原创和个性的突出。20 世纪 80 年代中期，说唱连同整个嘻哈文化成为主流，20 世纪 90 年代，先后出现了政治说唱和匪帮说唱。艺术家们从不同的来源，包括民间音乐、爵士乐和电视新闻广播中汲取音乐。随着网络说唱的出现，说唱真正成为席卷全球的音乐现象。格外有意思的是，嘻哈文化的俚语已经影响了整个语言，成为许多不同种族出身的群体的标准词汇的一部分。

信息传递、指称和操纵

不论是口语、书面语还是手语，语言使用的主要目的是将思想或知识传递给一个或多个个体，此过程包括一位明确的信息"发送者"和一位或多位信息"接收者"。或许，语言最重要的一点就是能将其功能发挥到恰到好处，我们基本上可以用语言来交流万事万物，从内心最隐秘的情感到日常琐事，再到宇宙起源的理论。[39]

在此方面，音乐与语言有着根本的不同。按照伊恩·克罗斯的观点，很多音乐都没有明确的交流功能。"要是真有此功能的话，娱乐合唱团或业余摇滚乐队的成员可能都担当不了表演者的角色。因为于他们而言，音乐更多是一种参与互动的方式，所有人都平等参与并同时担当表演者和倾听者两个角色……同理，若我们放眼西方世界以外的音乐，它们存在的理由似乎都不是为了将音乐信息从主动的表演者传递给被动的倾听者，而是对同时产生和感知复杂声音和运动的过程的集体参与。"[40]

著名音乐心理学家约翰·斯洛博达（John Sloboda）曾解释道："我们用语言来表明立场或提出有关现实世界及其中存在的事物和关系的问题。如果音乐真的有主旨，那定然与普通语言有所不同。"[41]这并没有排除音乐可以用来讲故事或谈论现实世界的可能性。[42]斯洛博达以人们被问到自己对最近所听的交响曲的感受为例。回答中可能不光有一些描述（"声音洪亮"）和评价（"很喜欢"），而且还会用比喻描绘音乐的特征（"感觉就像是漫长的英勇斗争终于迎来了胜利"）。[43] 斯洛博达还解释说，人几乎总是能对事物做出评论，即便他们可能对同一首音乐的特征做出完全不同的描述。

这种对音乐的感受可能源自对模仿的使用——用木管乐器模仿"鸟鸣"，以营造田园氛围，或用小提琴的滑音来模仿暴风雨中狂风的咆哮。因此，将乐符或乐句作为标志甚至记号，而非象征来使用，从而实现了指称。象征指称非常少见，常常是音乐本身之外的情况，并借助于语言和 / 或视觉输入来实现。斯洛博达举了歌剧中的例子。在一部歌剧中，男主登场伴有特定的音乐主题，当男主不在场时，这一主题也可能用来表达其他含义，比如女主在思念着他。这可以称作象征主义，虽然音乐只不过是男主登场的标志或符号。

总而言之，音乐是一种非指称性的交流系统。虽然一首音乐并没有"讲述"世界上发生的任何事情，但它却能够深深地影响我们的情绪，比如让我们感受到快乐或悲伤（下文以及第七章都会对此进行讨论）。音乐还能以娱乐的方式让我们摆动身体。因此，我们可以将音乐的特征描述为"具有操纵性"（manipulative），而不是具有指称性。人们常以为语言的主要特征是具有指称性，因为语言向我们讲述了世界上发生的种种事情，但我们常常在别人说了某些话之后，受驱使做出行动，所以语言或许也可以描述为具有操纵性。

认知挑战

语言可以形容为思想表达的途径。一般认为，思想是独立于语言而存在的；不具备语言能力的人，甚至处于前语言期的人也可能拥有思想。再次重申，我们必须谨慎，因为有些层面的人类思想，尤其是与抽象实体相关的思想，可能依赖于对语言的掌握和使用[44]，而不是相反（我们将在第十六章中进行讨论）。同样，仅因为我们难以想象没有思想的大脑，就赋予动物类似于人类的思想，这种观点有很大风险。

大多数话语都是对思想的表达，而听者想要听懂的是这些思想，而非词句本身。这个过程常常涉及大量的推断，为了能明白一句话的含义，听者需要借助大量额外的信息：他们对说话人的了解，所指的实体和说话的语调。当被问及另一方说了什么，听者一般不会逐字重述一遍，而是将他们所理解的话语背后的含义表达出来。[45]鉴于此，语言似乎有赖于另一种认知能力，即"心智理论"。有了这种能力，人们便能明白另一个个体可能拥有与自己不同的信仰和愿望。类人猿可能不具备这种能力，它们的语言习得能力因此而受到限制，"心智理论"能力尚未开发的幼童也是如此。[46]

音乐似乎对认知的要求更低。听者不需要推断演奏者或作曲家想传达的思想和意图——虽然他们可能会试着去想，以让体验更深切。你只需静静坐着，感受音乐"流淌"过你的身体和心灵，不用集中精力或主动去听。在现实中，我们常常在吃晚饭聊天或做其他事情的时候播放背景音乐（今天我在写作时，听了巴赫的《大提琴组曲》，昨天听的是鲍勃·迪伦）。然而，即便是背景音乐，也会对认知和生理产生影响。当我们听到有人说话时，会不由自主地去推断说话人的想法，而且在一定程度上还会产生共鸣，而当我们听到音乐时，情绪也会不由自主地受到感染。实际上，音乐常常操纵着我们的情绪。

情绪的"语言"

音乐和语言中都有带有感情的停顿，即通过调整口语和乐句的声音特点，来表现侧重点和情绪。[47]这既适用于一整段话或一整个乐句，也适用于节选的一部分。"韵律"（prosody）一词指的是口语中的旋律和节奏特点。当韵律感很强时，说话听起来会非常像音乐。当我们对婴儿说话时，韵律起着重要作用，尽管对襁褓中的婴儿所"说"的话属于语言还是音乐目前尚存争议——我将在第六章探究这一重合点。

虽然语言的内容也可以表达情绪，但韵律更为重要。比如，我可以说"我现在很伤心"。但是，单凭这句话难以让人信服。如果我用很开心的口吻说"我现在很伤心"，听者更容易从中推断出，不知出于何种原因，我虽然嘴里说着很难过，但却表达着嘲讽的意思。

情绪表达对音乐的作用要比其对语言的作用更为重要。如果我能听到一位丧子的母亲的哭泣声，这要比她单纯告诉我她的孩子死了，她很心痛，更容易让我感受到她的悲痛欲绝。我还很有可能在听到她唱的挽歌后潸然泪下。当然，我也可以去听女演员在电影中唱同一首歌，即便知道女演员并不是真的痛彻心扉，但我也会同样地为她感到难过。同样，我还可以听安魂弥撒曲的唱片，受其感染而悲伤，即便我不必将同样的心情归于可能早已作古的音乐家或作曲家，更不用说播放音乐的唱片机。

心理学家罗杰·瓦特（Roger Watt）认为，音乐就像一个虚拟人，听众不仅能听出它的情绪，还能听出性别和性格特征，比如善良还是邪恶。[48] 约翰·斯洛博达也有类似的观点。他认为，我们在听音乐时会感受到惶恐不安和决心满满，还会感受到期望、成长和颓败。他将此称为"动态意识"："'动态意识'将音乐解读为其他事物的具体化……概括来说，即运动着的物质世界，包括运动物体的特殊子类，生命有机体。"[49] 最鲜明的例子是，很多音乐听起来——有意创作成和 / 或演奏成——有如真实的对话。

音乐非常适合表达情绪，以及感染听众的情绪——音乐是"情绪的语言"这一通俗说法也体现了这一事实。音乐的情绪力量一直以来都是学术研究的主题，以伦纳德·迈尔（Leonard Meyer）的《音乐的情感与意义》（*Emotion and Meaning in Music*）和德里克·库克（Deryck Cooke）的《音乐的语言》（*The Language of Music*）这两部 20 世纪 50 年代的著作为代表。[50] 迈尔对音乐如何代表情绪做出了解释，库克总结了西方调性音乐中普遍存在的某些乐段和某种情绪之间的关系。与音乐和情绪相关的研究越来越多，我将在第七章中对相关研究及库克的观点进行进一步探索。

平克认为，音乐不过是语言的派生物，没有任何生物价值，而音乐的这一特点与平克的观点相矛盾。情绪的产生不是平白无故的，也不是为了逗趣好玩。情绪对人类思维和行为至关重要，并且有着漫长的进化历史。我们的灵长类近亲很有可能具有人类的基本情绪——气愤、愉悦、厌恶和悲伤，而且这些情绪与它们的发声特点密切相关，相关内容之后探讨。情绪与人类认知和生理机能的运转密切相关，是身体和心灵的控制系统。因此，假使音乐不过是人类的新发明，那我们内心最深处的情绪就不可能被音乐如此轻易而强烈地唤醒，我们的身体也不可能受其操控。但我们在听到音乐时会不由自主地轻敲手指和脚趾。事实上，即便我们坐着不动，我们脑部的运动区域也会被音乐触发。[51]

小结：共同进化史还是独立进化史？

音乐和语言是人类社会的普遍特征。它们都能通过声音、肢体语言和文字的形式呈现出来；它们都是具备层次结构的组合系统，都有带着感情的停顿，都借助于含有递归的规则，都能利用有限的元素生成无限的表达。两种交流系统还都涉及手势和肢体动作。综上所述，它们可能也都具备道格拉斯·登普斯特所说的某种"基本认知的东西"。

但是，二者之间也存在很大的区别。口语能够传递信息，因为口语由象征构成，象征通过语法规则获得完整的意义。虽然也有程式化的短语，但是语言是组合性的，而乐句、手势和肢体动作都是整体性的：它们的"意义"来自整个乐句所代表的一个整体。口语既具备指示性，也具备操纵性：有些话语指代世界上的事物，有些话语让听者以特定的方式思考和行动。而音乐的主要特征是操纵性，因为音乐以诱导的方式触发情绪，带动肢体动作。

因此，通过这些分析，我们能得出音乐和语言究竟是怎样的关系呢？真如史蒂芬·平克所说，音乐不过是听觉上的芝士蛋糕？答案必然是否定的，因为从我在本章中所讨论的资料来看，音乐与语言迥然相异，用进化的派生物来解释其关系不够充分。那么，其他观点呢？[52]

当然，也有可能和平克的观点正好相反：语言可能是从音乐中衍生出来的。这种假设的可能性也不大，刚好是同一个原因：这种说法无法解释语言的独特之处。另一种观点认为，音乐和语言作为两个完全独立的交流系统，并行进化。这种说法也难以让人信服：虽然音乐和语言各有其独特之处，但它们之间的共同点仍然要比独立进化更多。

还有一种可能性是，语言和音乐拥有同一个前身——一个具备语言和音乐的共同点的交流系统，但它在进化过程中的某个时间点分化成了两个系统。

音乐学家史蒂芬·布朗（Steven Brown）在其最近一篇论文中对这一观点表示了支持，并将这一前身称作"音乐语言"（musilanguage）。[53] 他认为，这就是人类祖先在远古时代所使用的交流系统，虽然文中并没有谈到人类进化，也没有迹象表明"音乐语言"出现于何时。按照布朗的观点，在过去某一不确定的时间点，"音乐语言"分化成了各自独立的两个专门系统，之后每个系统形成了各自所独有的特点：一个成了音乐，另一个成了语言。

我认为，史蒂芬·布朗"音乐语言"的概念与我在第一章所提到的艾莉森·雷的整体原始语在本质上是一样的。这可谓音乐学和语言学领域在研究上趋同进化的实例。通读了他们的研究后，我发现他们二人都没有充分体会到各自见解的真正重要性。而揭示其重要意义便是我在本书中的任务——不仅要说明音乐和语言的起源，而且要更为准确地描绘出人类祖先生活和思维的图景。实际上，以此观点为前提，即音乐和语言共有一个前身，我们确实又回归到了让·雅克·卢梭在《论语言的起源》中的观点，他在此书中将第一种语言重建成了一种音乐。[54]

无论是"整体原始语"还是"音乐语言"，这两个术语对读者来说都不容易明白或一眼看懂，实际上这些术语中的"语"字还会让人误解。因此，我将会用另一个术语来指代音乐和语言的唯一共同前身，即"Hmmmmm"。实际上，这是一个缩写，这一术语的含义将会随着这本书的展开逐渐明朗。接下来，我的任务是通过其他方法继续探索音乐和语言之间的关系：不是将视线停留在人们所说、所唱和所做的，而是要去大脑中看看发生了什么。

第三章 少了语言的音乐

大脑、失语症和音乐特才 [1]

人脑是生物学所知最为复杂的器官，是宇宙中复杂度排名第二的实体——最复杂的当属宇宙本身。人脑可以被握在一个手掌中，有着生鸡蛋一般的黏稠度，而且内含 1000 亿个神经细胞，即神经元。神经元之间通过像触须一样的延伸部分（即轴突和树突）相连。一个神经元的轴突与另一个神经元的树突之间的连接结构叫作突触。科学家估算人脑中有一千京到一垓 [2] 个突触——10 后面跟着 19 个或 20 个零——每立方毫米 6 亿突触。[1]

神经元受到刺激后发出电信号，电信号经过轴突，刺激其末端释放化学物质，即神经递质。神经递质在间隙处扩散开来，这个间隙是将轴突与相邻神经元的树突分隔开的突触间隙。树突上有接受神经递质的化学受体，神经递质到达受体后，树突受到刺激，电信号沿着树突所在的神经元继续传递。

得益于神经元之间的连接方式以及它们所引发的大脑活动，

---

① Savant 还可译为学者、专才等。音乐特才指有认知障碍，但在音乐方面超乎常人的人。

② 一千京为 10^{19}，一垓为 10^{20}。

我们才有了说话和唱歌的能力——虽然我们尚不清楚大脑中神经冲动的传递和化学物质的释放如何转化成想法或感觉。与产生具体活动相关的相互连接的成组神经元被称为神经网络。我们所要解决的核心问题是，语言和音乐是否使用了相同的神经网络。或许存在部分重合，又或许二者完全不同。如果存在重合的话，它们所共用的神经网络是为何而生的？是为了语言、音乐，还是与此二者毫不相干的其他事物？

人脑内部

这些神经网络位于大脑皮层，大脑皮层是人脑进化中出现最晚的部分，随着人类进化急剧增大。[2] 人脑由一套独特的解剖结构组成，其他哺乳动物脑中也有相同的结构，不过在大小和作用上迥然相异。人脑的主要结构是大脑，分为左脑半球和右脑半球，大脑表面褶皱纹路复杂，层层叠叠。每个褶皱隆起的"山脊"部分被称为脑回，凹陷的"山谷"部分被称为脑沟。大脑位于状似植物茎的脑干上方，脑干连接着人脑和遍布全身的中枢神经系统。

左右大脑半球的外层为灰质，也称皮质，内里为白质。灰质较为稠密，由神经元的细胞体——脑细胞构成。脑细胞的轴突上常覆有一层白色护鞘，由髓磷脂构成，这是白质的主要成分。大脑的 90% 位于外层，也叫作新皮质，其厚度介于 1.5 毫米和 4 毫

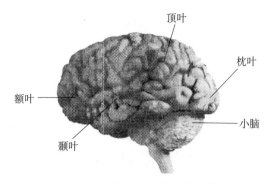

图 2　人脑中的四个脑叶及小脑

米之间，仅由六层细胞构成。但是由于褶皱密密麻麻，新皮质的表面很紧实，含有 100 亿个到 150 亿个神经元。

皮质分为四个区域，即"叶"。每个叶的具体区域根据它们与头顶的位置（而非其在大脑活动中的重要性），用"上""下""前""后"来标示。最靠近头骨前端的是额叶，其最靠前的部分叫作前额皮层。额叶在做计划和解决问题等任务中起到重要作用，这类任务需要综合不同种类的信息。额叶后部为大脑的运动区，此处聚集着控制运动的神经元。

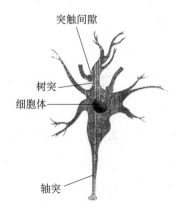

图 3　神经细胞（每个神经细胞可与其他数以千计的神经细胞相连）

39

额叶的后面是相对小一些的顶叶，二者以一条深深的中央沟为界分开。顶叶分在大脑左右两侧，包括控制感觉（如触觉）的初级感觉皮质。大脑两侧的顶叶和颞叶以外侧裂为界分开。颞叶大致在耳朵的位置，与短期记忆和听觉刺激的处理有关，在我们的研究中最为重要。最后，在大脑后部，且没有明显的脑裂分隔的便是枕叶。枕叶是人脑处理视觉信息的地方。

研究人脑

目前主要有两种方式来研究人脑。[3] 一种是脑成像。从 20 世纪 70 年代起，人们开始使用各种方法研究人脑的解剖结构和执行特定任务时脑区的激活情况。这些方法的名字听起来令人生畏：计算机断层扫描（CT）、正电子发射计算机断层扫描（PET）、功能性磁共振成像（fMRI）、脑电图（EEG）和脑磁图（MEG）。虽然这些都是科学研究尖端的技术，但是它们背后的原理其实非常简单直接。CT 如同复杂的 X 射线，如果把大脑通过手术移除并切成片，那么 CT 所记录的便是切片平摊在桌子上的样子。PET 能有效测量大脑中的血液流动情况，从而得知大脑哪一部分处于活跃状态，因为处于活跃状态的神经元所需氧气更多。fMRI 也能测量血液流动，原理是：当血液中的血红蛋白分子向大脑中释放氧气时，其磁性会轻微变化。活跃的神经元也会产生电信号，曾被称为"脑波"，这是脑电图技术发展的基础。把电极放在头皮上，就能监测出人脑释放电信号的位置。这些活跃区域还会在大脑中产生小型的磁场，磁场能通过脑磁图来测量。

这些方法早已极大改变了我们对人脑的认识。还有人认为，不久将迎来更大进步。借助这些方法，我们渐渐对人脑的各部分用于何种活动——语言、音乐、视觉等——有了细致的了解。我们也渐渐认识到了人脑的可塑性，即新神经网络发展替代受损的神经网络，从而使大脑恢复丧失的功能。

早在一百多年前，人类借助于脑科学的第二种研究方法——损伤分析，就已经认识到，不同的功能在一定程度上位于人脑的不同区域。损伤是指受伤、中风或疾病所导致的组织异常紊乱。如果损伤没有治愈——常常是致命性的——研究者有可能会借此监测患者丧失了何种知觉、认知能力和运动能力，并对因损伤而丧失功能的大脑区域的作用做出假设。在脑成像技术出现之前，科学家要等到病人去世后，对大脑进行解剖，以确定具体的损伤位置。如今，他们能使用脑成像技术定位损伤的位置，通过一系列设计巧妙的测试识别具体的缺陷。正是损伤分析与脑成像的结合，让我们能对音乐和语言的神经基础有更深入的认识。[4]

损伤和语言

人们使用损伤分析最早发现了人脑中负责语言处理的核心区域。保罗·布洛卡（Paul Broca）生于 1824 年，是巴黎著名外科解剖学教授，他自 1859 年巴黎人类学学会始建到 1880 年去世，一直担任学会秘书长。1861 年 4 月，布洛卡对一位名叫莱沃尔涅（Leborgne）的 55 岁男性患者进行了研究，此患者之前已在临终关怀医院待了 21 年。莱沃尔涅还有一个名字"谭"，因为他只会说这一个音，虽然他能听懂别人对他说的话，智力也正常。谭死后仅六天，布洛卡便将他的大脑解剖下来，储存在酒精中，对其进行了细致的研究。他总结得出，谭出现语言障碍的原因在于左脑半球第三额回的损伤——这一区域此后被命名为"布洛卡区"。布洛卡于 1861 年年底发表了自己的研究结果，这是现代语言能力的生物基础研究的开端。如今，谭的大脑保存在巴黎第五大学医学部的解剖学博物馆，之后的损伤研究和脑成像技术进一步证实了布洛卡区对言语生成的重要作用。

谭的语言障碍——能听懂语言但不会说——被称为布洛卡失语症。另一种语言障碍是威尔尼克失语症，最早在 1874 年由 26 岁的神经学家卡尔·威尔尼克（Carl Wernicke）发现。威尔尼克失语症有着截然不同的症状：患者能够流畅地表达，但说出的话没有意义，只是词语的杂乱组合，而且他们除了非常简单的指示以外，什么词也听不懂。威尔尼克发现，这种障碍由左脑半球上的损伤造成，损伤区域不同于布洛卡区，位于左颞前上部，这一区域如今被称为"威尔尼克区"。对具备正常语言能力的人来说，布洛卡区和威尔尼克区之间一定存在着相互连接的神经网络，我们因此能理解他人问的问题，并做出合适的口头回答。

损伤影响语言能力的方式多种多样。有些人大脑损伤面积较大，以致完全丧失语言能力，这种情况叫作完全性失语症。还有些人只是存在较为具体的语言障碍，比如说话时找不到恰当的词语进行表达，即命名性失语症。虽然情况各有不同，但随着 19 世纪末和 20 世纪的研究不断深入，研究者们一致发现，语言障碍皆产生于左脑半球的损伤，因此语言神经网络可能位于这一区域，尤其是布洛卡区和威尔尼克区。然而，这仅是对错综复杂的实际情况的简化，因为我们现在已经清楚，语言处理系统实际上广布于大脑各处。

医学上对失语症患者的案例分析为我们研究音乐和语言神经网络之间的关系创造了绝佳机会。比如，假若音乐起源于语言，音乐能力的丧失自然是语言能力丧失的结果，反之亦然。还有一种可能，如果音乐和语言依赖于相互独立的神

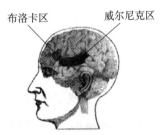

图 4 保罗·布洛卡和卡尔·威尔尼克发现的语言能力区域

经网络，任何一种能力的丧失都不会对另一种能力产生影响。因此，接下来我们要看一看失语症对音乐能力的影响。

"一部创新性的杰作"

我们先以一位音乐家为例：维沙翁·雅科夫列维奇·舍巴林（Vissarion Yakovlevich Shebalin）。他是 20 世纪的一流作曲家，甚至可以位列顶级。舍巴林生于 1902 年，学生时期创作了自己的

第一首交响曲，40 岁时被任命为莫斯科音乐学院的教授，曾当过众多俄罗斯知名作曲家的老师。他教授作曲，创作交响曲、钢琴曲和歌剧，其中一部作品曾在莫斯科大剧院上演。

　　1953 年，51 岁的舍巴林左颞叶轻度中风，致使右手和右脸瘫痪，语言能力紊乱。几周后他恢复正常，继续创作，之后成为莫斯科音乐学院的院长。1959 年 10 月 9 日，舍巴林第二次中风，这次情况更为严重，他失去知觉长达 36 小时。苏醒后，右侧身体部分瘫痪，语言能力几乎完全丧失。6 个月以后，他的运动能力恢复，但是仍旧无法正常说话，也难以理解别人说的话。之后又两次发作癫痫，1963 年 5 月 29 日因第三次中风去世。去世前几个月，他完成了他的第五部交响曲，德米特里·肖斯塔科维奇（Dmitri Shostakovich）评价这部作品，"情感丰沛，乐观积极，充满活力，是一部创新性的杰作"。

　　1965 年，莫斯科大学心理学系的 A. 鲁利亚（A. Luria）教授和他的同事将舍巴林的案例发表在了《神经科学期刊》（*Journal of Neurological Science*）上。[5] 对他们来说，这项研究提供了音乐和语言在人脑中有各自独立的系统的证据。舍巴林后期创作管弦乐作品时，失语症已相当严重。他不能复述别人说的话，一些简单直接的指示，比如"指一指你的鼻子"，要让他听明白的话，需要重复多遍，而且必须用最简单的方式才可以。总之，舍巴林理解语言的能力因中风受损严重。他的语言表达能力也很差，他无法将词语组织成句子，而且当超过两个物体时，即便给出了词语的开头提示也说不出物体的名字。舍巴林还能阅读和写出简短的词语，但是当他处于疲惫状态时，这些对他来说也有很大难度。

舍巴林深知自己的处境。鲁利亚引用了他自己的话:"那些词……我真听见了吗?但我肯定……不太清楚……我听不清……有时——可以……但我不明白什么意思。我不知道别人说了什么。"但即便困难重重,他坚持创作,继续教学,听学生的作曲,分析纠正他们的问题。他完成了生病之前未完成的作品,还创作了一系列新作品,有人评价这些作品与他之前的创作不相上下。而且,除受肖斯塔科维奇喜爱的第五交响曲以外,鲁利亚还提到了舍巴林在 1959 年至 1963 年创作的至少 11 部作品,其中包括奏鸣曲、四重奏和歌曲。

"丧钟为学明"

有人会说,像舍巴林这样的职业音乐家的案例不具代表性。投入大把时间听音乐、演奏和作曲——尤其在儿童时期——可能会使人发展出专门的音乐神经网络,而没有这种训练的人则不会有。我们已经知道,音乐家位于大脑颞上回后部的左颞平面确实比普通人更大。[6]而且,12 岁之前接受训练的音乐家一般对口语的记忆力比普通人更好,这也让舍巴林语言能力的丧失更明显。[7]对我们普通人来说,"音乐芝士蛋糕"理论可能还是适用的,我们的音乐能力可能只依赖于语言能力的神经回路。

鉴于此,另一位 60 岁的男性中风患者 NS(在此顺便一说,医学惯用病人名字首字母指代本人）的案例格外耐人寻味。[8] 在接受心脏手术时，他在麻醉状态下中风。醒来后，他听不懂其他人说的话，并解释说，他们"有的说得太快，有的像在说外语"。但是他的言语能力并没有受到影响，而且会读会写。磁共振成像显示靠近颞上回的右侧颞顶区出现了损伤。

NS 听不懂话语的情况非常严重，且是永久性的。因为他听不懂妻子说的话，所以妻子开始写纸条和他交流，很快所有的交流都在纸面上进行。中风 12 年后，洛杉矶加利福尼亚大学神经病学与精神病学系的马里奥·门德斯教授（Mario Mendez）对他进行了正式检查。NS 非常健谈，不过，他虽然能立马看懂写在纸上的指示，却听不懂简单的口头指示，比如"摸一下你的下巴"。他能复述单个词，但很难复述短语。比如，让他复述"丧钟为谁而鸣"时，他最多只能说成"丧钟为学明"[①]。

NS 的另一个并发症是丧失了辨识环境声的能力——我们直觉上可能会认为这种情况是缺乏音乐能力导致的。[9] 环境声在他听来模糊不清，难以辨认，所以他会把闹钟铃声误听成打鼾声，把消防车警笛声误听成教堂钟声，把合唱声误听成儿童游乐场的声音。因为这些问题，NS 的生活质量急剧下降。但与此同时，他也得到了能力补偿：他的音乐欣赏能力提高了。中风之前，他对音乐没什么兴趣，但是中风后一直到接受门德斯检查前的 12 年间，NS 和他的妻子成了音乐会和各种音乐表演的常客。听音乐实际上已经成了他的主要活动。在与门德斯谈话的过程中，他

---

① 此处原句分别为："for whom the bell extols" 和 "for whom the spell tolls"。

常常突然放声高歌，以证明自己对音乐新萌发的喜爱。

　　虽然 NS 听不懂简单的短语，无法辨认环境声，但他依旧会辨认旋律。当要求他辨认 10 个常见旋律时——比如《生日快乐歌》《友谊地久天长》以及圣诞颂歌《平安夜》——他经常把歌名说错，但是全部都能唱出来，而且可以正确指出符合旋律背景的图片。而且，他也能区分不同的节奏，分辨相继播放的几个示例节奏是否相同。他还能哼唱节奏，在桌子上把节奏敲出来。

　　NS 的案例之所以耐人琢磨，有以下几个原因：第一，他在幼时和年轻时，接触音乐的经历有限。他对音乐的了解一定不比一般人多，甚至要少一些。因此我们不能假定，他的大脑之前开发出了不同于常人的专门音乐回路，使得其在语言能力丧失后音乐能力得以保留。第二，他的音乐欣赏能力实际上是在倾听言语和环境声的能力严重损伤后提高的。第三，根据已有记录，右脑颞叶损伤常常会导致对环境声的辨识能力出现障碍，但 NS 是已知第一个产生失语症的案例。他与大多数人不同，他的语言神经回路一定位于右脑，而非左脑。但是，无论何种神经回路受损，这些回路显然独立于识别旋律和节奏的回路。

环境声、外语和韵律

　　舍巴林和 NS 的案例不同寻常，但不是唯一的，正如接下来的研究将说明的那样。我将介绍另外两个格外复杂的因素：外语和韵律。

NS 失去了辨识环境声的能力，比如铃声和狗叫，舍巴林是否也存在这种情况不得而知。下述三个案例没有出现这种情况，不过他们也和 NS 一样，在大脑损伤后音乐能力保留，语言能力受到抑制。他们的母语分别是法语、阿拉伯语和日语。患病后，他们辨识非母语的能力有很大差距。而且，在处理语句韵律，辨别语句情绪，通过特定词的语调分辨问句、惊叹句和陈述句方面的能力也各有不同。这几个研究对象在科学文献中都没有名字或首字母简称。

1980 年 9 月 16 日，一位 24 岁女性突发失语症，来到斯特拉斯堡医院的神经科诊所就诊。[10]她说话混乱不清，虽然她能唇读出只言片语，也能看懂简单的句子，但听不懂别人说话。几天后，她说话、阅读和书写的能力基本恢复正常，但是，依旧听不懂别人说的话。[11]

在这位女患者就诊期间，玛丽－诺埃尔·梅斯－卢茨（Marie-Noelle Metz-Lutz）医生和伊芙琳·达尔（Evelyne Dahl）医生对她的听力能力进行了测试。结果显示，她擅长辨认非语言声音，能正确将磁带录音与图片一一对应起来，也能通过听声音辨别乐器，还能辨认熟悉的旋律。而且，她辨别哼出的旋律要比唱出的旋律表现更好，这说明语言对她造成了干扰。但是，她也有一部分音乐能力受损：节奏能力。当要求她用铅笔在桌子上敲节奏时，她只能重复非常简短的节奏。[12]

这位病人的语言障碍很有意思。虽然她再也听不懂话语，即完全词聋，但是部分语言处理能力还保留着。当要求她分辨 20

个短句是用法语（她的母语）、德语、英语还是西班牙语说的时候，她的回答毫无迟疑，并且完全正确。虽然她听不懂说话的意思，但是能根据语调分辨问句、陈述句和感叹句。她还能分辨无意义词和真词，虽然前者对她来说更难复述，50 个无意义词只复述对了 12 个，而复述真词的正确率是 36/55。

　　这位病人虽然完全词聋，但是特殊地丧失和保留了部分语言能力。梅斯－卢茨医生和达尔医生根据她左脑半球中脑损伤的位置对她的情况进行了解释。脑电图的结果显示前颞叶和中颞叶出现了功能损伤，病发一年后进行的 CT 扫描发现了左颞叶低密度区和左侧大脑中动脉血管病变。梅斯－卢茨医生和达尔医生认为，语调处理在右脑半球进行，因此没有受到抑制。她在分辨外语时，除了借助词语本身，可能还会根据语言的典型语调来推断。她们认为，右脑一定也承担"词语决断"的功能，即区分词语和非词语。

　　另一个案例由沙特阿拉伯利雅得哈立德国王大学医院的巴赛木·雅各布（Basim Yaqub）记录了下来。[13] 冠心病监护病房接收了一位说阿拉伯语的 38 岁叙利亚男性。大脑扫描显示左脑半球颞上回后部出现一处损伤，右脑半球颞上回后部和颞中回后部出现了更大范围的损伤。

　　入院第三天，他虽然说话流畅自如，条理清晰，但并不能对别人的口语指令做出恰当的回应。他解释说，自己感冒太严重，影响到了他的听力。然而，当问他问题时，他的回答没有语法错误，但与问题毫无关联。雅各布和同事对他的语言能力进行了正式测试，发现他完全丧失了理解语言的能力。

与上述法国女患者不同，这位阿拉伯男患者不能分辨自己的母语和其他外语，也分不清别人所说的是真正的词还是无意义的音节组合。但是，其他语言能力还是健全的，他不仅能流利地说话，还能阅读和书写，也能辨识语调和韵律。虽然他不明白别人说话的意思，但能分辨一句话是问句、命令句还是感叹句，还能从语气中听出对方情绪是中性、开心还是气愤。他也能区分笑声和哭声。

他还能辨识出非言语声音，比如钥匙的叮当声、电话铃声、纸张沙沙翻动的声音或动物叫声，也能辨别不同乐器的声音。他虽然听不懂歌词，但很擅长辨识旋律和歌曲。他也能听辨口语中的元音。当对他念 100 个阿拉伯语元音，并要求他指出卡片上相应的字母时，他能达到 97% 的正确率。只有当元音以逐渐复杂的方式组合起来，他必须推断出词意时，理解能力才出现了障碍。

第三个案例是一位说日语的 55 岁男性。1982 年 10 月 17 日，他在突发严重头痛后，被送往日本千叶县医疗急救中心。[14] 患者意识不清，并出现了完全性失语症，即完全丧失了语言能力。他的血肿对左脑半球造成了损害，特别是左丘脑以及左颞叶和顶叶的白质。

意识清醒后，他恢复了说话能力，能用正常的语速和语调流利地讲话。他也能轻松阅读和书写，但完全丧失了理解别人说话的能力。

高桥信吉（Nobuyoshi Takahashi）教授带领团队对他进行检查时，发现这位男士能够区分语言和其他环境声，也能辨认出一句话所含的单词数和一个单词所含的音节数。当别人对他放慢速度说话或重述一遍时，他能听明白一小部分，而且唇读也能帮助他理解。与上述的法国女性或阿拉伯男性不同，这位日本男性不仅丧失了理解词义的能力，也丧失了欣赏韵律的能力。当要求他辨析14个短句所传达的情绪时，没有一例正确。

在识别环境声的测试中，他得了满分。而且，他也很擅长分辨人声。与前两位患者类似，可能除了把握节奏的能力以外，其他音乐能力也正常。虽然他能正常区分音高和旋律，辨识旋律，欣赏音乐中传递的情绪以及辨别演奏音乐的乐器，但是，当要求他分辨两个相继演奏的节奏是否相同时，四次回答中只有一次正确。[15]

辨识音乐、语言和环境声能力的不同恢复速度

NS、法国患者、叙利亚患者和日本患者都因大脑损伤而丧失了语言处理能力，但音乐能力得以保留。然而，他们处理环境声、外语和韵律的能力有所不同。我们也曾见过部分语言能力恢复的案例。要么是因为新神经网络替代了已损伤的神经网络，要么是因为现有神经网络发展出了新功能。下面这个有趣的案例讲的便是语言能力的恢复。

该案例的研究对象是一位58岁说法语的女性。1995年，里尔大学神经内科的奥利弗·戈德弗鲁瓦（Olivier Godefroy）和他的同事将这一案例以报告形式记录下来。[16] 这位女患者得过中风。

起初，右侧身体轻度感觉缺失；24 小时后，左侧身体出现了相同的症状。在救护车将她送往医院途中，她进入了一个完全寂静的世界，完全听不见声音。她从说话人的唇部运动中些许明白别人说的话，但很快她开始让人们把问题写在纸上。CT 和 PET 脑部扫描显示大脑两侧颞叶里各有一个深深的血肿，导致了完全耳聋，但没有造成完全失语，她依旧会说话和阅读。

两周内，她的听力恢复正常，但她抱怨声音很难辨认。医疗团队对她进行了一系列的测试，确认她的情况是针对所有声音还是特定类型的声音。在确认了她的整体智力、记忆力水平都正常后，他们对她辨识环境声、音乐和人的说话声的准确度进行了评估，并与七个健康对照者进行对比。环境声识别测试的内容是连续播放 48 种声音，患者和对照者需要将声音与图画一一对应。音乐识别测试的内容是辨识 33 首名曲。在人声测试中，测试者戴着耳机听 34 个辅音元音对，并将听到的声音与纸上的 34 个音节对应。患者听力恢复后，定期重复这几组测试。结果显示，两个月内，她辨识三种声音的能力达到了与对照组一样的水平。但不同的能力并不是以同等的速度恢复的。

听力恢复后第八天，患者还不能辨识环境声和说话声，两种测试的正确率分别是 11% 和 21%，对照组平均正确率为 88% 和 95%（标准偏差分别是 3.1% 和 4.5%）。但她辨识音乐旋律的能力要好一些，正确率为 21%，对照组平均正确率为 49%（标准偏差为 11%）。十天后，整体上都有好转，但她辨识环境声和说话声的能力还是受损严重（正确率分别是 48% 和 32%），但是她辨识音乐的能力恢复正常（能正确辨识出 64% 的旋律）。听力恢复后第 60 天，她辨识环境声和说话声的能力才达到了与对照组相当的水平。

艾迪和其他音乐特才

舍巴林、NS 及上述其他研究对象的案例都说明，大脑中的音乐能力和语言能力显然有明确的分割，而且语言能力本身在一定程度上也有分割。但这同时也表明，音乐能力和语言能力可能存在重合。我们所要解决的问题无疑是极其复杂的，不应期望得到简单的答案。

还有一个复杂因素是这些案例的研究对象都是成年人。在成年人大脑中，音乐可能在某些程度上独立于语言存在，而在儿童时期，音乐能力的发育可能需要借助语言网络。音乐神经网络建立在语言神经网络的基础上，之后可能渐渐独立，并能在语言神经网络因脑损伤受损后，将音乐能力保留下来。按照这个道理，音乐产生于语言就是一套完整的推论了。

所谓的"音乐特才"与这种说法相矛盾，因为他们的音乐能力是在没有语言能力或至少是在缺乏健全的语言能力的情况下发展起来的。[17] 如下述案例所示，音乐特才们对声音非常敏感，并且喜欢感受声音排列组合的方式，比如口语中音节的排列组合。这种能力对语言确实很重要，但是并没有充分的理由假定这些能力是为语言进化而来，而不是为了感知环境声或音乐本身。

　　我的视线主要放在一位名叫艾迪（Eddie）的音乐特才身上，他的案例由里昂·米勒（Leon Miller）记录下来。米勒是伊利诺伊大学研究儿童残疾的心理学家。1985年，有一位老师在为多重残疾的孩子而建的走读学校教书，米勒受这位老师的邀请来见艾迪。这位五岁男孩刚开始上学，但钢琴弹得出奇的好。[18]艾迪看起来一副弱小的样子，比和他同龄的孩子更为瘦小。他有仿语症——当别人与他说话时，他只会重复自己听到的。他戴着厚厚的眼镜，走路时双脚外摊，行步缓慢，但是当老师提到"钢琴"这个词时，他会露出兴奋的笑容，朝着音乐教室走去。他自己爬到矮凳上，摸到琴键后开始弹奏，他的头后仰对着天花板，脸上一副专注的神情。

　　艾迪弹奏了一首圣诞颂歌《平安夜》，米勒对此印象深刻：旋律优美，节拍适中，低音部的分解和弦高低起伏。虽然艾迪连笔都拿不住，但双手在琴键上游刃有余。因为双手第四根和第五根手指都使不上力，他就用其他手指作支撑，从而能有力敲击琴键。演奏结束后，米勒和老师为他激动地鼓掌，艾迪回以微笑表示感谢。

　　这是米勒和艾迪的第一次相遇，他后来将此次相遇形容为"出人意料，充满戏剧性"。第二次见面时，他对艾迪的音乐能力进行了测试，因为怀疑艾迪可能只是靠勤学苦练学会了弹《平安夜》。米勒给艾迪弹了他熟悉的旋律《一闪一闪亮晶晶》（*Twinkle, Twinkle, Little Star*），但没有用C大调，而是分别用G大调、降A调和升F调。每次让艾迪独立弹奏，他都能毫不犹豫地将变调弹出来。之后，米勒又用C大调弹了一次《一闪一闪亮晶晶》，而艾迪并不满足于重复旋律，他给左手增加了几个和弦，意外地调整了几次和声结构，将乐曲降为 C 小调，没有采用原版的大三度，而是用了小三度。虽然艾迪有严重的视觉、听觉和学习障碍，几乎没有任何语言能力，身体发育迟缓且有残疾，但这个五岁男孩实际上已经创作出了一首全新的曲子。

米勒研究艾迪多年，并在 1989 年出版的《音乐特才：智力迟钝但天赋异禀》(*Musical Savants: Exceptional Skill in the Mentally Retarded*) 一书中记录下了这个不同寻常的孩子。这本书的副标题讲的不仅是艾迪，还有书中提到的很多其他孩子。其中一个是托马斯·威金斯（Thomas Wiggins），人们也叫他"盲眼汤姆"。他是最早为人所知的音乐特才。1849 年，他出生在美国南部的一座种植园，生来就是奴隶。他从出生起就没有视力，但对大自然中的声音格外敏感，能准确模仿鸟兽的叫声。四岁时，他就在种植园主家里弹奏钢琴曲，八岁时开音乐会，十岁时在南方巡演。他漫长的表演生涯就此开始，足迹遍布美国和欧洲。汤姆的演奏曲目繁多，其中包括他自己的作品。他的音乐才能能与同时期的其他音乐会钢琴家相提并论。

汤姆虽然天赋异禀，但同时也有严重的心智缺陷。他在台下的行为习惯，常让人联想到自闭症，比如快速弹手指、扮鬼脸、转圈圈、胡摇乱摆。他早期与艾迪一样，有仿语症。长大些后，他开始自言自语，但他说的话常人难以理解，而且也不怎么和其他人说话，即使说话也只是只言片语。

由于 19 世纪的报告之间存在矛盾，汤姆音乐才能的本质和心智缺陷的程度很难断定。有些材料有意误导读者，要么夸大音乐才能和其他能力之间的反差，要么将其轻描淡写。比如，有人称他为"无师自通的音乐奇才"，但他上过很多钢琴课。幸运的是，对于书中的另外 11 位音乐特才，米勒找到了较为严谨的记录，而且其中有几位他亲自做过研究。

CA 便是其中一个。[19] 他也是自出生起双目失明，六岁时被诊断为精神发育严重迟滞，直到米勒成书时，他还几乎完全靠仿说交流。CA 被安排在寄宿机构生活。他很有攻击性，需要别人喂他吃饭，帮他穿衣服，帮他上厕所，这样一直持续到 11 岁。也是在那段时间，他对声音的超凡敏感逐渐显现出来。如果听到了勺子碰到桌子的声音，CA 便会开始敲打各种物件，直到找出匹配的声音。他被一位管理员带到病房的手风琴深深吸引。于是，管理员开始教他拉手风琴，因为基本上不能进行口头指导，所以教学难度相当之大。但是，在学会了演奏高难度声音的必备指法后，CA 进步神速。他开始到管理员家里上课，有时会上一整天。14 岁时，他举办了自己的第一场公开音乐会，开始定期进行表演，通常由管理员陪着。后来，CA 搬到了私人家庭里，并开始学弹钢琴。他喜欢圆舞曲和波尔卡舞曲，这也是他初学那几年学会的。

里昂·米勒在书中讲述了 13 个音乐特才，艾迪和 CA 仅是其中两个。其他案例也很出名，比如一位名叫诺埃尔（Noel）的自闭症男孩。他能将自己刚听到的古典乐曲近乎完美地演绎出来。[20] 米勒把自己所研究的音乐特才相互对比，把他们与其他音乐特才作对比，还与音乐天赋非凡且认知能力正常的成年人和孩子作对比——其中也有几个例外，有几位是盲人，还有几位有些语言障碍，但没有那些音乐特才严重。还有几个成年人是职业钢琴家。米勒的研究很严谨，所有的对照组都接受同种类型的音调和节奏辨别测试，有脑损伤的患者也进行同样的测试。测试难度很大，尤其是对有仿语问题的研究对象。[21]

米勒最引人注意的发现是，音乐特才们之间的具体缺陷与能力存在着极大相似度。13 个人都被确认为拥有绝对音感，能按要求听出或唱出特定的音高。虽然绝对音感可能在年龄特别小的孩子当中很常见，甚至很普遍，但成年人中拥有绝对音感的人只占 1/10000。在米勒的对照组中，没有一人拥有绝对音感，即便是职业音乐家。米勒和另一位致力于特才研究的心理学家贝亚特·赫尔梅林（Beate Hermelin）共同得出结论，拥有绝对音感非常有可能是认知障碍儿童发展音乐才能的必要不充分条件，因为这为理解更为复杂的音乐结构奠定了基础。[22]

第二大相似点是，他们之中至少有 8 个人儿时有过仿说的行为，其中有几个案例这种行为一直持续到成年。患有仿语症的人不明白词句是有含义的，也不明白词句与说话人和听话人之间的共同经历有关。仿语症与其他语言障碍不同，患者需要对声音敏感，会感受声音如何有序组合排列。[23]

音乐特才的另一共同点是性别：米勒书中所记录的 13 个人中有 10 个是男性。患自闭症的儿童和成年人中也发现了类似的性别偏差，自闭症患者有绝对音感的概率也很大。[24] 这种偏差或许反映出了男女认知的整体差异，这种差异使男性更容易受到与语言和共情能力有关的缺陷的影响。[25]

米勒将特才组的音乐能力与对照组对比后，发现了最有趣的现象。与很多人的预料相反，音乐特才并不是机械地弹奏音乐，也不局限于特定的演奏曲目。对比而言，他们对音乐的理解水平与职业音乐家接近。特才之间练习和上课的情况差异很大。有些人，像盲眼汤姆和CA，接受过长期的高强度辅导，反复练习同一首曲子，直至熟练掌握。而另一些人则是自然而然地习得，艾迪就很少练钢琴。但是，每个人都有丰富的音乐知识，没有什么特别的缺陷或短板。他们对作曲规则很敏感，这让他们能即兴创作，能快速感知乐曲的精髓。米勒讲到他在一个圣诞节给艾迪听了柴可夫斯基交响乐团版本的《胡桃夹子》（*Nutcracker*）组曲："每听完一段，艾迪会跑到钢琴边，自己弹一遍，他总是能如实地演奏出原版的风格和格调。《糖果仙子舞曲》（*Sugar Plum Fairy*）轻快优美，《哥萨克民族舞曲》（*Cossack Dance*）热情洋溢。"[26]艾迪能把握乐曲的精髓，演绎出自己对整体特点、抽象特点和独特之处的理解。

音乐特才们对音乐似乎无所不知，这与其他类型的特才形成了对比。"日历计算天才"能轻而易举地说出日历上任何日期是星期几。这是一项了不起的数学天赋。他们和音乐特才一样，天生懂得界定日期的规则，而不是仅凭死记硬背。但是，他们的数学才能并没有扩展到其他方面，面对其他数学问题时常常很迟钝。高读症特才同样也有一定的局限，他们虽然能速读，还能准确记住长段文字，但是却不会通过分析出每段的含义，综合起来提取出文章大意。与艾迪对音乐的理解不同，他们提取不了故事的主旨。[27]

在本书后面，我们会再度回到艾迪和其他音乐特才，进一步探讨音乐和语言的关系中绝对音感的重要性。而语言和音乐才能发展之间的关系也是米勒书中最重要的主题之一，我们还会在第六章继续探讨。在结束这一话题之前，我必须要再引用米勒书中的一段话。这段话讲的是与九岁的艾迪一起散步，那时，艾迪的语言能力、性格和运动能力比五岁初见时都有极大改善。他开始在新学校上学，有一位音乐老师经常带他去参加演奏会，有时艾迪还能与职业音乐家共同演奏。米勒将这位老师与艾迪有趣的相处经历加到了其研究的附录中，这是其中一段回忆：

> 我发现，与艾迪散步是一场声音全景图中的探险。他的手摩挲着金属门，门格格作响；他敲打着每根灯柱，如果发出的声音好听，他会说出对应的音高；他停下来去听车载音响传来的声音；他望着天空追踪飞机和直升机；他会模仿鸟儿的啁啾声；他向我指着路上隆隆行进着的卡车。我们走进了一间小商店，我都没注意到收音机在放歌，但他对我说："那个人在唱西班牙语歌。"凡是声音，艾迪都能觉察到；通过声音，艾迪能觉察到的不只声音。[28]

第四章　少了音乐的语言

获得性失乐症和先天性失乐症

舍巴林、NS、艾迪以及我们先前讨论过的其他案例都向我们说明：大脑缺失语言能力时，音乐能力仍然能够存在。但反过来还成立吗？少了音乐能力，还会有语言能力吗？如果答案是肯定的，我们便可以说，音乐和语言在大脑中"双向分离"，而这也常被视为发育独立和进化独立的标志。实际上，这种双向分离的确存在，随着下述案例的展开，它们之间的关系将越来越清晰。这些案例有的虽然失去了音乐能力，但保留了语言能力，有的从未发展出任何音乐能力。这些状况叫作失乐症，即音乐中的失语症。

在分析各种失乐症案例的过程中，我们将会谈到很多科学家的研究，其中最为重要的是蒙特利尔大学伊莎贝拉·佩雷茨（Isabelle Peretz）教授的研究。佩雷茨对失乐症展开了广泛研究，并得到了很多重要发现。尤其是，她发现了有力证据证明，音乐能力在大脑中并不是一个单一整体，部分能力损伤后其他能力仍能完好保存。而且，有些能力只为音乐系统所独有，有些则明显是与语言系统共用。我们将从另一位职业音乐家的案例入手。

严格来说，这个案例既不属于失乐症，也不属于失语症。

歌剧在我脑海中回响，我听得到，但"永远写不出来"

这是 1933 年 11 月法国作曲家莫里斯·拉威尔（Maurice Ravel）在向一位朋友吐露新歌剧《圣女贞德》（*Jeanne d'Arc*）的创作历程时所说的话，他在四年后去世。在人生的最后几年，他深受脑变性疾病的折磨，病症导致了轻度失语症，并完全剥夺了他将创作的乐曲写下来的能力。我们可以先想一想自己有个词就"在嘴边"，但是怎么也说不出来的那种沮丧，或许就能想象当时这件事对他来说打击有多大。想象着一整部歌剧就在脑边，却写不出来。这种书写障碍叫作失写症。

拉威尔的病在 1927 年时初显症状，他开始犯一些"书写上的小错误"。[1]1928 年 11 月，他在马德里演奏《小奏鸣曲》（*Sonatine*）时，突然忘记自己弹到了何处，直接从第一乐章跳到了终曲。自此，他开始郁郁寡欢，每当想说话却找不出合适的词语表达时，便会勃然大怒。1933 年之前，他的朋友帮助他将创作的乐曲写下来，尤其是《堂吉诃德致迪尔西内》（*Don Quichotte à Dulcinée*）的三首曲子和《龙萨致其心灵》（*Ronsard à son âme*）的管弦乐曲。但是，拉威尔的失写症愈发严重，并在那年年底变成了完全性失写症，之后，他再也没有进行过创作。他最后一次公开亮相是 11 月指挥《波莱罗舞曲》（*Boléro*）。但是，根据当时的记录，"毋庸置疑，管弦乐团独立完成了演奏"。拉威尔的言语能力也越来越差，有时找不到对应的专有名词。但是，他与舍巴林不同，他依然能进行表达，能听懂别人说的话。他去世时，清醒地明白虽然自己能在脑海中作曲，却因为患病没办法写下来。

神经学家泰奥菲勒·阿拉茹瓦尼纳（Théophile Alajouanine）教授在拉威尔生命的最后两年照看了他，并对他进行了研究。[2] 阿拉茹瓦尼纳发现，拉威尔能在钢琴上弹出大调音阶和小调音阶，能凭记忆写出自己作曲的作品，虽然会犹豫，还会出错。在听这些作品时，他能发现任何与他原来写的内容有出入的地方，这说明他的听力完好。但他完全丧失了视奏能力，再也不能把新作品写下来，也不能按谱弹曲。他的主要障碍是无法将音乐从一种形式（头脑中听到的音乐）转变为另一种形式（写在纸上或用钢琴弹出来的音乐）。

阿拉茹瓦尼纳没有找到拉威尔生病的具体原因，也没有对他的大脑进行解剖。随着我们对大脑认识的进步，近来有医学和科学期刊刊登了对此案例的讨论，但目前无法得出肯定的结论。其中，最有可能的原因是拉威尔左脑半球后部的颞上回和下顶叶出现了退变。目前已知，这些区域的紊乱会造成失乐症，但部分音乐能力的丧失可能是因为大脑其他区域的退变。

迷路的手指

在其他失乐症案例中也发现了类似的情况。"我知道我想弹什么样的音乐，但却再也不能将它们从脑海转化到指尖。"这是一位 67 岁的澳大利亚人发自心底无奈的呐喊。医学文献中用 HJ 来称呼他。[3] HJ 一直是业余音乐爱好者，虽然他从未学过读谱和作曲，也只作过一些小曲子。1993 年他得了中风，并因此患上了严重的失乐症，但他的语言能力、推理能力、写作能力、专注力和记忆力均未受损。据他所说，他还感觉自己的歌声变得难听了，他也忘了怎么吹双簧管和口琴。他的情况与拉威尔很像——不能把头脑中感受到的音乐表达出来。

墨尔本大学心理学系的萨拉·威尔逊（Sarah Wilson）教授对 HJ 进行了检查。他是一名很积极的研究对象，迫切地想要了解自己的状况，但经常因为没有了音乐能力而发火、难过。每当他试着唱歌或演奏乐器的时候，都会产生这种情绪：他很清楚地知道自己哪儿出了错，却纠正不了。

HJ 在中风之前，热衷于弹钢琴，并且从小一直在学。威尔逊让他弹几首自己熟悉的曲目和几个大调音阶。HJ 端正地坐在钢琴前，轻轻将双手放在琴键上，但从他弹第一个音起，右手指法频频出错，而且不够流畅，左手情况更差，手指笨拙，经常做不出正确的指法。事实上，两只手各弹各的，左右手弹出的旋律、节奏与和声互不相干。有的时候，他能把乐曲的开头弹对，但之后好像忘了和弦进行怎么弹，有时会略过去，从开头直接跳到后面相似的乐句上去。还有的时候，左右手完全不协调，右手弹着很简单的旋律，左手却反复弹同一个和弦。1928 年 11 月拉威尔弹《小奏鸣曲》时，从第一乐章跳到终曲可能也是出于相似的原因。

HJ 的情况并不是因为运动协调本身的缺陷，因为有一首曲子他还能弹得格外流畅，听众也能从中感受出他之前的"音乐造诣"。这首曲子是《卡林卡》(*Kalinka*)，是他很早学过的一首俄罗斯民歌。威尔逊认为，这首曲子是"他的演奏曲目里学得最熟、最能不假思索演奏的曲子"。HJ 的《卡林卡》和那些难听呆笨的曲子形成鲜明的对比。后者常常结束得很突然，没有乐句停顿，因为过度使用延音踏板而让音符模糊不清。他很难把听到的音乐转变成正确的指法。CT 扫描发现他的右下顶叶损伤，这最有可能是他失乐症的原因，也能解释为什么左手比右手受影响更严重。

在弹新曲子的时候，HJ 显现出了自己最严重的缺陷，这个结果在意料之中。当要求他单手视奏一些很简单的旋律时，他的右手可以完成，但左手不行，即使他能准确无误地看懂音符。他努力将脑海中的音乐转换到左手手指上，但结果却失望透顶，以至于他拒绝完成这个任务。威尔逊评价，他的手指好像完全找不到琴键上的路。

当歌声像吼叫

1997 年 12 月，一位 22 岁的男士受人建议联系了佩鲁贾大学医学院和神经学研究所的马西莫·皮奇里利（Massimo Piccirilli）教授和他的同事。[4] 这位病人（医学报告中既没有提他的名字，也没有用首字母缩写）头部突发剧痛，之后又出现了恶心、呕吐和语言紊乱。紧急脑部扫描的结果显示左颞叶有血肿，也就是充满了血的肿瘤。大脑左颞上回和颞叶已出现损伤，医生对血肿进行了引流和缝合——此过程也称"夹闭"——从而防止其对脑部造成进一步损伤。

虽然即时测试结果显示，病人在理解、书写和阅读上出现了实质性障碍，但是这些障碍几天内自动好转。一个月后，他语言上已经不怎么出错，三个月后，语言能力恢复正常。但是，他的音乐感知能力变了：病人现在无法唱歌，也无法弹吉他，他说声音变得"空洞冰冷"，而唱歌听着"像在吼叫"。他自己解释说："当我听歌的时候，一开始听着耳熟，但听不出来是什么歌。我觉得自己听得没问题，但听着听着音乐没了美感。"同样患有失乐症的澳大利亚人 HJ 和拉威尔也都抱怨过，音乐听着"像难听的噪声"[5]。

对这些受失乐症折磨的人来说，听音乐成了一件不舒服的事。这令人心痛：皮奇里利的患者曾是一位狂热的音乐爱好者，也是实力很强的吉他手。他虽然没有学过识谱，但从 14 岁开始练吉他，和朋友组乐队，在乐队里既是吉他手，也是主唱。HJ 也和他一样，之前会弹钢琴，会吹双簧管和口琴，会打鼓，常常受邀在社交舞会上弹琴，还特别喜欢即兴演奏。

马西莫·皮奇里利和同事对病人进行了一系列测试，检测他的语言能力和其他认知能力，比如记忆力、知觉识别能力和学习能力。所有能力都相当正常。他还能正确辨认环境声及其来源，即人声（如咳嗽或笑声）、动物声、自然声（如水流声）、车辆声或机器声。他也能辨识出口语短句的语调，正确判断出说话人的情绪。但是他的音乐能力肯定出了问题——至少其中某一部分是这样。

这位病人听辨不出曾经熟悉的旋律——那些广为传唱、家喻户晓的歌曲，比如国歌，也听不出自己曾经最爱的曲子。但是他能辨识出一首曲子的响度、音色（因乐器而异）和熟悉的节奏，比如华尔兹和探戈。经过一系列细致的测试，最终确定病人虽然完全丧失了处理旋律的能力，但仍然能辨识节奏和音色。这与 HJ 的情况形成了对比：虽然 HJ 的语言能力也正常，但他的失乐症更彻底，他因此不能在听到外部的音乐时保持稳定的节奏，不能随着音乐拍手和跳舞，不能辨识节奏和再现节奏。因此，和失语症患者的语言丧失情况一样，失乐症患者丧失和保留音乐能力的程度也各有不同。

缺失调性知识

下一个案例是一位 55 岁的魁北克商人，此人简称为 GL。这一案例进一步证明了大脑的音乐能力由多部分组成，各部分一定程度上互相独立。GL 虽然不是音乐家，但热衷于听流行音乐和古典音乐，经常去听音乐会。1980 年，他右侧大脑中动脉得了一个动脉瘤。夹闭手术之后，他恢复了健康，并重返工作岗位，没有明显症状。但一年后，GL 得了左侧的镜像动脉瘤，夹闭后却患上了严重的失语症。两年的言语治疗让他恢复了语言能力，他现在的生活方式与其他生活富足的退休老人并无二致，只有一点除外。第二次动脉瘤造成了永久性的失乐症，GL 再也不能欣赏音乐了。1990 年，他进行了 CT 扫描，发现大脑左颞叶和右侧额叶岛盖有损伤。

在 GL 得第一个动脉瘤的十年后，伊莎贝拉·佩雷茨对他的失乐症进行了检查。她用一年时间对他进行了各种测试，试图查清 GL 失乐症的真正原因。首先，她对 GL 的认知和运动能力进行了整体评估，其中包括记忆力、语言能力和视觉辨别能力。各项能力都很正常，而且能反映出他的高学历。此外，他辨识动物叫声、环境噪声和乐器声的能力也很正常。但他的失乐症很严重。当时魁北克居民耳熟能详的 140 首音乐选段，他一首也没听出来，而在大脑损伤之前他无疑是能听辨出来的。

有趣的是，佩雷茨分别检测了 GL 的各项音乐能力，发现大多数都完好无损。比如，在钢琴上连续弹几个音，GL 能说出这几个音的音高是否相同。事实上，他的音高辨识力与其他五个对照对象没有差别，这五位对照对象是与 GL 相同性别，年龄相仿，受教育经历和音乐经历都相当的正常人。而且，他还能分辨乐曲的节奏是否相同，还会借助轮廓——乐曲中音高升降的方式——来进行区分。

GL 表现不好的是需要运用调性知识（我们所掌握的关于音乐结构的隐含规则）的测试。音乐学家普遍认为，我们在很小的时候习得了这种知识，无须他人传授，并且这种知识对音乐体验至关重要。如我在第二章中所言，有些人会把调性知识比作我们童年时自然而然习得的语法知识，虽然二者并不能完全等同。隐含的语法知识能让我们判断一个句子有没有意义，而调性知识以同样的方式让我们判断一首乐曲听起来是否"顺耳"。

佩雷茨对调性知识做了一个简要的总结：

在我们（西方）的音乐惯用语中，一段乐音由一组有限数量的音高组成，大致与钢琴键上的音一致。而且，一首特定的乐曲一般只会使用其中一小部分音高，比如特定音阶中的音高。西方流行音乐中最常用的音阶是自然音阶，包括七个音，以八度音程为间隔重复。音阶的结构固定，音程不对称。自然音阶由五个全音和两个半音组成。音阶中音的重要性并不同等，是围绕一个中心音展开的，即主音。通常一首乐曲以主音开头，以主音结束。其他音阶或自然音阶的音按稳定性或重要性分不同等级，第五个音——常替代主音——和第三个音与主音关系更密切。主音、第三个音和第五个音组成大三和弦，这是判断调高的重要线索。其他音与主音之间关系较弱，音阶以外的音与主音相关度最小，后者常常听起来很"异域"。[6]

虽然这些音乐规则中的具体特点都与西方音乐有关，但我们应知道，音阶通用于各种音乐。大多数音阶的共同特点是：音调都以八度相隔，围绕大约五到七个主音展开。有人认为，之所以数量相对较少，可能与人类记忆力的认知局限有关。

听者在潜移默化中习得了调性知识，能辨识出旋律中跑调的音。而且，西方听众有很强的审美偏好，更愿意听遵守调性系统规则的音乐。毋庸置疑，GL 在大脑损伤之前，已经掌握了这种调性知识，这是他能享受音乐所带来的极大愉悦感的前提。

佩雷茨给 GL 和对照组播放了一组旋律，要求他们选出完整的曲调。所有的旋律都以下行的旋律轮廓结尾，但只有部分曲调结尾是主音——这种旋律一般被认定为完整的曲调。对照组辨识的正确率为 90%，而 GL 的正确率为 44%。在另一项测试中，佩雷茨测试了 GL 是否存在对调性和无调性旋律的偏好。不出所料，对照组更倾向于前者，而 GL 甚至不能区分这两种音乐。他抱怨说，测试对他没有任何意义，他能听出不同之处，但不知道怎么理解。和拉威尔一样能听到头脑中音乐的 HJ 也无法区分调性和无调性音乐，而他知道自己在中风之前能轻而易举做到。[7]

GL 的其他音乐能力——分辨音高、旋律轮廓和音色的能力——有的完好无损，有的中度受损。佩雷茨得出结论，GL 的失乐症来自一种具体的缺陷——调性知识受损，她也将调性知识称为音高的调性编码。佩雷茨认为，缺失了调性知识，就一定没办法辨识旋律。

词语的重要性

接下来这个案例讲的是另一种分离——歌曲和旋律的分离。歌唱这一研究主题非常重要，因为其中涉及旋律和言语的结合，即音乐和语言的结合。虽然目前这方面研究有限，但歌曲的歌词和旋律是否在记忆中分开存储一直是神经心理学家们的争议点，而这也就让下一个案例更耐人琢磨。加拿大人 KB 在 64 岁时中风，他的案例能为我们提供解决这个问题的线索。[8]

KB 是业余音乐爱好者。他在学生时代吹过小号，打过鼓，有十年时间参与过理发厅四重唱，演过业余轻歌剧。他经常在家唱歌，收藏了很多爵士乐和古典音乐唱片，并且会定期听。1994 年 7 月，KB 中风后住院，左侧身体瘫痪，言语出现困难。一系列 CT 扫描的结果显示，额顶叶右侧区域和右侧小脑出现了局灶性损伤，后者损伤程度相对较轻。

经过一段时间康复后，KB 接受了一系列心理测试。除了一些小缺陷，他的言语能力和记忆力都得以恢复。但是，他的整体智力轻微下降，他在完成有些任务时遇到了困难，比如按序排列符号，交替排列字母和数字。

KB 的听力未受影响。他能辨识环境声，从给他播放的 17 种乐器声中正确听辨出了 13 种。他的大多数错误都很常见，比如弄混了巴松和双簧管。但是他丧失了一些音乐能力，并确诊为失乐症。KB 自己也承认这点，他发现大声唱歌时自己的声音听起来单调乏味，并对音乐失去了兴趣。中风后，他再也不听自己收藏的唱片，不再进行音乐表演，也不参加音乐活动。有趣的是，虽然他越来越情绪化，越来越冲动，但他的言语却没有韵律感——听起来单调而平静。

加拿大金斯顿女王大学威利·施泰因克（Willi Steinke）教授和同事一起对 KB 的失乐症展开了研究。和其他案例研究一样，他们进行了一系列测试，设置了与 KB 年龄相仿、音乐背景相似但音乐能力正常的对照组，将 KB 的表现和对照组进行对比。结果发现，KB 对音高和节奏的感知能力严重受损，他无法听辨出一些很有名的旋律，比如拉威尔的《波莱罗舞曲》和贝多芬《命运交响曲》（Fifth Symphony）的开场曲。这些旋律都是纯乐器演奏的。他们还测试了 KB 对没有歌词的歌曲旋律的辨识，得到了截然不同的测试结果——他和对照组表现一样。施泰因克还发现，KB 能听辨出一些器乐旋律——那些他曾经学过部分歌词的旋律，比如《结婚进行曲》（Wedding March）、《威廉退尔序曲》（William Tell Overture）。

他们进行了进一步测试，对这一意外发现进行确认和研究。实验结果得到了有力证实。他们甚至还发现，如果给 KB 播放的是含有歌词的歌曲，他也能记住新的旋律，不过在这种情况下，他的学习能力有限。他在听辨搭配了其他歌曲歌词的音乐时出现了问题，对照组的正确率明显比 KB 高很多。

歌曲旋律与器乐旋律的结构可能不同，从而使歌曲旋律可能更容易辨认，但施泰因克和同事通过测试否定了这一观点。比起器乐旋律，KB 可能整体上更熟悉歌曲旋律——他们也否定这一观点，因为 KB 的音乐背景与此观点恰恰相反。他能听辨出曾记得歌词的器乐旋律，还能记住有歌词的新旋律，不过后种能力有局限性，上述两种观点都无法解释这两种现象。

施泰因克和同事总结得出，KB 这种失乐症的原因一定在于歌曲在记忆中的特定存储方式。他们认为，旋律和歌词实际上在大脑中分开存储，但又相互联系，因而其中一方能唤醒另一方。所以，每当我们听到熟悉的歌曲时，两个相互联系的神经系统会相互牵动。一方面，"旋律分析系统"能激活曲调的记忆，另一方面，"语言分析系统"能激活歌词的记忆。反复听同一首歌会在这两个系统之间建立联系，因此当激活其中一个系统时，另一个系统会随之自动激活：人们在听到一首歌曲的旋律时，会联想到歌词，反过来也是如此。

旋律的记忆和歌词的记忆分开存储的假说在 GL 和 CN 的案例上得到了证实。GL 是缺失了调性知识的魁北克商人，而另一位患者 CN 在 1986 年，35 岁时因大脑损伤而患上了失乐症，但她的语言能力正常。GL 和 CN 在听到熟悉的旋律时，都能听辨出歌词，但听不出对应的曲调。[9]澳大利亚人 HJ 也有同样的情况。他和拉威尔一样，能听到头脑中的音乐，却无法表达出来。他能从歌曲中分辨出副歌，但无法辨识没有歌词的旋律。[10]

这种记忆结构还解释了施泰因克在研究 KB 过程中的另一个偶然发现——对照组辨识歌曲比辨识纯器乐旋律表现更好。人们在记忆歌曲时，会在大脑中建立更广泛和更复杂的信息网络，因为这个过程同时涉及言语记忆和旋律记忆系统。人们因此能更容易地辨识歌曲旋律，因为听一首音乐比听纯器乐旋律时所刺激的神经回路更多。施泰因克认为，在 KB 的案例中，他的旋律分析系统虽严重受损，但有一部分保存完好，所以当他听到熟悉的歌曲旋律时，这部分系统足以激活言语分析系统。因此，他虽然没有听到常与歌曲同在的歌词，但还是能辨识出旋律。当听到器乐旋律时，受刺激的神经回路只有受损的旋律分析系统，所以他无法成功辨识器乐旋律。

这也可以解释 KB 能有限地记住新歌曲，但记不住器乐旋律。前者激活了言语分析系统和余下完好的旋律分析系统，从而建立起相对复杂的神经网络，促进了记忆形成。我们也能理解为什么 KB 很难辨识出搭有其他歌曲歌词的旋律。因为言语分析系统由 KB 所听到的歌词及歌词和旋律分析系统之间的联系来激活，而这些旋律对 KB 的言语分析系统造成了干扰，"唤醒"了不一致的歌词。如果 KB 的旋律分析系统完好的话，他就能像对照组一样，得到足够的刺激，从而克服干扰，把歌词和旋律都听辨出来。

韵律和旋律轮廓

KB 的中风对他的言语能力产生了重要影响：丧失了语调变化，即强弱、语速和音色等因素，而这些因素为言语注入了情绪，往往会影响语义。韵律（虽然是语言中的说法）听起来很像音乐，特别在夸张表达的时候，比如对小孩说话时。韵律相当于音乐中的旋律轮廓——音乐演奏时音高的升降。前面讲过，患有失语症或失乐症的人不同程度地保留或丧失了言语的韵律能力。但是，有人认为这只是偶然现象。因此，伊莎贝拉·佩雷茨和同事在 1988 年发表的这项研究尤为重要，因为他们直接研究了大脑中旋律轮廓和韵律的处理使用的是同一个神经网络还是独立的系统。[11]

他们的研究对象是两个失乐症患者——CN（上面提过）和 IR，但她们二人感知言语韵律和旋律轮廓的能力不同。和 CN 一样，IR 也是说法语的女性，她的左右大脑半球也有相似的脑损伤。在佩雷茨做研究时，她俩分别是 40 岁和 38 岁，大脑损伤分别已有七年和九年。她们都患有失乐症，而且当时她们的语言缺陷还不足以确定为失语症。

CN 的颞上回有双侧损伤。从她的年龄和受教育水平来看，智力和记忆力都很正常。但是，她的听力缺陷严重抑制了音乐处理能力，程度远远超过言语和环境声。佩雷茨先前已经确定了

CN 的主要问题是音乐的长时记忆受损和调性感知能力受损，后种情况在 GL 身上也有。虽然 CN 能听懂别人所说的话，但是初步测试结果认为，CN 判断语调和断句位置的能力受损。IR 大脑两侧的损伤范围更大，起初同时患有失语症和失乐症。她的言语理解能力之后得以恢复。她的智力水平和记忆力也正常，而且她能辨识环境声。但是，IR 完全不能唱歌，连一个音都唱不出来。

　　佩雷茨和同事设计了一系列巧妙的测试来检验 CN 和 IR 处理旋律轮廓和韵律的相关能力。首先，他们将 68 个句子成对录制，每对句子词语相同，但韵律不同，因而含义也不同。例如，"他想现在走"这句话先用问句说一遍，之后用陈述句说一遍。这一对是"问句—陈述句"组。还有"重读变化"组，即改变句子中要强调的内容。例如，"安妮，坐**火车**去布鲁日"和"安妮，坐火车去**布鲁日**"。通过计算机程序，严格控制每对句子的声音效果，确保响度和节奏都相同。第三种句对是"节奏变化"组——通过断句位置的变化改变句意。例如，"亨利那小孩，吃得挺多"和"亨利，那小孩吃得挺多"。这种句对也要控制响度，但不能消除句子的音高变化，不然，句子听起来会不自然。对照组研究对象为八位与她们年龄相仿，音乐背景和教育背景也都相似，但没有神经创伤的女性。这些句对播放给 CN、IR 和对照组听，其中有些句对是相同的，有些是不同的。

　　此测试的巧妙之处在于，之后又将每个句子转变成了有旋律的乐句。因为"问句—陈述句"组和"重读变化"组之前已经统一了响度和节奏，所以每对句子转换成了仅音高轮廓不同的旋律。这些旋律在长度、响度和节奏上与口语句子相同。关键的不同之处在于清除了词语内容，"言语"转变成了"音乐"。

通过这样的实验设计，佩雷茨和同事希望探究 CN 和 IR 是否能同样成功地辨别句对和旋律对是否相同。如果是肯定的，这也就意味着，句子的韵律和旋律的音高轮廓通过同一个神经网络来处理。如果他们能成功分辨句子的韵律是否相同，但无法分辨音高轮廓，或者反过来，那么语言的韵律和音乐的音高轮廓则通过不同的神经网络来处理。在我所知的研究失语症和失乐症的实验程序中，这个实验无疑是设计最为细致、执行最为彻底的实验之一。

结果确实出乎意料。在辨别成对的句子和旋律是否相同时，CN 和对照组在每种句对（问句—陈述句、重读变化、节奏变化）上都表现一样。换句话说，她处理言语韵律和音高轮廓的能力表现很正常。这个结果凸显了她失乐症的具体原因——音乐的长时记忆受损和调性感知能力受损。

IR 的结果也呈现出了一致性，她三种测试的结果都很差，但是她在问句—陈述句组的表现明显要比重读变化组和节奏变化组好很多。IR 不同于 CN 和对照组，她既不能处理言语韵律，也不能处理音高轮廓。附加测试的结果显示，这并非因为她无法辨识音高。无论是句子还是旋律，IR 都能区分出问句和疑问句。她还能分辨出句子中哪个词和旋律中哪个乐句有重音以及哪处有停顿。她似乎能形成言语韵律和音高轮廓的短期记忆。

CN 能处理言语韵律和音高轮廓，而 IR 则两者都不能处理。佩雷茨和同事因此得出结论，语言和旋律的处理确实有一个阶段会共用一个神经网络。从 IR 的具体障碍来看，他们总结得出，这一网络的用途是保存音高和时间模式的短期记忆。

天生不懂音乐

上一章我们讲到了音乐特才——语言能力有缺陷，但音乐能力正常，甚至非同寻常的孩子。这些孩子的案例说明，在发育的早期阶段，音乐和语言在大脑中有一定程度上的分离，这种分离并非仅存在于成年人大脑。接下来，我们要进行互补研究，对音乐能力天生就有严重缺陷但语言能力很正常的人进行分析。

1878 年，一篇发表在哲学和心理学期刊《心智》（*Mind*）上的论文讲到了一位"无法区分不同的音"的 30 岁男性。[12] 这篇论文的作者格兰特·艾伦（Grant Allen）将这种状况形容为"音符失聪"（note-deafness），并认为其类似于"色盲"。与先前讨论过的失乐症案例不同，这位男士（文章中未透露其姓名）没有任何大脑损伤：他音乐能力上的缺陷是天生的。原因也不是他不够努力，因为他曾上过唱歌课和钢琴课，但都以完全失败告终。艾伦对他进行了一系列测试，发现他完全区分不了钢琴上临近的两个音。他按照要求唱了《天佑女王》（*God Save the Queen*）这首歌，艾伦认为，他少数能唱对的音，都只是碰巧唱对。

这位研究对象的听力很正常；他在辨认音乐以外的声音上正确率很高——实际上，他对音乐以外的声音格外敏感。听小提琴演奏时，他会被"刮擦和拨弦的噪声"分散注意力，而演奏中不可避免会出现这些声音。他把钢琴声形容为"乐音外加重重的敲击声和金属丝声"。

他能够感知节奏，因为他单凭节奏能听辨出一些旋律。他还能根据音乐的响度和节奏判断其整体特点——活泼、欢快、轻柔、肃穆还是雄伟。但格兰特·艾伦形容为"和声的美妙搭配"的那些音乐，在他听来却是"空空如也"。根据论文的描述，他说话语气相当单调，丝毫不为感情饱满的乐曲所动。

格兰特·艾伦对他研究对象的描述在当时是一篇优秀的论文，但不满足现代科学严谨的实验标准。他这篇 1878 年的论文现在可以当作一篇有趣的逸闻来读，不能看成是系统性研究，此后的一个多世纪中出现过所谓音符失聪或音调失聪的进一步研究，但这些研究也是如此。1948 年和 1980 年发表的两项大规模研究认为 4%～5% 的英国人五音不全，这个结论也不可靠。[13]由于缺乏系统性，整个研究受到了质疑。1985 年，一家核心音乐期刊发表了一篇题为"五音不全的迷思"（The myth of tone deafness）的论文。[14]

然而，这篇研究在 2002 年被证明本身就是一个迷思。这一年，关于"先天性失乐症"的第一个记录完整、研究严谨的案例发表，研究对象是生来五音不全的人。"先天性"是为了与大脑损伤所造成的失乐症即"获得性失乐症"区分开来。这项研究中的主要科学家是伊莎贝拉·佩雷茨，她通过刊登广告招募了一批自认为是五音不全的志愿者。根据收到的大量回复，研究人员对 100 个人进行了面试，并从中选取了一小部分人进行测试。接受测试的 22 个人有明确的失乐症症状，而且满足先天性失乐症的四条必要标准。第一，他们的受教育水平必须要高，从而排除失乐症由学习障碍引起的可能。第二，他们必须小时候上过音乐课，从而能保证失乐症不是由对音乐的接触程度有限造成的。第三，他们的失乐症必须从记事起一直就有，从而增大天生的可能性。第四，没有神经病或精神病史。在满足这些标准的22个对象中，最明显的案例是莫妮卡（Monica），她四十出头，会说法语。[15]

莫妮卡是一名已经工作多年的护士，接受过良好的教育。她回复招募广告时正在攻读心理健康硕士学位。对莫妮卡来说，音乐听起来一直像噪声，她一直都不会唱歌和跳舞。她在迫于社会压力而加入教会唱诗班和学校乐团时，感受到了巨大的压力和困窘。

佩雷茨和同事让莫妮卡做了大脑损伤患者做过的测试，并把她的表现与和她年龄、教育背景相近但音乐能力正常的女性作比较。大部分测试内容都围绕能否分辨旋律对是否相同展开，为了了解莫妮卡能否发现音高轮廓和音程的变化，研究者对部分旋律进行了操作。结果是她不能辨识。她也无法感知节奏变化。当让她区分圆舞曲和进行曲时，她确实表现出了分辨不同拍子的能力，但即便如此，她的正确率仅为 19/30。

和上述的其他失乐症患者一样，莫妮卡辨别不出熟悉的旋律。她很擅长根据声音听辨熟悉的说话人，因此，这不能用听力差、记忆力差或不够专心来解释。[16]莫妮卡做了 CN 和 IR 做过的测试，结果说明，她虽然无法分辨音高，但是能分辨语调。

此结果也是佩雷茨研究中最为有趣的发现之一。这个发现与

IR（韵律和音高轮廓都不能处理）和 CN 的案例（韵律和音高轮廓都能处理）不同。IR 和 CN 与莫妮卡不同，她们都能辨识音高（IR 的缺陷在于只能把音高保存成短期记忆）。莫妮卡的韵律处理能力或许只是反映了，言语中的音高变化比旋律中的音高变化更大，或者，也可能是由于音高变化和词语的共同刺激，就像上述几位脑损伤患者识别歌曲的表现比识别器乐旋律更好一样。

佩雷茨和同事得出结论，莫妮卡的先天性失乐症的根源在于无法察觉音高变化，因此，所有的音乐听起来都单调乏味。她们认为，她根据节奏辨别旋律的能力障碍是二次效应，因为感知音高的能力缺陷让音乐系统无法发展。

但不只是莫妮卡有这种情况。研究者们发现，在和莫妮卡一样患有先天性失乐症的十多个志愿者中，虽然有些人有一定节奏欣赏的能力，但是他们都在感知音高变化的能力上存在缺陷。[17]他们都能根据名人的声音辨识出名人，能辨识常见的环境声。他们在听到歌曲的第一句歌词后，能辨识出歌曲（只有一人除外）。他们的缺陷和莫妮卡一样，完全是音乐上的。

这组先天性失乐症的研究说明，他们仍然能辨识言语声调。患有先天性失乐症的人能和对照组一样，辨识口语中的声调和韵律。但是当清除了语言信息，只保留声波波形时，失乐症组的正确率大幅下降。因此，他们之所以通过了韵律任务，很可能是借助词语线索来进行辨识的。这种解释听起来很耳熟，在 KB 识别旋律时歌词也帮了忙。

通过对莫妮卡一个人的研究，佩雷茨和同事得出结论，先天性失乐症的根本原因是辨识音高的缺陷。他们承认，大多数研究对象的音乐能力缺陷似乎都与音高无关，比如记旋律，通过节奏分辨旋律和跟拍子。但是他们认为，这些缺陷是音高辨识缺陷的二次效应或"瀑布"效应，辨识音高的障碍抑制了大脑中整个音乐系统的发展。[18]

第五章　音乐和语言的模块化

大脑中音乐的处理

前两章的案例表明，处理语言和音乐的神经网络在一定程度上互相独立。人有可能在保持其中一者正常的同时，丧失或发展不出另一者。[1]用专业术语来说，它们呈现出了双向分离，这要求我们将语言和音乐视为分离的认知领域。而且，语言和音乐显然都是由一系列心理模块构成的，这些模块之间也有一定程度的独立性，因此，有人在音乐或语言处理的某一特定方面有先天或后天的缺陷，而其他能力正常。但是，模块化的音乐和语言系统也并非完全分离，因为有些模块可能是两个系统共用的，比如韵律。

伊莎贝拉·佩雷茨总结出了大脑中的音乐模块结构（如图5所示）。每个方框代表一个处理元件，与语言系统共用的元件用灰色表示。箭头代表模块之间信息流动的路径。音乐系统产生认知缺陷的原因可能是一个或多个模块的故障，也可能是模块之间一条或多条路径受阻。

在此模型中，听觉刺激最初由一个模块进行处理，随后传给与言语、音乐和环境声相关的其他模块。之后，每个模块提取出其所对应的信息。比如，当你听到《生日快乐歌》时，语言系统会提取出歌词，音乐系统会提取出旋律，环境声系统会分离出其他声音，比如呼吸声和背景噪声。音乐系统实际上由两种模块组成，一种模块提取音高内容（音高轮廓、音程和调性编码），另一种模块提取时间内容（节奏和节拍）。它们输出的内容都由音乐词汇库——乐句的记忆库——和情绪表达分析模块进行过滤。

如果你想和其他人一起合唱《生日快乐歌》，旋律将通过音乐词汇库模块输出，并与语言词汇库的输出内容结合，你因此能

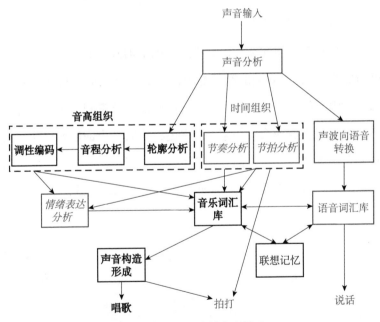

图 5 音乐处理的模块化模型

每个方框代表一个处理元件，箭头代表处理元件之间信息流动的路径。神经系统的异常可能会破坏处理元件或干扰元件之间信息的流动。音乐专用的所有元件用深色加粗表示，其他元件用浅色表示。三个有独特神经系统的元件用斜体表示——节奏分析、节拍分析和情绪表达分析，它们是否专用于音乐能力尚不清楚。

唱歌。另一方面，如果只要求你调动与这首歌相关的回忆，输出内容将会被传送到佩雷茨模型中的联想记忆模块。与此同时，音高模块和时间模块的输出内容将会被输送到情绪分析模块，因此，你能通过音乐的节拍、响度和音高轮廓辨识音乐所传达的情绪类型。

大脑中的音乐架构可以解释我们在前两章所遇到的各种缺陷。概括来说，对拥有音乐能力但没有语言能力的人来说，他们的音乐模块完好，语言模块受到了一定程度的抑制。反过来，有些人拥有语言能力但没有音乐能力，这是因为他们的音乐模块受到了抑制。用案例来分析会更具体。音乐听起来像吼叫的 NS 显然是音高轮廓模块和联想记忆模块受到了抑制，但时间内容模块可能完全正常。与他相比，GL 可能是调性编码的子模块受到了抑制，因为他还能够处理音程、音高轮廓、节奏和节拍。对音乐已经丧失意义的业余音乐家 KB 来说，他的音乐词汇库可能并没有完全受到抑制，只是部分受到了抑制，因此，音乐词汇库与语言词汇库之间的联系足以让他回忆起与歌词相关的旋律。

音乐模块在大脑何处？

如果按照佩雷茨的观点，大脑中的音乐系统由一系列相对离散的模块组成，那我们是否有可能找到它们的具体位置？在回答这一问题之前，还有几个问题有待解决。首先，这个问题的假设是，构成一个音乐模块的神经网络位于大脑中一片空间离散区域内。实际情况不必一定如此，因为神经网络即使执行某一特定任务，也可能遍布于大脑各处。而且，即便存在空间离散的神经模块与音乐模块相映射，也没必要在每个人大脑中都处于同一个位置。进化可能会给大脑"编程"，让其发展出音乐神经网络，但不会指定神经网络在大脑中的位置，具体位置视当事人而定。我们知道，像 NS 这样的人的语言神经网络很大一部分不在左脑，而在右脑。大脑对音乐神经网络的位置可能有相当大的可塑性——也许并非如此，我们完全无法确定。

然而，从我们已经研究过的案例中可以看出一些大致情况。有些人患上了失乐症，但保留了言语能力和辨识环境声的能力，这些人一般左右颞叶都会有损伤。至关重要的特例是一位未曾提及名字的患者，研究者是马西莫·皮奇里利和他的同事。这位患者的损伤位置在左颞上回。他的特殊之处还因为他是左撇子，这说明他大脑中的大部分运作方式与大多数人不同。保留了音乐能力但丧失了其他听觉能力的患者一般只是右颞叶出现损伤。

伊莎贝拉·佩雷茨本人对在研究音乐神经网络的位置的过程中所取得的进展非常失望。她在 2003 年的一篇文章中写道：

> ……证明所有人类处理音乐时使用相似的大脑组织仍然难度很大……依我看来，在音乐背后的脑组织的研究上，目前学界所达成的唯一共识是对音高轮廓的处理。绝大多数研究认为，右侧大脑的颞上回和额叶区负责音高轮廓信息的处理。然而，这一机制是否为音乐系统专用，尚不可知，因为言语的语调模式所使用的大脑回路似乎位于差不多的位置，甚至可能在同一个地方。[2]

她最后关于执行言语和音乐任务的神经网络明显存在重合的观点是最为重要但仍然未解的议题之一。圣地亚哥神经科学研究所的阿尼鲁德·帕特尔（Aniruddh Patel）曾和佩雷茨合作过几项研究，他也想要找到音乐模块在大脑中的具体位置。当然，在这方面，脑成像技术大有可为——不仅可以确定损伤位置，而且还可以监测人们在实际创作音乐和听音乐时的大脑活动。[3]帕特尔通过研究得到了一个有趣的结果：虽然损伤研究发现，音乐和语言能力可能部分或完全分离，但是脑成像技术显示它们确实有共用的神经网络。这一显而易见的矛盾仍待解决。[4]

布洛卡区和音乐句法的处理

为了解释脑成像中得到的复杂图像，我们可以简单看一下莱比锡马克斯·普朗克认知神经科学研究所的布克哈德·梅斯（Burkhard Maess）和他的同事最近进行的一项研究。[5]他们借助脑磁图来研究大脑处理言语句法和音乐句法的方式（脑磁图是一项大脑扫描技术，其原理是监测活跃神经元所产生的小型磁场）。虽然没有人质疑言语句法的存在和本质，但我们尚不清楚音乐中是否也有对应的句法（如上一章所述）。调性知识中的概念可能最接近音乐中的句法——虽然语言中严格的句法规则并不适用于音乐，但调性知识会让听者对音高的排列顺序产生预期，尤其是在乐曲的尾声。梅斯和他的同事通过这一研究方式将音乐中的和声不协调与言语中的语法不协调对应起来。

实验参与者都不是音乐家，研究者给他们听符合调性音乐规则的和弦模进。模进播放时，听者所听到的和弦会让他们对接下来应播放的和弦形成预期。梅斯之后引入了不符合预期的和弦，即不符合西方音乐规则的和弦，并通过脑磁图来监测由此引发的脑活动。如果一个脑区比之前更活跃，那么该脑区有可能负责处理音乐句法。梅斯发现，这样的脑区确实存在，而且这一脑区也负责言语句法的处理——布洛卡区。

从保罗·布洛卡的原始损伤研究开始，我们就已认识到，言语句法的处理不仅在布洛卡区——位于左额叶的区域——进行，也在右脑半球的相应区域进行，但相较而言，右脑区域没那么重要。按照梅斯的研究和介绍，音乐句法可能在相同的区域进行处理，不过右脑的处理区域似乎比左脑更重要。梅斯总结得出，这些脑区可能整体上参与了基于规则的复杂信息的处理，而非局限于诸如语言的单一特定活动。

音乐处理分散在大脑中各处

得克萨斯大学的劳伦斯·帕森斯（Lawrence Parsons）率领团队对大脑中的音乐处理展开了研究，他们的研究项目是最为有趣，也是最为宏大的。[6] 他们安排被试听音乐读乐谱，演奏乐器，或同时进行以上两种活动，并利用 PET 对被试进行大量研究（PET 是一种测量大脑中血液流动情况的脑成像技术，原理是活跃的神经元需要更多的氧气供给，血液流动会因此而加快）。

其中一组被试是职业音乐家，被试一边弹钢琴，PET 扫描同时生成被试的大脑活动图像。首先，他们被要求凭记忆演奏一组音阶，从而排除读谱对大脑活动可能造成的干扰。他们需要使用双手演奏，因此左右脑都会产生活动。之后，又要求他们（还是凭记忆）弹一首巴赫的曲子，被试使用相同的运动过程，但演奏增加了旋律和节奏。

虽然两种脑图像都显示颞叶发生了活动，但在弹巴赫乐曲时，活动强烈很多。产生活动的颞叶区域也有不同。演奏音阶激活了左右脑的颞中区，但左脑比右脑更强烈。演奏巴赫乐曲激活了颞上区、颞中区和颞下区，但与前者相反，右脑的反应比左脑更明显。

此实验中还有一个结果出人意料。在演奏巴赫乐曲的过程中，每当右颞上回被激活时，部分左侧小脑也会被激活。同样地，左颞区的激活也和右侧小脑的活动有关，不过这一发现没有得到有力证实。这些实验结果耐人寻味，因为这说明了，小脑除了运动控制以外，还有其他作用。而且，处理音乐的神经网络显然不只存在于大脑皮层，而且延伸到了进化历史更长的大脑区域。

帕森斯和他的同事也通过 PET 找到了处理和声、旋律和节奏的脑区。他们让八位音乐家边听计算机生成的巴赫众赞歌，边读相应的曲谱，并对音乐家的大脑进行扫描。他们在部分测试中故意在音乐里加了几处错误，从而影响众赞歌的和声、节奏或旋律。音乐家在只读曲谱和只听没有错误的音乐时，也进行了大脑扫描。帕森斯和同事通过对比不同情形下的脑图像，总结得出了处理不同音乐组成时活动的脑区。

有人也许已经猜到了，他们发现每种测试都会引起分散各处的众多脑区的神经元活动。他们也发现了一些不同之处。旋律所激活的左右脑活动程度相同，和声所激活的左脑活动比右脑更多，节奏所激活的活动只发生在小脑。旋律和和声还激活了部分小脑区域，但明显要比节奏弱很多。

虽然音乐的每种组成都会激活额叶皮质，但侧重点不同：节奏激活最强烈的是额叶皮质的上部，旋律是下部，和声则是中间。帕森斯将这种活动的分散形容为"音符转化成抽象的运动—听觉编码"。节奏、和声和旋律在颞叶皮层所激活的具体区域及其在左右脑的相对程度也有不同。

帕森斯和同事还进一步研究了音高的处理，并对比了职业音乐家和普通人的表现。他们发现，普通人的大脑在处理音高时，主要激活了右颞上区，职业音乐家则是左颞上区。在处理节奏时，音乐家的颞叶和小脑所产生的活动比普通人更少。

帕森斯和他的团队所得出的总结论是处理音乐的神经网络广布于大脑各处——其他脑成像研究也证实了这一发现。我们从损伤研究中认识到，音高和节奏的处理通过不同的网络进行，这点得到了证实。而且，强有力的证据证明了，音乐神经网络在音乐家和普通人的大脑中所处的位置和产生的活动有所不同。最后一项发现不足为奇——大脑有很强的可塑性，音乐家必须经过长时间的练习，借助所学的技能来塑造大脑。接下来，我们必须要去看一看这个塑造过程：儿童时期语言能力和音乐能力的发育。

第六章　对婴儿说话和唱歌

大脑的成熟、语言学习和绝对音感

　　对脑损伤患者的研究向我们证实了，大脑中语言和音乐的处理一定程度上是相互独立的。但是，损伤研究和脑成像研究都无法证明其中一者一定衍生于另一者，我们对音乐和语言进化情境的研究一定程度上因此而止步。但是，有证据可以证明，音乐在发育上，甚至在进化上，优先于语言。这方面的证据是目前最有趣的证据之一，而且我很羡慕致力于这些研究的工作者。幸运的是，基本上我们所有人都有过亲身经历，因为证据是我们自己创造的，即我们与处于前语言阶段的儿童口头交流的方式。

婴儿是天生的音乐家

　　"儿语""妈妈语"和"儿向言语"（IDS）这些术语都是用来描述我们对尚未习得完整语言能力的婴儿（从出生到三岁左右）说话时的独特方式。大家应该都很了解儿向言语的一般特点：与面向年龄更大的孩子和成年人的言语相比，音调整体更高，音调范围更广，"高清晰度"的元音和停顿更长，短语更短，重复更多。

我们之所以会这么说话，是因为人类婴儿在能理解词义之前，对言语的节奏、节拍和旋律感兴趣，并且很敏感。实质上，口语中常见的旋律感和节奏感——韵律——被高度放大，我们的话语因此而表现出了音乐性。史蒂芬·平克认为，人们为了形成音乐能力，借用了语言韵律感背后的"心理机制"。但是，儿向言语的证据则说明他有关音乐和语言的观点颠倒了顺序：从儿童发育的角度来看，语言神经网络的发展可能是以音乐神经网络为基础或蓝本的。

过去十年间，众多发展心理学家对儿向言语中节奏、停顿、音高和旋律的作用展开了研究，我们对儿向言语的科学认识因此取得了极大进步。斯坦福大学的安妮·弗纳尔德（Anne Fernald）教授是这方面的领先学者之一。她发现，男人、女人和儿童（甚至是学龄前的孩子）会不由自主地用儿向言语和婴儿进行交流，无论是对自己的孩子、兄弟姐妹还是别人的孩子和兄弟姐妹。[1]他们的"韵律放大"之间有非常多相同点，但也有细微的不同，比如，父亲的音高范围可能不如母亲广。

另一方面来看，初次和婴儿交流的人会和经验丰富的妈妈一样放大说话时的韵律感，而且婴儿很喜欢。实验结果表明，比起正常的言语，婴儿更喜欢儿向言语，[2]而且声音比面部表情更能引起他们的反应。早产儿也是如此。儿向言语比其他方式（如轻抚），更容易让他们安定下来。而且孩子的积极回应会促进非语言交流的发展。实际上，韵律感的功能之一是产生成年人对话中至关重要的话轮转换。[3]

放大韵律所产生的影响并不是身体能力或心理能力的作用。如果用类似的方式和病人或老人说话，他们的回应会很消极。[4]当然，成年人之间的交流确实也有一定韵律感，不过不同语言的程度有所不同。在用英语交流时，如果某些词没有特定的语调，那话语的含义和对情绪所产生的作用会丢失很大一部分。儿向言语中韵律的放大虽然可能有同样的功能，但其在语言习得过程中也起着一定作用。当成年人教给婴儿一个新词时，他们可能会用格外高的音调来强调这个词，并且会把这个词放在话语末尾，但他们并不会用同样的音调去教一个成年人。[5]韵律还可以用于帮助孩子习得语言中的句法。停顿的位置意味着一个从句的结束和另一个从句的开始，与成人言语相比，这点在儿向言语中更明显。[6]一般来说，儿向言语中韵律的放大会帮助婴儿拆分听到的音流，从而能听清单独的词和短语。实际上，母亲会根据婴儿当前的语言水平对所使用的韵律进行微调。

孩子学习语言的过程确实很奇妙。但是，如果你认为儿向言语中的韵律主要是为了帮他们完成这一项任务，那你就理解错了。[7]

儿向言语的四个阶段

安妮·弗纳尔德发现儿向言语的发展分四个阶段，其中，只有最后一个阶段是借助上面所说的停顿和重音，直接促进语言的习得。对新生儿和年龄很小的婴儿，儿向言语通过产生能引起孩子反应的听觉刺激，吸引和保持他们的注意力。相对强烈的声音会产生定向反应①，音调缓缓升高可能会让他们睁开双眼，而音调突然升高会让他们闭眼和退缩。

在面对年龄稍微大一些的婴儿时，成年人会凭直觉改变自己的儿向言语，这意味着第二阶段的出现。在这一阶段，儿向言语开始能唤醒婴儿并调节其情绪。一个成年人要抚慰一个难过的婴儿时，很有可能会用低音和下行音高轮廓；当要吸引孩子的注意力并争取得到回应时，上行音高轮廓更常用。如果想让孩子一直看着他，那么他的言语最有可能符合钟形轮廓的特点。成年人一般不会呵斥年龄很小的婴儿，但如果确实有这种需要，这时儿向言语的特征类似于其他灵长类动物发出的警告信号——声音短促，断断续续，轮廓变化急剧而尖锐。

随着孩子年龄的增长，儿向言语进入第三个阶段，韵律承担起了更复杂的功能，不仅能唤醒婴儿，还能传达说话者的情感和意图。这标志着孩子的心理发生了巨大变化。此前的所有"对话"中，婴儿只喜欢听悦耳的声音，厌恶刺耳的声音——最重要的是儿向言语的内在声音特征。但现在，旋律和节奏可以帮助孩子理解母亲的情感和意图。

弗纳尔德和她同事所进行的实验说明，通过放大韵律，儿向言语能够比成人导向式言语更有效地给幼童传达意图。[8] 在一

_____

① 定向反应：当环境中出现新异刺激时，个体做出的一系列自发反应。

项实验中，她们先录下了母亲在赞许、阻止、争取注意力和抚慰的情境中所使用的儿向言语的声音样本；之后，又对相同情境下的成人导向式言语的声音样本进行录音。她们将这两种言语样本中的词语内容过滤掉，即清除词语，只留下句子的声音轮廓。之后，将这些儿向和成人导向式的声音播放给新的一组成年人听，他们都没有育儿经验。无论一开始听的是何种情境，先听儿向言语的要比先听成人导向式言语的能更好地辨识出（无词语）句子的内容。

这类实验表明，在儿向言语中，"旋律即信息"[9]——单凭韵律，就能了解说话人的意图。无论是何种信息，对孩子都有好处，因为有研究发现，婴儿所接收的儿向言语的质量和数量与孩子的成长速度之间存在关联。[10]

随着幼童渐渐能理解词义，儿向言语还会出现细微变化，这标志着第四阶段的到来。在此阶段，语调的具体模式和停顿会促进语言的习得。

儿向言语的普遍性

从根本上讲，儿向言语与语言无关，这一点能从其共通的音乐特点中得到证实。无论我们来自哪个国家，说哪种语言，在和婴儿说话时，本质上会用同样的方式来改变言语模式。[11]

弗纳尔德和同事进行了儿向言语的跨语言研究，其中包括法语、意大利语、德语、日语、英式英语和美式英语。她们发现各种语言在韵律的使用上存在极大的相似性，这说明儿向言语存在共性——音调同等程度的升高、高清晰度和重复等。她们还发现了一些特定语言中的变化。最明显的是，日语与其他语言相比，情绪表达的程度普遍较低，这可能意味着表达方式整体上受到了文化的影响。可能也是出于同样的原因，在美式英语中韵律放大的程度最大。

通过记录婴儿对从未听过的陌生语言的反应，研究者证明了儿向言语的普遍性。在一项实验中，来自英语家庭的婴儿和母亲坐在一个三角形隔间里，婴儿坐在母亲腿上。隔间两边有图片和扬声器，图片上是相同的女性面部照片，表情为中性，扬声器与邻近房间的磁带录音机相连。婴儿会听到儿向言语：一个扬声器表达赞许，之后另一个扬声器表达阻止。每种情境八个样本随机播放，婴儿对每个录音的反应分五级记录下来，程度从皱眉（最低）到微笑（最高）。

这一实验的关键在于，言语样本不仅有英语，还有婴儿之前从未听过的四种语言——德语、意大利语、希腊语和日语，之后再用英语以相同韵律播放无意义的词语。而且，增强的响度受到了过滤——响度变化是儿向言语在表达赞许和阻止时最为明显的不同。实际上，婴儿听到的只有旋律。

结果无可置疑：婴儿无论听到了哪一种语言，即便是无意义词，也做出了恰当的反应——在听到带有阻止意味的语句时会皱眉，听到表达赞同的语句时会微笑。但是，有一个意料之内的例外：婴儿对日语没什么反应。弗纳尔德对此做出的解释是日语的儿向言语比其他欧洲语言的儿向言语的音高范围更窄。其他研究发现，日语的声音表达和面部表情很难破解，这一研究的结果与其他研究保持了一致。

慕尼黑马克斯·普朗克精神病学研究所的发展心理学家梅希赫德·帕普塞克（Mechild Papousek）率领团队，对声调语言和重音语言的儿向言语进行了比较，研究对象分别说汉语和美式英语。研究发现，虽然讲美式英语的母亲比讲汉语的母亲音调更高，音调范围更广，但是音高轮廓与情境之间的关系是一样的，这为研究者们证明儿向言语之间存在共性提供了证据。在另一种声调语言科萨语的儿向言语中，也发现了相同的特征。

研究者们在英语、德语、法语和意大利语的儿向言语中，发现了相同的韵律模式，这或许不足为奇，因为这些语言有着共同的起源，而且产生时间相对较近，可能不超过 8000 年，因此它们的基本结构相同。[12] 但是，使用科萨语、汉语和日语的母亲竟然也会升高音调，扩大音高范围（在日语中变化程度有限），这是非常重要的。[13] 在诸如科萨语和汉语的声调语言中，词义会随着音高变化而发生改变，而在以英语为例的重音语言中，音高的变化改变的只是在某一句话中词的重要性——实际意义并没有改变。日语是一门"音高—重音"语言，会使用一定的对比音调。

在像汉语这样的声调语言中，韵律的放大对孩子来说，势必会混淆语义——音高的变化是为了改变词义，还是只是为了强调？实验发现，说汉语的母亲会本能地使用各种超越语言规则的策略。有些情况下，她们会直接违反语言规则，完全改变汉语词汇的声调，使用全球通用的、能激发情绪的儿向言语旋律。

如果儿向言语中韵律的放大只不过是语言学习的手段，那么我们应该能看到科萨语、汉语和日语的儿向言语与英语、德语和意大利语的儿向言语迥然相异才对。但实际情况并非如此，这进一步证明了儿向言语的心理机制起初属于一种能调节社会关系和情绪状态的音乐能力。除了儿向言语，我们还有其他证据，即宠物导向式言语（PDS）。

小猫咪，有什么新玩意儿呀?

儿向言语和宠物导向式言语之间存在一种不可思议的关系。当我们和自己养的猫、狗或其他宠物（我的话，养的是兔子、豚鼠和金鱼）说话时，我们也会放大言语中的韵律特征。但与和孩子说话不同的是，我们都知道宠物无法习得语言。

西悉尼大学的丹尼斯·伯纳姆（Dennis Burnham）和他的同事探究了母亲对孩子（IDS）、宠物（PDS）和其他成年人（ADS）的说话方式的异同，该实验中的宠物为猫和狗。他们衡量了言语的三个方面——音高、"情感"（衡量能听到语调和节奏但听不懂词义的程度）和元音的高清晰度（衡量元音放大的程度），这三个方面也是儿向言语的特点。

从统计数据来看，儿向言语和宠物导向式言语的音高相同，而且都比成人导向式言语高很多。儿向言语的情感程度等级要比宠物导向式言语更高，但此二者都明显高于成人导向式言语。因此，从这两方面来看，人们和宠物说话的方式与和婴儿说话的方式一样。但是，研究发现，在元音的高清晰度上，宠物导向式言语和成人导向式言语是一样的；这两者的放大程度都不及儿向言语。

通过这一研究，伯纳姆和同事得出结论，人们会凭直觉对言语进行调整，以满足听者对情绪和语言的需求。猫和狗与婴儿类似，都有情感需求，而这或许可以通过升调和提高话语的情感水平实现。但与婴儿不同的一点是，宠物没有任何语言需求，所以，与宠物交流时，高清晰度的元音没有什么用处。这说明，在儿向言语中，高清晰度的元音是为了帮助孩子习得语言，而不是为了满足情感需求。

伯纳姆的研究非常有趣，而且还能拓展到探究儿向言语和宠物导向式言语的其他异同点。但我们必须认可他们所记录的另一观察结果：猫导向式言语（CDS）和狗导向式言语（DDS）之间没有区别。

天生的统计学家

如果语言习得不是儿向言语的主要作用，那么婴儿还会用什么其他方法从所听到的语句中过滤出语义呢？威斯康星大学麦迪逊分校的发展心理学家珍妮·萨弗兰（Jenny Saffran）表示，婴儿也能从他们所听到的连续音流中发现统计规律。[14] 她的研究对本书相当重要，因为她进一步阐释了音乐和语言在青少年时期的相对重要性，并将我们带回到里昂·米勒在研究音乐特才的过程中发现的普遍特征——拥有绝对音感。

萨弗兰在研究之初提了一个简单的问题：婴儿在听的时候，听到了什么？这个问题对我们了解婴儿习得语言的方式最为重要，因为他们要从父母、兄弟姐妹和其他人那里听到的连续音流中，不仅提取出语义，还要注意到词语的真实存在。这确实是一段"连续音流"——虽然我们在书写时，会在一个词的末尾和另一个词的开头之间留空格①，但不会在口语中留空格。因此，婴儿如何能分辨出离散的词语是发展语言学中最让人好奇的问题之一。我们已经知道，韵律会起到辅助作用，但萨弗兰的研究表明，他们还会用到另一项技能：他们是天生的统计学家。

研究者让八个月大的婴儿听一段人工音节的连续声音（如 *tibudopabikudaropigolatupabiku...*），时间为两分钟。在这段音流中，有些三音节序列总是一起出现（如 *pabiku*），而其他音节对只是偶尔产生关联。最重要的是，没有任何韵律特征提示有规律出现的音节序列所在的位置。当婴儿熟悉这段音流之后，给他们播放"词""词缀""非词"，以测试他们对哪类声音最感兴趣。每种声音都由一段简短的无意义音节组成。但是在连续音流中，"词"总是由以同一顺序一起出现的音节组成。在"词缀"中只有前两个音节一直被放在一起，而"非词"中的音节之前从未产生过关联。如果婴儿能从原始音流中提取出规律，那么"词缀"，尤其

———————

① 此为英文书写格式。同一句话的单词与单词之间以空格相隔。

是"非词"对他们而言则是新内容，与"词"相比，婴儿会对这类内容更感兴趣，即听的时间更长。

实验结果证实了这一推测：婴儿并不在意"词"，而对"词缀"和"非词"很感兴趣。这说明，当他们在听那段长达两分钟的音流时，他们的大脑根据反复出现的音节序列，一直在不停地提取统计规律，而且他们在"现实"生活中，一定是用这种方法，从父母、兄弟姐妹和其他人那里听到的连续音流中找到单词的始末——说话者还会通过儿向言语的韵律放大，助他们一臂之力。

有人可能会觉得，这种统计学习的能力属于某种专门为语言习得产生的心理机制的一部分。但是，除了音节以外，萨弗兰和同事还用高于中央 C 的八度演奏的乐音重复了此实验。在这次实验中，给婴儿播放一段连续的乐音音流（如 AFBF#A#DEGD#AFB），并测试他们是否能从简短的音调序列中找出统计规律。结果与音节实验一致，这说明，我们在那个年龄段时普遍具备了从听觉刺激中提取规律的能力。考虑到实验中婴儿的年龄，这种能力不太可能最初专为语言习得进化或发展出来，之后又误打误撞应用于音乐能力中。而这个说法反过来，说不定是对的：一种心理适应最初为处理音乐而产生，之后为语言所用。又或者说，我们所研究的可能是一种非常普遍的认知能力，因为萨弗兰同事的实验表明，婴儿也能从光的图案和肢体动作的顺序中找出统计规律。[15] 如果这种说法正确的话，那么这种能力一定和我们年幼时最笼统地认识世界的方式有关。

绝对音感

珍妮·萨弗兰围绕婴儿如何从播放的声音中听辨出有规律出现的音调序列展开了研究。在一项研究中，她和同事格雷戈里·格里庞特罗格（Gregory Griepentrog）设计了一些实验来测试婴儿在进行特定心理计算时对绝对音感或相对音感的相对依赖程度。[16] 他们必须使用其中一者或两者，因为在这种音流中，没有韵律特征或音高轮廓来提示主要音调序列的开头或结尾。

绝对音感（绝对音高）是在没有任何参考的情况下听辨或发出音高的能力。一千个成人当中，可能只有一个人有这种能力，绝大多数人都只有相对音感——听出两种声音的音高差异程度的能力。大体上，职业音乐家拥有绝对音感的概率比普通大众更高，但是我们目前还不清楚，他们是因为有了音乐经历，尤其是童年早期的音乐经历，才更有可能拥有绝对音感，还是因为有了绝对音感才发展出了音乐技能。我们在第三章中讲到，里昂·米勒的研究中最有趣的发现之一是几乎所有音乐特才都拥有绝对音感。这在自闭症患者中也是普遍现象。[17]

萨弗兰和格里庞特罗格重复了之前的实验来测试婴儿会优先识别"音调—词"还是"音调—词缀"。但是，在此次实验中，这两种音调使用了相同的相对音高序列，因此，辨别过程完全取决于识别和记忆音调绝对音高的区别。婴儿们成功完成了实验：

他们在听"音调—词缀"时，表现出了更强烈的兴趣。这说明，婴儿已经认识并熟悉了连续音流中的音调—词。而要完成这一过程，他们必须能听出绝对音高。

接下来，萨弗兰和格里庞特罗格调换了条件：他们又设计了实验来看婴儿能否只靠相对音感分辨"音调—词"和"音调—词缀"。这一次，婴儿并没有识别出音调—词，这说明他们不能把相对音感作为一种学习手段——或者至少他们更依赖于绝对音感。

他们对成年人也进行了这项实验，在成年人中，绝对音感并不常见。不出意料，实验结果与婴儿相反。因此，我们可能在刚出生时，拥有绝对音感，但随着长大，这种能力渐渐被相对音感取代。

为什么会出现这种情况呢？西方一般认为，依赖绝对音感不利于语言和音乐的学习，因为这会妨碍归纳概括。萨弗兰和格里庞特罗格认为，按照绝对音高对声音分类"会让分类过于具体。只用绝对音感对旋律进行分类的婴儿永远不知道自己所听到的歌曲虽然调高不同，但其实是同一首歌，别人说的话虽然基本频率不同，但却是同一句话"[18]。一位男士和一位女士用不同的音高说同一个词，这些婴儿甚至判断不出自己所听到的声音实际上是同一个词。

但是，绝对音感在声调语言（如汉语普通话）中可能是一种优势，因为有些词用不同的音高，会产生不同的含义，因此需要单独分类。萨弗兰和格里庞特罗格以一组讲汉语的成年人为样本进行了测试，发现被试在相对音感和绝对音感的测试中和英语使用者表现一样。他们给出了三种可能的解释：所有测试人都以英语为第二语言（他们都是在美国留学的学生）；他们都会说几种汉语方言，这可能要求他们能灵活使用声调；他们判别声调语言音高的能力可能只适用于母语。虽然萨弗兰和格里庞特罗格没能发现英语使用者和汉语普通话使用者之间的区别，但是我们从其他研究中了解到，无论是讲声调语言（如汉语）的亚洲人，还是讲非声调语言（如韩语或日语）的亚洲人，拥有绝对音感的概率比西方人都更高，这可能反映了与语言或其他文化因素无关的遗传易感性。[19]

萨弗兰和格里庞特罗格的实验结果说明，依赖于绝对音感极大可能不利于语言的学习，无论是声调语言还是非声调语言。但是同理，在声调上完全依赖于相对音感可能也存在问题，因为婴儿无法获取足够多的细节信息——很多词在他们听来可能都是一样的。因此，萨弗兰和格里庞特罗格认为，在语言习得的第一阶段，绝对音感可能是觉察到相对音高轮廓的必要补充。然而，因为我们可以通过监测轮廓改变的方向和距离来提高辨别音高轮廓的能力，所以绝对音感会变得不那么重要，并且最终可能造成正面妨碍。在萨弗兰和格里庞特罗格看来，这是"要丢掉的"。

这一观点很巧妙，因为这有助于解释为什么童年的特定经验，比如高强度的音乐练习，可能会让人将绝对音感保留下来。孩子在三岁到六岁接触音乐并接受音乐训练能提高孩子成年后保留绝对音感的可能。这一发现实际上说明了绝对音感对听音乐和演奏音乐有一定的重要性。[20] 如果不是这样的话，那么音乐家拥有绝对音感的概率应该要比非音乐家更小，因为语言和音乐的习得不利于绝对音感的保留。所以，拥有绝对音感一定会以某种方式提高人的音乐能力，可能是通过使练习更准确，以及促进肢体动作或乐器调高与期望音高之间建立直接联系。[21]

语言的习得包括"丢掉"绝对音高（除非高强度的音乐活动让其保留了下来）的说法解释了，为什么因认知缺陷而语言习得受阻的音乐特才们保留了绝对音感——他们没有舍弃绝对音感的压力。里昂·米勒认为，拥有绝对音感为他们音乐天赋的发展奠定了基础。但只靠绝对音感还不够：没有语言能力，也没有音乐天赋的自闭症儿童也比正常孩子更擅长识别和记忆音高。[22]总体来说，在婴儿发育过程中，一种天生的音乐潜能会因语言习得的需要而渐渐消失，除非付出极大努力将绝对音感保留下来。

进化中的对应情况耐人寻味：这说明处于前语言阶段的原始人可能一生都会保留绝对音感，因此与使用语言的原始人（包括我们自己）相比，他们的音乐能力更强。当然，我们不可能证实这个说法。但是，猴子普遍对音乐有一定敏感度，而这可能与绝对音感有关，这一点鼓舞人心。[23]

对婴儿唱歌

本章前面都是在讲儿向言语的音乐性，讲到了儿向言语的音乐性对情绪表达和社会纽带发展的作用，最终父母会通过韵律放大促进婴儿习得语言。然而，父母不仅会和婴儿聊天，还会对他们唱歌，而后者对情绪的影响可能更大。多伦多大学心理学教授桑德拉·特雷赫（Sandra Trehub）与她的同事为探究父母对婴儿唱歌的意义进行了多项研究。其中一个研究主题是摇篮曲，研究发现摇篮曲在节奏、旋律和节拍上出乎意料地具有跨文化一致性。她们还发现，当给成年人播放陌生语言的歌曲时，成年人能很好地区分摇篮曲和非摇篮曲。[24]特雷赫和同事还研究了儿向言语和歌曲的相对影响。[25]她们发现，当给婴儿播放他们母亲的声像材料时，婴儿注意唱歌的时间明显要比说话长很多。[26]特雷赫还得出，六个月大且情绪不沮丧的孩子对母亲唱歌所产生的生理反应（从唾液皮质醇的分泌来看）要比对母亲说话所产生的生理反应更明显，这说明唱歌是一种给予爱护的工具。[27]

这类反应不完全是社会化的，佛罗里达州立大学的杰恩·斯坦德利（Jayne Standley）在新生儿重症监护室进行了相关研究，新生儿们的生理反应也证实了这一点。[28]斯坦德利的其中一项研究表明，女歌手演唱的摇篮曲能显著促进早产儿吮吸能力的发育，这对婴儿增重产生了重要影响。研究还发现，音乐能稳定氧饱和水平，促进早产儿的身体发育。同时接受音乐和按摩的早产儿比对照组婴儿平均早 11 天出院。

萨里大学的艾莉森·斯特里特（Alison Street）曾经对母亲和婴儿做过一项非常有趣的实验，实验背景不是实验室所营造的人为环境，而是家庭的自然环境。斯特里特认真挑选了 100 位母亲作为样本，每位母亲的宝宝都不到一岁，她调查了这些母亲给孩子唱歌的频率，询问了她们对唱歌的态度。她发现，在自家的私人空间里，所有的母亲都会给婴儿唱歌，即使她们中有一半的人自称不是唱歌的料。当问及她们给孩子唱歌的原因时，最常听到的回答是"安抚孩子，逗孩子玩，逗孩子笑，让孩子出声"。其中一个很常见又非常有趣的发现是，母亲认为她们的歌声会让孩子安心，让孩子知道有她们在身边。有些母亲还提到，唱歌会让孩子放松和安定，而且也让她们回忆起了自己童年时母亲给她们唱歌的快乐时光。

这些研究结果既有极大的学术价值，同时也能应用于实践，健康专家可以鼓励母亲给孩子唱歌。斯特里特认为，如果能帮助母亲更敏锐地觉察到孩子的音乐能力，她们也会受此影响，多给孩子唱歌。这有助于培养母亲和孩子的幸福感，肯定母子之间的陪伴关系，增强母亲支持孩子成长的能力。[29]

桑德拉·特雷赫更为直接地阐释过母亲唱歌的生物学意义：

母亲唱歌能改善婴儿情绪，通过改善进食、睡眠甚至学习来促进婴儿的成长和发育。孩子长时间的无助为父母承诺和奖励相应承诺的婴儿行为带来了巨大选择压力。婴儿随着摇篮曲入睡或听着其他类型的歌曲出神或许都是对母亲所做努力的恰当回报。一般来说，母亲在婴儿醒着时对他们唱歌所产生的有益结果——无论是通过减少哭闹，诱导睡眠还是积极的情感——都有助于孩子的幸福，同时维持母亲的行为。推测来看，对孩子唱歌的母亲会有健康满足的后代，他们比不唱歌的母亲的后代更有可能将自己的基因传递下去。[30]

"天生有一种音乐的知识和品味"……

本章中所讲到的很多内容都能用这一句话来概括，这句话出自爱丁堡大学儿童心理学名誉教授科林·特热沃森（Colin Trevarthen）。他一生致力于研究母婴互动，他将对婴儿思维的评估总结在这句话中。[31] 他的研究强调婴儿不仅会倾听看护者发出的音乐，而且自己也会用咕哝声和动作来创造音乐。[32]

他的话也值得详细引用过来：

> 一位母亲满含热泪欣喜地迎接她刚出生的孩子，同时伴着低沉的音调和温柔的抚摸。她无法将视线从婴儿的脸上挪开。她有节奏地爱抚着孩子的小手、脸庞和身体，把婴儿抱在怀里，从而引起共同的注意，相互问候。她说话就是一种歌唱，以柔滑的高音、优美的节奏有规律地重复着温柔的话语，并为婴儿发出咕哝声，微笑，做出手部和全身的动作留以空间。婴儿的一举一动都会让她做出反应。这些交流错综复杂地与柔和的编舞相协调，让母亲和婴儿之间产生匹配的节奏和停顿。[33]

……开始学会笑

艾莉森·斯特里特的发现之一是，我们给婴儿唱歌的直接目的是逗他们玩，逗他们笑。接下来，我们要花些时间来谈一谈笑，因为笑是母婴互动中的一个重要组成部分。笑声与其他话语和手势一样，经常出现在话轮转换中，具备儿向言语的音乐性。婴儿长到14周至16周时开始会笑，他们的笑声常常会调节母婴之间的互动，孩子的笑声会让你重复去做那件能换来他笑声的事情。母亲也会笑，还会边说边笑，母亲和婴儿互动时要比和年龄更大的孩子以及其他成年人在一起时笑得更频繁。

笑声普遍存在于人类话语中，但在研究领域却一直被忽视，因此我们尚不清楚其在建立成人与婴儿的社会纽带中的具体作用。马里兰大学的心理学教授罗伯特·普罗文（Robert Provine）是少有的重视笑声研究的学者之一。他认为，笑声是一种古老的社会信号形式，更接近于动物的叫声和鸟鸣，而不是人类言语。笑声具有传染力——电视节目制作人在节目中插入配音笑声便是极大发挥了这一特点——这也说明，笑声是建立社会纽带的一种方式。

我们都很清楚，笑声可以是一种强大的社交工具：笑声能缓解陌生人之间的拘谨，使人建立联系，让人萌生善意，削弱攻击性和敌意。商人用笑声与客户建立更融洽的关系，我们在调情时也会用到笑。当我们在"嘲笑",而不是"欢笑"时,笑声可能会用来冒犯他人,表达或建立一种权力关系以及将某人排除在社会群体之外。

普罗文的其中一项研究是,偷听几组成年人和儿童的对话,对不同性别的人笑的程度进行记录。无论是在说话时,还是在倾听时,女性笑的次数都要比男性多很多。男性和女性在听一位女性讲话时都要比听一位男性讲话时笑的次数少很多——因此很多女喜剧演员工作很不容易。普罗文还研究了笑声嵌入言语的方式,他发现笑声通常出现在话语结束时,而不是中途插入,这说明神经系统把一定优先权给了言语。

笑声一定是我们进化心理的一部分,而不是单纯习得的行为。有些孩子天生眼盲耳聋,并因此从未听到过笑声,从未看见过笑容,但是有人挠他们痒的时候,他们还是会笑。现存与我们血缘关系最近的黑猩猩在被挠痒或玩闹时,也会发出类似笑声的声音。这些笑声不同于人类笑声,因为它们是在吸气和呼气时发出的,而人类的笑声是在"砍断"一次呼气时发出的。黑猩猩的笑声中也没有人类笑声中类似元音的离散声音(如"哈哈哈")。实际上,如果在黑猩猩发出笑声时,听者没有亲眼看着他,可能根本听不出他在笑。

黑猩猩基本上只有在肢体接触或回应这种接触所带来的威胁时会笑,比如在追逐过程中。而大多数成年人在对话中会笑,过程中没有任何肢体接触。我凭直觉推测,人类婴儿的笑声可能更像黑猩猩的笑声,而不是成年人的笑声,因为前者与肢体接触的关系更密切。但就我目前所知,如今这方面的研究还有待进行。

有人认为，老鼠在挠痒时发出的声音也能当成是笑声——老鼠与人类的亲缘关系比黑猩猩与人类的关系疏远很多。[34] 年幼的动物，比如幼犬，在打闹时会发出声音，来表示玩闹不是当真的。因此，神经学家认为人类的笑声产生于进化最早的大脑区域的活动，即边缘系统，这倒不足为怪。这一区域的结构不仅存在于其他哺乳动物大脑中，也存在于蜥蜴和蟾蜍大脑中。大脑皮层的活动对人类的笑声也很重要。有研究对一位女癫痫患者进行实验，结果发现，对大脑皮层特定位置施加低强度电刺激会让她发笑，随着强度增加，她会发出一阵阵的笑声。

虽然人类的笑声仍有很多方面尚待研究，但目前有限的证据说明笑声是人类思维已进化出的一部分，儿向言语、唱歌、挠痒、面部表情和玩闹促进了笑声在婴儿早期阶段的发展。笑对婴儿有益，因为婴儿学习了如何在社会互动中运用笑声，而这对其童年、青少年和成年都有很大帮助。当儿向言语用于促进语言习得时，我们也能得出相同的结论——不仅要学习话语的含义，还要学会如何在交流中使用话轮转换。

大脑发育

要给本章画上句号，我们必须重新回到大脑，因为我们最关心的是随着婴儿的成熟，儿向言语、笑声和玩闹对形成的神经网络类型所产生的影响。[35] 上一章中，我们从语言和音乐的心理模块及其在大脑中的位置出发，对成人大脑进行了分析；本章中，我们关注的是心理模块的发展以及基因和环境对此过程所产生的相对影响。

人类新生儿大脑是成人大脑的 25% 大小。基本上成人大脑中的所有神经元在出生时就已经都存在了，人脑的增大几乎完全是因为树突和轴突的增长。此过程还会涉及髓鞘形成——神经胶质细胞的增长。这种细胞让轴突"绝缘"，加快神经冲动传递的速度。虽然人在一生中一直会有髓鞘形成，但形成最密集的阶段是在出生后不久，其对大脑的发育至关重要。

突触形成是因为树突和轴突的增长，是出生后大脑发育的主要因素。有些神经元可能会释放出吸引或排斥轴突的化学物质，这类化学物质的浓度会影响轴突生长的方向。每天会有上百万个新突触形成，它们相连形成神经回路，影响孩子今后的认知能力。

大脑发育的重要理论之一是"神经达尔文主义"，因为很多新突触无法存活到以后的生活中。[36] 该理论认为，突触在初始阶段过度生长，之后会选择性淘汰一部分。这或许就是"用进废退"：最常用、受刺激最多的神经回路会保留下来，形成最适合婴儿成长特定环境的认知能力。有实验能证明这一观点：在感觉剥夺[①]的环境中养一批动物，之后检查它们的大脑。对在仅由水平线条或垂直线条所构成的环境中长大的动物来说，当存在这些线条时，它们的大脑更活跃。同理，在运动知觉受限的环境中长

---

① 感觉剥夺指的是有机体与外界环境刺激处于高度隔绝的特殊状态。

大的动物对运动并不敏感。在极端情况下，完全剥夺视觉会导致负责视觉的大脑区域缺失树突分支和突触，环境刺激完全无法将其激活。

虽然上述证据都支持神经达尔文主义，但也有一个强有力的案例支持"神经建构主义"——树突、轴突和突触面对环境刺激时增长。[37] 在"丰富的"环境中成长并且可能接受过特定训练的动物大脑结构与在无菌实验室环境中长大的动物有所不同。根据记录，老鼠、猫和猴子在发育早期时接受环境刺激，其树突和突触的增长会超过 20%。

我们可以把现有神经回路选择性剔除的证据和受环境刺激而产生新回路的证据放在一起，很容易就能发现大脑在成长过程中有巨大的可塑性。环境刺激的程度可能很小，只是一个触发器，促进神经发育。比如，语言学习中的"刺激贫乏论"可能就是如此：如前面章节所说，乔姆斯基和很多其他语言学家认为，孩子所接收的环境输入——即孩子所听到的话语——数量太少，语义太模糊，只能做到触发和微调所谓的"普遍语法"。

无论是神经达尔文主义，还是神经建构主义，或是二者的结合，很明显，借助面部表情、手势和话语来刺激婴儿并进行交流的人有效地将婴儿的大脑塑造成合适的样子，从而使其成为人类社会中有用的一员——无论是对家庭还是整个社会。父母都是凭直觉来做的——不需他人教授儿向言语——并在促进婴儿语言习得之前，运用音乐性的话语和手势来发展他们的情绪能力。

第七章　音乐之魔力，可疗愈

音乐、情绪、药物和智力

17 世纪诗人威廉·康格里夫（William Congreve）曾说："音乐之魔力，可镇狂兽，可软顽石，可曲虬枝老树。"很少有人会反对这样的观点：无论大家的音乐品味如何，我们会被音乐打动。[1] 而学界对音乐和情绪之间关系的研究并不多，这令人奇怪。虽然 20 世纪 50 年代后期，伦纳德·迈尔的《音乐的情感与意义》和德里克·库克的《音乐的语言》这两部经典著作问世 [2]，但 20 世纪后期，有关音乐和情绪的科学研究却被忽视。[3] 直到近几年，相关研究主题才开始得到应有的关注，以帕特里克·尤斯林（Patrik Juslin）和约翰·斯洛博达共编的名为《音乐和情绪》（*Music and Emotion*）的学术合集为代表。[4]

人们现在普遍喜欢把音乐形容为"情绪的语言"，这是许多现代评论家不愿赋予音乐本身太多意义的原因之一。传统观点认为，理性是人类最宝贵的认知能力，而情绪与理性相对。[5] 这一观点最早由柏拉图于公元前 375 年提出，他认为我们的情绪来自大脑的低级部分，是堕落的。查尔斯·达尔文在其 1872 年出版的《人和动物的感情表达》（*The Expression of Emotions in Man and Animals*）一书中对这一观点进行了丰富。该书是一本真正意义上的佳作，首次用照片来论证科学观点，情绪的系统研究也由此开始。但是，达尔文写作的目的只是想用人们表达情绪的方式来支撑自己的论点，即我们从类人猿祖先进化而来。在他看来，情绪表达是我们先前动物性的残留，而现在没有任何功能性价值，因为人类的理性优于情绪。想一想，我们有时会形容一个人"感情用事"，而且你会发现，这种感受如今依然还在。

但是，过去十年间，学界对人类情绪的看法发生了翻天覆地的变化，如今，情绪对研究人类思维和心理进化至关重要。迪伦·埃文斯（Dylan Evans）在其新书《情绪：情感的科学》（*Emotion: The Science of Sentiment*）中讲到，《星际迷航》中斯波克——一种不在决策中掺杂情绪的生物——的超理性实际上无法在进化中产生，因为情绪是世界上智力活动的核心。[6]

情绪引导行为

20世纪，人们运用了各种方法来研究情绪，并发表了大量研究，从西格蒙德·弗洛伊德（Sigmund Freud）和威廉·詹姆斯（William James）的经典著作到神经学家约瑟夫·勒杜（Joseph LeDoux）和安东尼奥·达马西奥（Antonio Damasio）的新近研究。[7]人们曾以为，所有的情绪都以文化为基础，因此不同的社会有不同的情绪。如今，这种观点已被新的认知取代，即有些情绪是全人类共有的。[8]这类情绪随着进化刻进了人类的基因中，而这本身说明情绪不仅仅是华而不实的心理装饰品。

不同学术权威对普遍或"基本"情绪的准确数量和定义的看法会有不同，但是基本情绪一般总是不同程度的快乐、难过、愤怒、恐惧和厌恶。不论在哪种人类文化中，总是能见到这些情绪以及随之出现的常见面部表情和肢体动作。在已经消失的史前智人文化中，我们肯定也能找到这些情绪和表情。而且，我们可以断定，这些情绪存在于生活在距今至少600万年前的祖先和近亲当中，因为现代巨猿也有情绪和表情。

简·古道尔（Jane Goodall）和其他学者对黑猩猩的社会生活进行了细致入微的观察，按照他们的描述，高度情绪化的黑猩猩的行为举止和人类差不多一模一样：婴儿会耍小性子，雄性黑猩猩有攻击性，孩子之间、孩子和母亲之间会亲昵玩闹。[9]虽然我们并不了解黑猩猩的主观感受——就像我们无法和其他人感同身受一样——但要是我们认定它们没有这些情绪（愤怒、难过、快乐和恐惧），这也有悖常理。

我们是否也应将心理学家所说的"复杂情绪"——比如羞愧、内疚、尴尬、蔑视和爱——赋予类人猿这一问题更有争议性。这类情绪更难从黑猩猩的行为中辨认出来，也更难说成是全人类共有，因为这些情绪可能取决于特定文化和历史背景下一种或几种基本情绪的发展。

为什么会有情绪？

但是，为什么人类和黑猩猩要有情绪呢？我所认同的观点已经得到了心理学家凯斯·奥特利（Keith Oatley）和菲利普·约翰逊－莱尔德（Philip Johnson-Laird）的充分发展，虽然其基本观点和很多其他理论一样。[10] 这一观点的出发点是认识到任何生命体都必须不断从不同行为中进行选择：继续进行当前的任务，还是做点别的？与他人合作还是竞争？面对恶霸或可能的掠食者，逃跑还是直面？超理性的生物，比如斯波克，会完全靠逻辑来解决这类问题，认真衡量每种选项的成本、利益和风险，算出最佳选择。但是斯波克并不生活在现实世界中。当我们和其他动物做决定时，我们一定会面临信息不充分、目标相互冲突和时间有限的状况。在这样的压力下，我们完全不可能对所有可能选项进行条理清晰的筛查，找出最优行为。

奥特利和约翰逊－莱尔德认为，当知识不够充足，几个目标相互冲突时（这种状态也叫作"有限理性①"），情绪会引导行为。情绪会改变我们的大脑状态，并让我们做出在过去类似情境中曾有效的行为。当我们进行任务时，会有意识或下意识地定下大目

---

① 这一概念最初由赫伯特·西蒙提出，当个体进行决策时，其理性受问题难易、个人认知和可用时间的限制。决策者寻求的并非最优解，而是满意解。

标和小目标。目标完成时，我们会感觉很开心，而这也是继续完成任务的情绪信号。但是，如果感到难过，这暗示我们要停下来，寻找新计划或寻求帮助。如果感到愤怒，这说明我们在任务中受挫，应当加把劲。如果感到恐惧，这暗示我们应停下手边的任务，警惕周围环境，立定不动或溜之大吉。奥特利和约翰逊－莱尔德用类似的方法解释了其他情绪，比如爱、厌恶和蔑视。因此，我们的情绪对"理性"思考至关重要；如果没有了情绪，我们与物质世界和社会世界的互动将会完全停滞。

其中，社会世界给人类带来的认知挑战最大。正是应对在大型社会群体中生活的挑战，为人类智力的起源提供了最可能的解释。因此，人类更复杂的情绪直接关系到我们的社会关系，这也不足为怪。我们如果没有了情绪，会苦于社交，事实上，我们将无法察觉周围社会世界的复杂和微妙，完全不能维持人际关系。

康奈尔大学的经济学家罗伯特·弗兰克（Robert Frank）在他1988 年出版的《合理的热情》(*Passions Within Reason*)① 一书中，有力论证了类似的观点。[11] 他认为，像内疚、嫉妒和爱这样的情绪会更容易让我们做出可能与自身直接利益相反的行为，但从长远来看，这些行为能让我们在社交上获得成功。因此，他认为情绪在社会生活中起着"战略性"作用。拥有情绪很重要，让其他人知道我们拥有情绪也很重要。内疚是一个典型例子。如果其他人知道你很容易内疚，那么他们更有可能信任你，因为他们知道你不太可能出卖他人。即使出卖他人可能符合你的直接利益，但

---

① 原文是 *Passions Without Reason*。据查找，罗伯特·弗兰克只有 *Passions Within Reason* 一书。怀疑此处为笔误。

当你预想到自己会因此而心生愧疚时，会放弃这个选择。同理，如果你知道你的另一半"爱着"你，这能让你们之间达成实质性的承诺，比如共享财产和拥有孩子，你也不会担心当有比你外形更具吸引力或身家更殷实的人出现时，他／她会离你而去。如果一个人没有这些情绪，所有的决定都是基于对眼前个人利益的"理性"计算，那么在社会中所能进行的合作将会达到最少，而且只存在于血缘关系亲近的人之间。如罗伯特·弗兰克在其书中所言，人类社会并非如此，因为合作行为和善意之举普遍存在于选择得不到直接好处的人当中。

因此，我强烈认为，所有脑容量大的原始人都有复杂的情绪。像尼安德特人这样的物种生活的社会群体比今天的非人灵长类动物更庞大，更复杂；合作对他们的生存至关重要，这一点我将在第十四章和第十五章细谈。如果尼安德特人不仅能够感受到快乐、悲伤和愤怒，而且能承受内疚、羞愧和尴尬的痛苦，同时还能感受到爱的欣喜，那么他们才有可能在欧洲充满挑战的冰川期存活这么久。

为人所知

罗伯特·弗兰克不仅强调了体验情绪的重要性，而且还很重视通过面部表情、肢体语言和声音来表达情绪。心理学家保罗·艾克曼（Paul Ekman）通过 20 年的研究，发现表现愤怒、恐惧、内疚、惊讶、厌恶、蔑视、难过、悲痛和快乐的面部表情都是通用的——普遍存在于所有文化中。[12] 而且，查尔斯·达尔文在《人和动物的感情表达》中提到，这些表情在类人猿中也找到了原型。所以，我们可以得出，人类祖先也会表达情绪，或许会用与现代人类似的方式。

耸肩、手掌上翻、眉毛上抬，这一系列动作表示不了解或不明白，是公认的通用动作。据我所知，其他肢体语言没有受过跨文化研究，但它们的通用性不足为奇：双臂在胸前交叠是防御姿势；人们在说谎或掩饰尴尬时，会把手捂在嘴巴上；搓手表示对事情有积极的向往；问候寒暄时，不同类型的握手和亲吻表明对人的不同态度。

表情和肢体动作可以伪装，有些人可能会通过伪装来换取优势。但是，不受控制的肌肉运动和传达真实情感的其他生理活动会限制人们的伪装。艾克曼称某些面部肌肉"很可靠"，因为人们无法对其进行有意操控。比如，只有 10% 的人能在不动下巴肌肉的情况下，有意将嘴角下拉。但是，基本上所有人在难过或悲痛时会在无意间做出这个表情。"微表情"——转瞬即逝的表情或动作——常常也会暴露自己的真实情绪，但人们可能会换上一副完全不同的表情，来表达自己希望投射的情绪。同样地，生理变化——比如瞳孔放大、脸红和流汗——很难伪装（有些人认为不可能伪装），也会暴露出高唤醒的情绪。当一个人心烦意乱时，他说话的音调很难不升高。

我们一般很重视从他人的表情尤其是眼神中"读出"情绪的能力。剑桥大学心理学家西蒙·巴伦-科恩（Simon Baron-

Cohen）表示，女性在这方面比男性更擅长，这或许反映了不同的认知技能。[13] 无论是否如此，我们从西蒙、弗兰克和艾克曼的研究中很容易能够看出，为了能在这个世界上明智行事，人类不仅进化出了情绪，还进化出了表达情绪的倾向和理解他人情绪的能力。而情绪表达的重要途径之一便是音乐创作。

音乐的语言

我们常常会通过唱歌、演奏乐器和听唱片的方式来制造音乐，以此来抒发当下的情绪。晴朗的周日清晨，我的房间里会回响起维瓦尔第（Vivaldi）的《荣耀经》（Gloria）；每当我心情沉闷时，我的书房里会传出比莉·哈乐黛（Billie Holiday）的哀乐。但是，音乐还有其他用途：诱发我们自己和他人的心情。当我感觉自己"上年纪"的时候，会听布兰妮·斯皮尔斯的歌，而我的孩子对此评价，"很惨"；当我想让孩子们停止斗嘴的时候，会在家里放巴赫的音乐。

心情和情绪略微不同，前者是一种能持续几分钟、几小时甚至几天的感觉，而后者的感觉可能非常短暂。比如，迪伦·埃文斯把快乐称为一种情绪，把幸福称为一种心情，人们可能会因为快乐的体验而达到后者。

众所周知，特定类型的音乐能诱发特定的心情：约会时，我们会放轻柔浪漫的音乐，诱发性欲之爱；婚礼时，会放乐观向上的音乐；葬礼时，会放挽歌。开明的工厂经理会在工人做简单的重复性工作时，给他们放鼓舞干劲的音乐。牙医和外科医生用音乐来安抚病人，让他们放松，有时效果好到惊人，麻醉成了多余的。心理学家在让被试进行实验之前，会用音乐诱导被试达到特定心情状态。印第安纳大学的心理学家葆拉·尼登塔尔（Paula Niedenthal）和她的同事马克·塞特隆德（Marc Setterlund）需要被试心情愉悦时，会给被试播放维瓦尔第和莫扎特的曲子，当需要被试心情难过时，会放马勒和拉赫玛尼诺夫的曲子。[14]

1959 年，音乐学家德里克·库克出版了《音乐的语言》一书，试图阐述哪类音乐元素抒发和诱发了哪类情绪。他的研究以 1400 年到 1950 年的西欧调性音乐为主，认为这种音乐的情绪力量来源于不同音高之间的关系系统——他将这种系统称为“调性张力”。库克的研究以大众普遍观点为基础：大调抒发积极情绪，如快乐、自信、爱、宁静和胜利；小调抒发消极情绪，如悲伤、恐惧、仇恨和绝望。库克认为，悠久的西方音乐史使情绪与音乐之间产生了这类关联：起初，有些作曲家在音乐中使用了这类关联，之后它们又一而再、再而三地运用到音乐中，最终成为西方文化的一部分。他指出，其他音乐传统，比如在印度、非洲和中国，通过完全不同的方式来表达相同的情绪。

库克相信，特定音乐表达和特定情绪之间的关联存在文化上的传承，我对此持谨慎态度。我认为，音乐和情绪之间存在全人类普遍的关联，这一方面至今仍有待充分研究。约翰·布莱金在 1973 年思考库克的观点时，也持谨慎态度：

有人认为，1612 年的英国和 1893 年的俄罗斯的音乐传统之间存在连续性，它们的某些音型有相应的情绪含义。我难以接受这一观点。对此观点的唯一合理解释是，某些音程的情感意义产生于人类基本的生理和心理特征。如果确实如此，那么音乐与人类情感之间应该存在某种普遍关系。[15]

现在渐渐有研究表明，这种普遍关系确实存在。2003 年，特罗姆瑟大学的心理学家赫拉·欧尔曼（Hella Oelman）和布鲁诺·梁（Bruno Loeng）发现，不同人赋予特定音程的情绪含义呈现出显著一致性。他们的被试是适应了西方音乐传统的挪威人。欧尔曼和梁指出，早前在古代印度音乐（截然不同的音乐传统）中，已经发现了特定情绪和特定音程之间完全一样的关系。他们得出的结论是，"无论文化还是年代，这些含义似乎都和人类对音程的情绪体验有关，因此可能是相通的"，[16] 这一结论证实了布莱金的直觉。而且，库克自己可能也认同这一观点，因为他频频提到特定调性张力中产生的情绪的"自然感"。

库克系统研究了十二音阶的关系，并借用从素歌到斯特拉文斯基等各种音乐示例来阐释音符间的特定关系如何能抒发特定情绪。按照库克的观点，大三度可以表达喜悦或快乐，正因如此，贝多芬第九交响曲中的《欢乐颂》（*Ode to Joy*）以大三度为基调，威尔第的《茶花女》（*La Traviata*）、瓦格纳的《莱茵的黄金》（*Das Rheingold*）、斯特拉文斯基的《诗篇交响乐》（*Symphony of Psalms*）和肖斯塔科维奇的第五交响曲也都用到了大三度。库克为了避免精英主义之嫌，还以大众音乐为例：《道理真巧妙》

（*Polly Wolly Doodle*）同样也用到了大三度。反过来，当作曲家们想表达哀伤时，会采用小三度，比如贝多芬预示毁灭的第一乐章，柴可夫斯基和马勒的第五交响曲。总而言之，库克认为："在整个音乐史上，人们一直在运用'自然'而欢快的大三度和'不自然'而哀伤的小三度之间的鲜明对比。"[17]

库克还对十二音阶中的其他关系进行了分析，并认为小七度表达了哀悼，大七度表达了强烈的渴望和志向。然而，这种音调关系仅仅为音乐的"语言"奠定了基础——库克将音量、节奏、速度和音高称为一首音乐的"活力剂"。

因此，音乐声音越大，所表达的情绪越突出；相反，声音越轻柔，情绪越弱。节奏和速度用于突出音调序列中特定的音符，使之符合所表达的特定情绪。库克认为，如果用的是快板的话，调性张力的特定进行所表达的喜悦是欢腾的，用中板的话，喜悦是随和的，用柔板的话，喜悦是平静的；另一个进行所表达的绝望用急板的话，是歇斯底里的，用慢板的话，则是听天由命的。

虽然人们对音高的感觉是"上下"之分，但库克认为，我们还应该用"进出"和"来回"加以看待。通过这种方式，我们能更容易理解，升调和降调对音乐表达情绪的意义。按照库克的解释，"升调首先表现的是一种'向外'的情绪：其效果视音调、节奏和动态情境而定，可以是积极的、自信的、肯定的、进取的、努力的、抗议的或壮志满怀的。而'降调'表现的是一种'向内'的情绪：视情境而定，可以是放松的、顺从的、被动的、赞同的、欢迎的、接受的或忍耐的"。[18]

因此，在大调音阶中，升调通常表达的是一种向外的快乐感：兴奋地肯定快乐，比如贝多芬的第三号《莱奥诺拉》（*Leonora*）序曲中欢快而响亮的高潮；对快乐平静而有力的肯定，比如巴赫的《B 小调弥撒》（*B Minor Mass*）中平缓而洪亮的"我们向您感恩"（*Gratias*）；或者平静、安宁而欣喜的渴望，比如沃恩·威廉斯（Vaughan Williams）的第五交响曲中舒缓而柔和的结尾。反过来，在小调音阶中，降调表达的是一种向内的痛苦感，比如柴可夫斯基《悲怆》（*Pathétique*）交响曲的终曲缓慢而高昂的开场中的极度绝望。虽然库克给出的都是具体的例子，但他认为所有的音乐都有着连续的音高波动，与所表达的情绪的起伏相一致。

行得通吗？

我只是对库克的主要观点进行了简要概括。他在书中还谈到了很多其他例子，比如重复和断音对情绪表达的作用。书中除了为数不多的例外，主要以伟大作曲家的音乐作品为例，而且无论过去还是现在，这些音乐都是由优秀的管弦乐团演奏，其听众是有机会和／或有兴趣听音乐会的相对一小部分人。但是，库克的观点应该是综合性的，因此应该适用于所有流行音乐形式和所有演奏场合。而且，我们关注的重点是，人们天生就知道音乐如何抒发情绪。接下来，我们应将视线投向乌普萨拉大学心理学家帕特里克·尤斯林的研究——他严谨的实验以及对不同的速度、响度、节奏和音高等因素如何诱发不同的情绪所进行的细致统计分析。[19]

1997 年，尤斯林发表了两项相关实验的研究结果，他在实验中采用了电吉他演奏的音乐。首先，他想要了解音乐家如何通过乐器抒发特定的情绪。他让三位职业音乐家演奏五首不同的旋律，分别是《绿袖子》(*Greensleeves*)、《无人知晓》(*Nobody Knows*)、《顺其自然》(*Let It Be*)、《当圣徒在行进》(*When the Saints Go Marching In*)、《我们如何处置那位喝醉的水手》(*What Shall We Do with the Drunken Sailor*)，而且要用旋律结构来表现出不同的情绪特点。这些音乐家要选择自己认为恰当的方式来依次演绎出快乐、难过、气愤、恐惧和中性的情绪。演奏中不允许改变音高、旋律和吉他的声音。在这些条件的限制下，他们能按照自己的想法进行演奏，但并不知道其他人用什么样的方式来演奏指定的情绪。

结果发现，他们的演奏具有很强的一致性，这说明不同的演奏方式与想要表达的情绪之间存在关联。当想要表达愤怒时，音乐声音都很响亮，拍子很快，而且有连音；当想要表达悲伤时，一般会用慢拍和连音，声音低沉；当想要传达快乐时，音乐会用快拍和断音，声音高昂；当想要表达恐惧时，音乐会用断音和慢拍，声音低沉。

然而，了解音乐表达情绪的方式只是尤斯林实验的第一步。第二步是研究听者能否正确听辨出演奏者想要传达的情绪。在此实验中，尤斯林选了 24 个学生，一半接受过音乐训练，另一半对音乐没有深入接触。尤斯林让他们听《当圣徒在行进》的 15

种演绎，并评价音乐所抒发的情绪，即快乐、悲伤、气愤还是
恐惧。

尤斯林发现，音乐家想要抒发的情绪与听众从音乐中听到
的情绪之间存在很强关联。相较而言，快乐、悲伤和愤怒更容易
辨别；恐惧稍微有些难度，但听众能成功听辨出大多数。接受过
音乐训练的听者与没有任何专业音乐知识的听众的正确率相差无
几，但女性的正确率略高于男性。如上所述，尤斯林曾预想到会
存在这种性别差异，女性更擅长从面部表情和肢体语言中识别
情绪。[20]

通过声音

虽然尤斯林的工作表明，人们既不需要乐队，也不需要贝多
芬、维瓦尔第或柴可夫斯基的乐谱，就能通过音乐表达情感，并
让听众能够识别这种情感，但是电吉他的声音与我们人类祖先能
制造的声音相差甚远。但有学者针对仅通过声音来抒发情绪的情
况进行了类似实验，得到了相似的结果。日内瓦大学心理学家克
劳斯·舍雷尔（Klaus Scherer）便是这一方面的研究专家。[21] 同
样地，我们会直觉地认为，这是人类言语平常又重要的一方面。
历史上很多演说家，从西塞罗到丘吉尔，都曾用声音来诱导人们
的情绪，激励人们的行动。但是，在人声如何抒发情绪方面，我
们的科学认识依旧有限。

在舍雷尔的实验中，词语的语义全部被清除，保证情绪仅通过声音特征进行传达。他和尤斯林一样，测试了听者能否正确听辨出说话者想要表达的情绪。在一项实验中，说话者用声音说字母或数字序列，听者尝试听辨其中要传达的情绪。他的发现肯定了其他众多研究结果：正确率通常能达到60%，不仅涉及基本情绪，如愤怒、悲伤、快乐和恐惧，也有复杂情绪，如嫉妒、爱和骄傲。其中，最容易辨识的情绪是悲伤和愤怒。

舍雷尔还进行了其他实验，探究了特定的声音特征，比如音高、速度、调性和节奏与所要表达的特定情绪之间的关系——这和尤斯林的电吉他实验如出一辙。结果也非常相近。缓慢低沉的声音传达的是悲伤，而音调变化大、节奏快的声音传达的是快乐。

通过库克的分析以及尤斯林和舍雷尔的实验，我们对音乐表达情绪的直觉认识和共同经验得到了科学客观的论证——无论音乐只是人声唱的，还是用乐器或由完整的管弦乐团演奏的。

音乐能诱发情绪

音乐既能诱发乐曲演奏者的情绪状态，也能诱发乐曲倾听者的情绪状态。这一观点虽然是普遍认可的假设，但很难真正检验。当然，我们可以直接询问人们听完音乐后的感受。但是这种主观报告存在的问题是，听者很容易把他们从音乐中听到的情绪和自身感受到的情绪混淆。[22]

避免上述情况的唯一方法是借助能客观测量得出的情绪状态的生理相关性。康奈尔大学的卡罗尔·克伦汉斯（Carol Krumhansl）给38个学生听了六个古典音乐选段，每段音乐所表达的情绪单独评定为难过、恐惧、快乐和紧张。[23]卡罗尔在他们身上连接了监控仪器，可以在学生听音乐时和听完音乐后，监测他们的呼吸系统和心血管系统。研究发现了显著的生理变化，而且结果会因被试所听到的音乐及相应的情绪而有所不同。

会让人难过的音乐使被试的心率、血压、皮肤导电性和体温发生了很大改变；"恐惧"的音乐使他们的脉搏和振幅发生了很大改变；"快乐"的音乐所改变的是人的呼吸方式。后来的实验也得到了同样的结果，而且进一步拓展了研究结果，但是其实用性受到了质疑，因为这些实验依赖于一首音乐随时间慢慢播放，而不是对诱发特定情绪的音乐结构的识别。[24]

克劳斯·舍雷尔和他在日内瓦大学的同事马赛尔·曾特纳（Marcel Zentner）研究过音乐诱发情绪状态的可能机制。[25]人们会在潜意识中对一首音乐做出评价，就像人们对像蛇或蜘蛛这样的视觉刺激也会做出无意识评价，并产生情绪反应一样。一首音乐可能会触发过去的情感经历或者使听众与演奏者产生共鸣。后者可能是因为模仿表演者的动作，达到相似的生理状态。

舍雷尔和曾特纳认为，四种因素会影响情绪状态受音乐诱导的程度：（1）音乐本身的声音特征，即旋律、节奏、速度和响度等；（2）演奏方式，尤斯林的吉他演奏实验是典型例子；（3）听众的状态，包括音乐专业程度、整体性格和当前的心情；[26]（4）演奏和听音乐的情境——正式还是非正式场合，是否有中断，以及任何可能影响聆听体验的声学和环境的因素。

作为药物和治疗手段的音乐

有时，音乐家会通过精心操控上面的各项因素，有意对情绪产生最大程度的影响。一个重要的例子是音乐疗法[27]，应用于有多种健康需求的成人和儿童。音乐疗法的成功进一步证明，我们可以通过音乐来表达和唤醒各种情绪，并且能实质性改善身心健康。音乐疗法的功效或许是对史蒂芬·平克的观点最好的反驳，因为他认为，从生物学的角度讲，音乐百无一用。

音乐疗法在西方最早出现于20世纪，特别是在一战期间，当时，医生和护士亲身体会到了音乐调节伤员心理、生理、认知和情绪状态的效果。有关音乐疗效的第一项重要学术研究发表于1948年，其中一部分原因是二战期间音乐疗法继续在战地医院和工厂中使用。[28] 如今，音乐疗法广泛应用于心理和 / 或身体障碍或疾病中。第十章将会探讨音乐疗法使身患脑退化疾病的人恢复身体运动能力的惊人效果。在本章中，我们重点关注音乐疗法对情绪产生的影响。

音乐疗法最重要的功能之一是让准备做手术、正在做手术或正在术后恢复的病人放松，尤其是牙科手术、烧伤手术和冠心病手术。现在有充分证据证明，拍子舒缓平稳、有连音、节奏轻柔、变化自然、旋律简单绵长、音域窄的音乐有助于放松，能极大缓解焦虑。通过使用这种"镇定型音乐"，可以减少麻醉或其他止痛药的使用剂量，而且病人恢复得更快，满意度也更高。[29]有关德国施平特诊所（Spingte Clinic）使用音乐疗法的最近一篇报告中谈道：

> 病人听 15 分钟舒缓音乐后，只需麻药和镇定药物推荐剂量的 50%，便可以进行会造成剧痛的手术。而且，现在有些手术不用麻药也可以进行……然后，更为兴奋的音乐会激发病人的系统，病人因此能对手术做出积极反应。手术结束后，音乐还能让病人在放松状态中恢复。[30]

20 世纪 90 年代，心理学家苏珊·曼德尔（Susan Mandel）在俄亥俄州的湖边医院工作。[31]她的报告进一步证明了音乐的疗效，同时也反映了评估这种疗法是否有效存在一定难度。她特别关注音乐对心脏病病人压力的缓解，因为压力会提高二次突发心脏病的可能性。曼德尔用音乐疗法对湖边医院的门诊病人进行治疗，其中 60% 的病人被确定为面临压力风险。治疗以小组或个人形式进行，使用现场音乐或录音音乐，并辅以口头交流，来促使病人表达情绪，从而缓解焦虑。曼德尔认为，这一治疗方案取得了瞩目成效。但其和大多数音乐疗法方案一样，缺陷在于没有控制样本，很难正式衡量成功与否。曼德尔研究的另一复杂之处在于，她选用的音乐中包含歌词，因此，很有可能不是音乐，而是歌词缓解了压力和焦虑。但是，愿意再次接受音乐疗法的病人不在少数，从这点来看，曼德尔的观点似乎又是合理的，音乐在一定程度上起着积极作用。[32]

音乐疗法还有其他用途，被用来刺激而非镇定参与者——提升自尊或者增进人际关系。如今，音乐疗法越来越多地应用于治疗心理障碍，比如自闭症、强迫症和注意力缺陷障碍。[33]在治疗这类疾病时，音乐疗法被证明可以促进合作，提高身体意识和自我意识，改善自我表达，增进学习及形成学习体系。但音乐疗法最为宝贵之处或许是，它可以成为一个自助系统：完全不需要任何心理医生，只需弹一弹钢琴，泡澡时唱唱歌，听一听自己的唱片收藏，就能控制个人的情绪。总体来说，曼德尔的观点可能是合理的，即"音乐有创造幸福和带来健康的强大力量"。[34]

社会人类学家并不会对此惊讶，因为音乐的治疗作用是几项人类学研究的主题。音乐疗法的相关文献很可惜的一点是忽视了人类学领域的文献，反之亦然。[35]1937年，埃文斯－普里查德（Evans-Pritchard）出版了一本记录阿赞德人魔法的书，这部经典研究第一次介绍了巫医降神会。在降神会上，巫医会打鼓、唱歌和跳舞，以此来激活神树和神草制成的神药。[36]20世纪90年代，有关音乐疗法的三大人类学研究发表——在马来西亚雨林、中非和南非的传统社会中，人们用音乐来治病。[37]

对历史学家来说，曼德尔的观点也算不上什么新鲜事，因为音乐疗法事实上自古就有应用。2000年，佩里格林·霍登（Peregrine Horden）整理了一部有趣的论文集，记录了欧洲从古典时期、中世纪、文艺复兴时期到近代早期，以及犹太教、伊斯兰教和印度的传统中对音乐和药物的应用。另一本杰出的论文集同年问世，书名为《文化背景下的音乐治疗》（*Music Healing in*

Cultural Contexts），由佩内洛普·古柯（Penelope Gouk）编辑整理。在我看来，这本书首次将音乐治疗师、人类学家和史学家的研究以及其他相关研究汇编于一册——我非常希望自己能参加1997 年的相关会议，这卷书就是在这个会议上产生的。[38]

快乐的结果

目前，我们已经证明了：（1）情绪和情绪的表达是人类生活和思维的核心部分；（2）音乐不仅可以表达情绪状态，还能诱发个人和他人的情绪。这些发现对我们认识音乐能力的进化方式提供了重要线索：这说明了过去因偶然出现的基因突变而提高了音乐能力的人可能具备繁衍优势。为了进一步探究这一论点，我们必须要了解操控他人情绪的好处。我们可以从研究快乐的结果出发。

20 世纪 70 年代，心理学家爱丽丝·伊森（Alice Isen）通过一系列简单巧妙的实验对此进行了研究。[39] 在其中一项实验中，她首先对被试进行了知觉运动技能测试，随机告诉一部分人他们通过了测试——诱发轻度快乐状态——然后告诉另一部分人他们没有通过。之后，每个被试都会面临一个他们认为与此测试无关的情境：看到陌生人掉落了一摞书。因通过测试而开心的人比失败的人更可能会帮着把书捡起来。

在之后的 20 年间，伊森继续进行了一系列涉及诱发快乐的方法的实验。在实验中，她都会把被试的行为和处于中性或消极情绪状态的人进行对比。很多实验都与日常生活中可能会遇到的简单情境有关。她发现，得到免费饼干的人更可能会去帮助他人，并且在要求安静的图书馆更愿意保持安静；观看喜剧片或拿到糖果的人解题时，反应更积极；被奖励了贴纸的孩子在学习中进步更快。

她的一项实验证明快乐能提高人们的创新思维能力。[40] 在实验中，部分被试要求看一部诱发快乐的搞笑电影，另一部分被试看一部情绪中性的电影。之后，他们需要解决一个问题：如何只用蜡烛、一盒大头针和能点燃蜡烛的火柴，把蜡烛固定到墙上的软木板上。完成这一任务的唯一方法是清空盒子里的大头针，将蜡烛立在盒子里，把大头针盒钉到墙上。"快乐的"被试十分钟内解决这一问题的比例明显比中性情绪的人更高——其中一项实验是 75% 和 20%，还有一项是 58% 和 20%。

还有研究表明，情绪会影响我们对他人的看法和判断。心理学家罗伯特·巴伦（Robert Baron）在一项实验中，诱导即将面试应聘者的被试产生快乐或难过的情绪。[41] 应聘者配合此次实验，总是给出相同的回答，其中包括对自己的正面和负面评价。结果发现，"快乐的"面试官给相应应聘者的评定更积极——无论是对完成工作的潜力还是个人素质。他们更容易回忆起应聘者所说的正面内容，而不是个人负面评价。

自我评价也会受个人情绪的影响。约瑟夫·福加斯（Joseph Forgas）和斯蒂芬妮·莫伊兰（Stephanie Moylan）对刚看完电影离开电影院的接近 1000 人进行了采访，电影可以分为快乐、悲伤和具有攻击性的。[42] 采访的话题多种多样，包括政治人物、未来生活和他们的生活满意度。看完"快乐"电影的人比看悲伤或具有攻击性的电影的人做出的评价更积极、宽容和乐观。无论采访对象的人口统计状况如何，这种情绪偏向很普遍。

　　类似实验还有很多。结论很简单，但意义非凡：个人的情绪状态影响其思维和行为。快乐的人更容易帮助他人，更愿意合作，他们对自己和他人的评价更积极，想法更有创造性。人们马上就能想到身边总是围绕着快乐的人会有多么幸福——如果自己不快乐，不如唱首快乐的歌，为生活增添一点点快乐。

音乐增进互助，促进学习

　　实际上，已经有实验证明音乐能通过诱发好心情，增进合作和互助。罗娜·弗里德（Rona Fried）和伦纳德·伯科威茨（Leonard Berkowitz）受伊森研究的启发，与威斯康星大学的学生进行了一项实验。[43] 他们将学生分为四组，给其中三组听不同的音乐，并诱发其产生不同的情绪。其中一组听的是门德尔松（Mendelssohn）的《无词歌》（*Songs Without Words*）中的两首，让学生心情平静；第二组听的是艾灵顿公爵（Duke Ellington）的《凌晨一点跳起来》（*One O'Clock Jump*），情绪高亢振奋；第三组听的是约翰·柯川（John Coltrane）的《冥想》（*Meditations*），情绪消极，充满悲伤和沮丧。第四组是对照组，当其他组听音乐时，他们静坐七分钟。[44] 学生必须分别在听音乐前和听音乐后完成一份情绪问卷，问卷证明音乐对他们的情绪产生了很大影响。

在这些学生离开之前，实验员召集互助志愿者参与毫不相关的其他实验，所需时间从 15 分钟到两小时不等。学生们需要在表格上填写是否愿意帮忙及愿意付出的时间。当然，这其实是在测试他们帮忙的意愿——实验员想知道他们是否会因刚才所听音乐类型的不同，帮助他人的意愿也会不一样。

结果证明确实如此。从他们参与实验的意愿和愿意付出的时间长短来看，听门德尔松音乐的人最乐于助人，而听柯川音乐的人产生的情绪与之相反，最不愿意伸出援手。

音乐通过诱发特定情绪影响认知，而这很有可能是所谓的"莫扎特效应"的原因。有人认为，听莫扎特的音乐会让儿童、婴儿，甚至是胎儿更聪明，这种观念在美国很流行。确实有研究证明，听莫扎特的音乐能让人们在短时推理任务中表现更好，但是并没有发现整体智力的提高。短时的影响也不足为奇，因为人们常用莫扎特的音乐来诱发平静和快乐，而且伊森和其他学者的实验都说明这类情绪会改善创新性思维。确实存在一种通过操控情绪达到效果的莫扎特效应，在我们的整个进化史中，有操纵能力的音乐家早就开始用了。

小结

我们都会直觉地认为，音乐在某种形式上是"情绪的语言"。

本章希望能阐释"情绪的语言"的可能含义，并为后面章节介绍音乐和语言的进化史打下基础。从根本上说，情绪对思想和行为至关重要——情绪引导行为——而且音乐与我们的情感生活密切相关，这一事实反驳了音乐是新近创造出来的或其他已进化出的能力（如语言）的派生物。我对德里克·库克《音乐的语言》一书中的部分观点进行了总结，他发现了一首音乐中调性张力所表达的特定情绪以及情绪如何通过音量、节奏、速度和音高进行调节。这引导着我们去思考时间更近的帕特里克·尤斯林和克劳斯·舍雷尔的科学研究，他们研究了音乐如何抒发和诱发情绪状态，其中有些情绪能通过生理唤醒状态进行监测。如弗里德和伯科威茨的研究所示，情绪会直接影响行为，因此，行为本身能受所听到的音乐影响。

总而言之，我们可以用音乐来表达情绪，并操控情绪和行为。在现代西方社会中，或许在整个现代人类社会中，人们主要用音乐来娱乐，因为我们有更强大的工具来抒发自己的感受：语言。我们的祖先虽然拥有复杂的情绪，而且需要时不时影响他人的行为，但那时并没有语言。实际上，我们现存的近亲——巨猿便是如此生活。接下来，我们要先从它们入手来研究音乐和语言的进化。

第二部分

过去篇

第八章 哼叫、嗥叫和动作

猴子和类人猿的交流

前面几章讲到了与当今音乐和语言相关的各种"事实"——最后一章还会再谈。虽然我们的视线还会停留在当今世界，但从这一章开始，进化史将徐徐展开，对事实给出必要的解释。本章将会谈到现存非人灵长类动物的自然交流系统，以非洲类人猿为主，因为它们的交流系统很可能类似于人类祖先最早使用的交流系统。

此处的"自然"一词专门指野生环境中的交流系统，与之相对的是黑猩猩和其他灵长类动物在实验室环境中经人类引导和/或支持所习得的交流系统。从20世纪50年代开始，心理学家一直在研究非人灵长类动物学习使用象征的能力，最有代表性的是通过对简易电脑键盘的使用来了解这些物种是否具备语言能力的认知基础。虽然这类研究可能有过于笼统之嫌，但学者们发现，黑猩猩和倭黑猩猩确实能学会用象征来交流，但是能学会的象征数量很少能超过250个，[1]而且它们不太会把象征组合成复杂的短语。[2]

我们还不确定，类人猿对象征的使用对理解语言的认知基础是否有任何意义。我对此深感怀疑，我认为这些实验只能告诉我们，灵长类动物很"聪明"，因为它们会学习，会使用象征和指称对象之间的关联。换句话说，它们的大脑很容易通过合适的刺激——此处是与使用语言的人类互动——产生数量有限的附加神经回路。因此，我关注的主要是生活在野外的非人灵长类动物所使用的交流系统，因为语言和音乐的根源在它们身上才能找到。[3]

非洲类人猿

非洲类人猿有三种：大猩猩、倭黑猩猩和黑猩猩。距今七八百万年前的某个时间，我们很有可能与这些类人猿拥有一个共同祖先。之后，我们的共同祖先进化出了不同的属，其中一属便是现代的大猩猩，另一属在五六百万年前又分成了两支，一支演化成了人属，另一支在一两百万年前分别演化成了黑猩猩和倭黑猩猩。[4]

非洲类人猿叫声的声学结构显然有很多共同点，即不同版本的哼叫（grunts）、嗥叫（barks）、尖叫（screams）、喘嘘（hoots），从它们的进化亲缘关系来看，这很正常。[5] 事实上，有些叫声的不同体现的不过是它们的体形大小。倭黑猩猩的叫声比黑猩猩音调更高，因为它们的声道更窄小。[6] 因此，我们有理由认为，在 800 万年前到 500 万年前，我们与这些类人猿的共同祖先也有一套类似的叫声，而这套叫声就是现代人语言和音乐的进化前身。

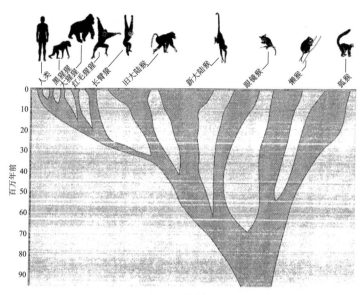

图6 现存灵长类动物之间的进化关系（按照分子遗传学）

　　巨猿的交流系统并没有什么特别之处。实际上，非洲类人猿根本没有什么独到的发声技巧，因此，研究非洲类人猿似乎并没有为我研究音乐和语言的进化史开个好头。令人惊讶的是，最像语言和音乐的叫声出现在与人类关系更为疏远的灵长类动物身上。黑长尾猴——在大约3000万年前与我们有一个共同的祖先——对特定的捕食者有特定的叫声，有人认为这接近于语言中的词语；狮尾狒会互相闲谈，它们的闲聊与人类对话出奇的相像；雄性和雌性长臂猿会二重唱。[7]

　　因此，在细谈非洲类人猿之前，我们需要关注一下其他非人灵长类动物，因为它们的交流系统或许有助于我们认识早期原始人和后来人属物种的交流系统。与类人猿不同的是，它们的叫声不可能是人类语言和音乐的直接进化前身，但可能与人类语言和音乐有很多相似之处，因为早期原始人独立进化出交流系统就是为了解决与现代非人灵长类动物类似的问题。

黑长尾猴的警报：它们失"语"了吗？

1967 年，动物行为学家托马斯·斯特鲁萨克（Thomas Struhsaker）在观察坦桑尼亚安博塞利国家公园的黑长尾猴时，发现了很多有趣的现象。[8] 黑长尾猴与家猫差不多大，成群生活在稀树草原的疏林中，它们待在地上的时间与生活在树上的时间相当。斯特鲁萨克发现，黑长尾猴面对不同的猎食者时，会使用不同的警报声。当它们看见豹子时，会大声嗥叫，一边往树上跑，一边呼喊其他黑长尾猴一起跑上树避险。如果看到老鹰，它们会用短促的双音节咳嗽声作为警报声，其他猴子听到声音后，会抬头望，如有必要，还会躲起来。当看到蛇时，它们会发出"切齿声"，然后后腿站立，将草丛中的蛇找出来，之后成群将其围住，把它赶走。这三种不同的警报声对应不同的猎食者，黑长尾猴会根据相应的猎食者，采取不同的行动。

在斯特鲁萨克做出观察十年后，多萝西·切尼（Dorothy Cheney）、罗伯特·赛法特（Robert Seyfarth）和彼得·马勒（Peter Marler）为了丰富对这一课题的认识，进行了一系列创新研究。他们所解决的关键问题是，猴子指称猎食者的方式是否与我们用单词来指称世界上的事物和事件的方式相同。有一种可能是，猴子在面对不同的猎食者时，只是表现出了不同程度的恐惧和敌对情绪。

切尼和她的同事从不同角度进行了研究：他们用磁带把警报声录下来，之后分析其声音特征；他们通过声音回放实验系统研究猴子在不同情况下听到警报声后的反应；他们还研究了婴幼时期的猴子如何学会发出不同的叫声——如果真的存在学习过程的话；他们分析了猴子相互发出的"哼叫"，这种声音表面上听着很像人的对话。

切尼和赛法特的研究结果和结论发表于《猴子如何看世界》（*How Monkeys See the World*）一书中，这本著作意义重大，出版于 1990 年。这本书第一次尝试对非人灵长类动物在发声或做出特定行为时的所思所想进行阐释。托马斯·斯特鲁萨克最初的观察结果得到了证实，但也证明，我们很难查证在猴子的思维中，警报声是否起着与"豹子""老鹰"这些词对人类而言相同的作用。

反驳这一观点的证据是警报声的使用有限。除了真正有猎食者的情况外，黑长尾猴很少使用警报声。[9] 而且，猴子不会像人类组词成句一样，把警报声和其他发声组合，产生其他信息。此外，特殊叫声的实际数量极其有限。[10] 切尼和赛法特能轻而易举地想出很多适合黑长尾猴的叫声，比如，母猴走动过程中有暴露小猴的风险时母猴对小猴的叫声。他们不得不得出结论，没有证据可以证明黑长尾猴能理解"指称关系"——叫声真实地指代一种外部世界的实体。

切尼和赛法特的分析和讨论外，卡迪夫大学的语言学家艾莉森·雷对黑长尾猴发声的分析最为透彻，我曾在第一章介绍过她的整体原始语概念。[11] 她认为，黑长尾猴的警报声应该相当于完整的信息，而非人类语言中的单个词。所以，人们不应把看到蛇时发出的"切齿声"理解成猴子语言中的"蛇"这个词，而是"小心有蛇"这类意思；同理，看到老鹰的警报声也应理解为"小心老鹰"，甚至是"抬头看，躲起来"，而不是一个代表老鹰的词。雷形容警报声"具有整体性"，因为这些发声没有内部结构，而且也不会与其他声音组成多元信息。她还认为，这些警报声应当"具有操纵性"，而不"具有指称性"。这是关键区别：虽然这些叫声可能是"功能性指称"，但是黑长尾猴并不是想告诉同伴世界上有某种事物，而只是想操控它们的行为。[12]

戴安娜长尾猴和坎氏长尾猴有着与黑长尾猴类似的警报声系统，尽管戴安娜长尾猴可能还"听得懂"珍珠鸡的警报声和不同的黑猩猩尖叫声。[13] 有关恒河猴的实验研究表明，它们的叫声和食物可得性之间存在关系。它们的叫声频率可能与饥饿程度有关，而叫声的声音结构与食物类型和数量有关。[14] 恒河猴一定程度上还能控制自己是否发出叫声。找到食物后不发出叫声的猴子容易受到其他猴子的攻击，而这似乎是一种"惩罚"。

话痨狮尾狒

我们通过黑长尾猴的相关研究知道了猴子如何通过使用功能

性指称叫声，警告同伴可能有猎食者，而狮尾狒的相关研究有助于我们认识不同的叫声如何调解社交互动，这些声音很多听起来很像音乐。狮尾狒比黑长尾猴体形更大，栖息于埃塞俄比亚的山脉间，大规模群体聚集生活，以树根、树叶和水果为食。它们的发声比黑长尾猴范围和频率更广，虽然目前没有资料记录它们是否有针对猎食者的警报声，或特定叫声和特定实体之间是否存在关联。狮尾狒用发声进行社交互动："当它们靠近、走过或离开时；当它们开始或停下相互梳毛时；当它们因其他狮尾狒太靠近自己的同伴而威胁时；当它们寻求援助或抚慰时。实际上，当它们进行组成每分每秒的社会生活的各种各样的社会行为时，这些行为总是伴随着叫声。"[15]

　　上述描述引自布鲁斯·里奇曼（Bruce Richman），他用了八年时间，记录和分析了（圈养中自由放养的）狮尾狒的叫声。它们的声音多种多样：鼻哼音、高/低音、摩擦音、滑音、"紧张"和"沉闷"的声音。虽然我们无法梳理出其中"含义"，但很明显这些声音对认可和维系个体间和群体间的社会纽带起着关键作用。狮尾狒能完整模仿其他个体的叫声。它们的叫声常常会同步、相互交替，甚至还会有不同寻常的花样。

　　最让里奇曼感兴趣的声音特征是，狮尾狒所用的节奏和旋律种类繁多："快节奏、慢节奏、断奏、滑奏，首拍重音、尾拍重音，音程间隔均匀、跨两到三个八度的旋律，丝毫不差的重复之前的上升音程或下降音程的旋律，等等。狮尾狒叫声的节奏和旋律丰富多样。"[16] 里奇曼想知道狮尾狒叫声中如此丰富的节奏和旋律有何作用。在详细了解了其叫声的用途，探究了其叫声出现的情境后，里奇曼最终得出结论，狮尾狒叫声中的节奏和旋律，与人类言语和歌唱中的节奏和旋律作用相同。实质上，狮尾狒通过节奏和旋律的变化来标明话语的开头和结尾；来进行语法分析，从而让其他个体跟从；来让其他个体明白话语是对它们所说；来让其他个体可以在最恰当的时机发言。实际上，里奇曼对狮尾狒如何使用节奏和旋律的看法类似于第六章中讲到的婴儿在早期非语言期使用的儿向言语。

里奇曼也发现了狮尾狒节奏和旋律的另一功能：解决在其不断变化的复杂社会生活情境中频繁出现的情感冲突问题。他举了成年雄性狮尾狒与其他单身雄性发生冲突后步履缓慢地走回群体中的例子。当它靠近雌性狮尾狒时，会发出里奇曼所说的"长音"——以平稳的旋律快节奏地发出一长串声音，这清楚地表明了它的友好意图和积极情绪。但是，它的叫声中还带有里奇曼所说的"紧张感"——因口腔后部舌头收缩而产生的频率放大。这通常用于表达气愤和挑衅。里奇曼的解释是，带有"紧张感"的"长音"让雄性狮尾狒在靠近雌性时，不会让雌性恐惧，同时还能表达自己愤怒的状态。因此，雄性狮尾狒既解决了自己的情感冲突，同时也尽可能让雌性了解了自己当前的状态。

人属的延续性

猴子的叫声常常听着很像人类对话，尽管它们显然并没有使用任何词语。这可能是因为人类和猴子在不同的社会情境中，表达不同情绪时的音高变化存在相似点。赫尔辛基大学的心理学家莉亚·莱诺宁（Lea Leinonen）和她的同事测试了成人和儿童能否辨识出猴子叫声所传递的情绪，实验中用到了短尾猴的叫声。[17] 莱诺宁录制了大量短尾猴的声音，并根据它们的社会情境，将这些声音表达的情绪分为满足、恳求、主导、愤怒和恐惧。她随后将这些叫声播放给被试听，人类被试辨别叫声中的情绪信息的正确率很高。她发现，随着年龄增长，儿童的辨别能力逐渐提高，到九岁或十岁时，他们就达到了成年人的水平。莱诺宁认为，这些实验结果说明猴子和人类在传达情绪时的声音特点是一样的。

另一项研究进一步验证了这一观点，莱诺宁对相似社会情境中的短尾猴叫声与芬兰语和英语的波形进行了直接对比。[18] 测试词选的是名字"Sarah"（芬兰语）和"Sarah"（英语），因为这两个词的情绪是中性的，而且长元音的发声方式多样。人类被试需要根据猴子发出叫声的社会情境来讲故事，并用到测试词。

猴子叫声与人类话语的波形具有显著相似性：每种情绪状态都使用了相同的音高变化。莱诺宁和同事认为，人类情绪饱满的言语体现了"灵长类动物的遗传"。她们认为，这是因为猴子和人类母亲都有通过清晰可辨的话语与新生儿进行情感交流的需要，而且尽管文化对成人行为有很大影响，但是这种言语特点伴随着进入了成年生活。

东南亚雨林中的二重唱

如果说狮尾狒和短尾猴的叫声在人耳听起来像对话，那长臂猿的叫声听起来肯定很像音乐。长臂猿有 12 种，都生活在东南亚的雨林中，在 1800 万年前与人类拥有共同的祖先。长臂猿以小家庭聚居，一般是一夫一妻，孩子最多四个，孩子和父母一起生活到八九岁。[19] 所有长臂猿，无论雄雌，在交配前后都会独"唱"，已经交配的长臂猿还会二重"唱"，有两种长臂猿除外。不同种类的长臂猿鸣唱也不同，很大可能是因为生理遗传，而不是后天习得。[20]

雌性长臂猿的叫声被叫作"激动鸣叫"（great call），时长 6 到 80 分钟不等，一般是节奏鲜明的长音符，拍子逐渐加快，而且 / 或者峰值频率逐渐增高。

有人认为，它们鸣唱的作用是吸引配偶，但测试发现并非如此，最有可能的作用是守卫地盘。[21]

在几种不同的鸣叫声中，雄性会其中一种，它们的鸣叫常常越叫越复杂。[22] 雄性长臂猿的独唱最有可能是在向未交配的雌性推销自己，这和雄鸟叫声的作用差不多。[23] 虽然雄性和雌性的鸣叫 / 鸣唱听起来好像由很多不同的部分构成，但是构成整体的部分声音并没有任何单独的含义。它们与黑长尾猴和狮尾狒一样，发声在本质上具有整体性——它们的叫声相当于完整的信息，而不是一连串单独的词。

汉诺威动物学研究所的托马斯·盖斯曼（Thomas Geissmann）是研究长臂猿鸣唱的权威专家之一，他简要介绍了雄性和雌性长臂猿如何将自己的鸣唱组成二重唱："在激动鸣叫开始时，雄性通常不会发声，并在重新开始它们常见的短声鸣叫之前，会先回给激动鸣叫一声特别的鸣叫（尾声）。而且，在激动鸣叫达到高潮时，一方或双方常常会表演自己的特技，可能同时还会竖毛和摇动树枝。雌性的激动鸣叫和雄性的尾声合起来叫作一个鸣叫模进，一个模进在一首鸣唱中可能会重复很多次。"[24]

为什么雌性长臂猿和雄性长臂猿会一起鸣叫呢？最为瞩目的理论是二重唱增进了夫妻关系。盖斯曼用声音交流最为复杂的合趾猴测试了这一理论。[25] 他对不同动物园的十个合趾猴群的叫声进行了录音，将二重唱与三种广受认同的增进夫妻关系的方法对比，即相互梳毛、配偶之间的空间距离和行为同步。他发现这几者之间存在很大相关性：合唱最频繁的夫妻梳毛也更频繁，空间距离更近，在接近的时间行为也更相像。但是，目前未解的是这之间的因果关系：合趾猴是因为合唱才发展出了密切的配偶关系，还是因为关系密切，所以才合唱？

盖斯曼非常严谨，并没有将这一发现推及其他二重唱不多的长臂猿种类，这说明增进夫妻关系这一作用可能仅限于合趾猴。对合趾猴来说，二重唱可能还有其他作用。合趾猴鸣唱的响度或许能宣示夫妻关系，还可能起到保卫地盘的作用。[26] 生活在印度尼西亚加里曼丹岛库台野生动物保护区的灰长臂猿便是后种情况。密歇根大学的约翰·三谷（John Mitani）在一个灰长臂猿群地盘的不同位置播放了附近长臂猿群的鸣唱，发现所唤起的二重唱强弱不一。当群体感受到有守卫地盘的需要时，鸣唱最为强烈。[27]

　　无论长臂猿二重唱是为了增进或者向外界宣示夫妻关系，还是守卫地盘，这一行为都发生在一夫一妻制的长期关系中，因此这取决于双方为生存和繁衍所进行的合作。我们发现，还有几种灵长类动物也会二重唱，而且它们也是一夫一妻制。

大猩猩、黑猩猩和倭黑猩猩的叫声

　　黑长尾猴看到猎食者时，会发出警报声；狮尾狒的叫声具有节奏感和旋律感；长臂猿会二重唱。而与我们亲缘关系最近的非洲类人猿的发声种类似乎相当有限——特别是它们的叫声缺乏独特的音乐性，而且与事件或事物没什么明确的关联。与人类的词语相比，所有这些叫声都是相互组合的，而不是分成独立的类别。[28] 但是我们必须从非洲类人猿，而不是猴子或长臂猿的叫声中，找到人类语言和音乐的根源。而猴子的叫声从表面看来更为复杂，这想必是假象，只是反映了我们对类人猿的叫声认识有限。

　　三种非洲类人猿的叫声虽然有很多共同点，但也存在不同之处。通过了解它们叫声的差别与每个物种生活方式之间的关系，我们应当能推测出原始人祖先的叫声如何随着其生活方式与丛林生活的类人猿的分化而演变。这部分内容将在下一章讨论。[29]

从相同点来看，实际上所有非洲类人猿的叫声范围相同，这意味着它们在进化上的亲缘关系很近。黑猩猩的"喘嘘"相当于大猩猩的"嘘声"，黑猩猩的敲打相当于大猩猩的捶胸。[30] 成年雄性总是鸣叫得最频繁，而且在一样的场合中鸣叫。最为突出的叫声是地位高的个体攻击地位低的个体时后者的尖叫声以及青少年个体玩闹时的"笑声"。

黑猩猩最常用的叫声是喘嘘声，时长一般 2 秒到 23 秒。通常以未调制的元素简短地开头，之后叫声越来越短，声音越来越大。喘嘘渐渐达到高潮——一声或几声很像尖叫的调频声。最终，以和叫声发展时类似的方式结束。

发出喘嘘声的几种情形包括：个体重回群体时，陌生人出现时，抵达食物源时，向敌对方示威时，抓到猎物时。喘嘘可以分成两种，一种是远距离的，用来调整个体之间的距离；另一种是短距离的，可能用以维持关系中的主导地位。不同个体的远距离叫声会有很大不同，以此来自证身份，而这在短距离喘嘘中并无必要，因为叫声发出者就站在接收者的面前。[31]

研究并未发现在进食和非进食条件下喘嘘的不同。因此，黑猩猩不太可能用叫声来给其他个体传递有关食物数量和类型的信息。虽然每个个体在独自鸣叫时，会有独特的喘嘘声，但当雄性一起"合唱"时，彼此的叫声可能会保持一致。

研究者还发现不同的黑猩猩群体有不同的叫声。在科学家研究最多的两个黑猩猩群体，即贡贝和马哈勒的黑猩猩群中，雄性的叫声各有不同，最有可能是因为发声学习。这或许反映了黑猩猩需要分辨远处的是"敌"还是"友",因为邻近的黑猩猩群体常常互相敌对。[32] 马克斯·普朗克进化人类学研究所的凯瑟琳·克罗克福德(Catherine Crockford)和同事在最新研究中发现,西非塔伊国家公园的四个黑猩猩群体有自己群体所独有的喘嘘声。[33] 他们对此的解释是,黑猩猩有积极调整喘嘘声的习惯,所以叫声与附近的群体不同。

大猩猩最常用的叫声是闭着嘴发出的"双重哼叫"(double grunt)。[34] 使用情境有很多:进食、休息、玩闹和从一处移动到另一处。无论在能完全看到对方时,还是因植被遮挡,只能看到部分甚至看不到对方时,大猩猩都会发出这种叫声。有关双重哼叫声音特点的深入研究表明,双重哼叫有个体独特性,分为两种:"自发的"双重哼叫音调相对较高,出现在一段沉默之后;"应答"音调较低,由另一只大猩猩在听到第一声叫声五秒内发出。

和黑猩猩一样,大猩猩的叫声可能主要用于社交。有些可以调解个体间的竞争:当一只大猩猩在进食,而地位高的大猩猩靠近时,它们会用哼声交流,最后地位低的大猩猩常常会离开食物源。此外,双重哼叫还可能用来控制进食时个体之间的距离。在这些情况下,叫声显然具有操控性,而不是指称性——叫声单纯用来引导另一个体的行为。实际上,这种解释极有可能适用于所有非洲类人猿的叫声。

大猩猩比黑猩猩鸣叫得更频繁——大猩猩一般每小时鸣叫八次,而不仅仅是两次。最有可能的原因是大猩猩群体的大小和组成更稳定,而黑猩猩群体组织松散。大猩猩每次长时间进食后,

第八章　哼叫、嗥叫和动作

都会聚在一起休息，并通过肢体接触尤其是梳毛来社交。

为什么叫声种类如此有限？

　　非洲类人猿和使用语言的人类之间的亲缘如此之近，而且有着比猴子更大的大脑，[35] 它们的声音行为怎么可能会比黑长尾猴和狮尾狒的叫声简单这么多呢？这或许只是假象，只不过反映了我们对喘嘘、哼叫和尖叫的实际含义认识有限，再加上我们没能发现类人猿声音的细微变化，而这些变化类人猿或许自己能察觉到。[36] 但如果非洲类人猿的叫声种类确实有限，我们必须要问一下，为什么会这样？

　　目前有几种可能性，它们都有可能是造成这一状况的因素。其中一种可能是缺乏神经灵活性——类人猿完全不能在野生环境中学会新的叫声，所以它们的叫声种类很有限。但是，有证据可以证明非人灵长类动物在野生环境中能学会发声，比如上面提到的塔伊国家公园中黑猩猩群特有的喘嘘声。但即使确实能学会发声，这种能力与人类言语和鸟鸣的习得能力相比，太微不足道了。[37]

　　非洲类人猿的叫声种类如此之少——尤其是与现代人相比——的第二个原因是，类人猿的声道结构限制了其所能发出的声音。[38] 喉部是防止食物和水进入肺的阀门，周围的两片肉形成了声带。人类之所以能发出如此丰富的音调，是因为声带间空气

155

流动所产生的声波在咽喉中反弹。这些声波会干扰其他声波，之后又受口腔影响。我们能通过改变舌头和嘴唇的位置来改变口腔内腔的大小和形状，从而产生各种声音。但是，巨猿因为喉部位置较高，能用的咽喉空间更小。而且它们的牙齿更大，舌头又长又窄，口腔灵活度因此相对更低。从形态学角度来看，它们几乎不可能发出元音。[39]

即便如此，人们也有理由认为非洲类人猿能发出更多类型的叫声。有人可能会觉得，非洲类人猿的叫声完全没有多样化的必要——它们很好地适应了生活环境，所以没有发展叫声的选择压力。但这种观点不够有说服力。以黑猩猩狩猎为例，[40]整个过程可能需要个体间的密切配合。在树梢上追逐猴子的过程中，不同个体需要承担不同的角色。然而，在这项活动中，它们的声音交流有限，甚至寥寥可数，而且绝对没有过提前计划，成功率往往不高。你或许已经想到，如果参与狩猎的个体能更好地交流，成功率可能会提高。同理，如果母亲能"告诉"孩子怎么用石锤敲开坚果，那么未成年的黑猩猩肯定能更快地学会这种技能。[41]

在实验室研究中，类人猿能学会使用象征，但现实中，它们使用声音交流很有限，尤其是明显缺少指称物体或行为的叫声，这让人觉得很不可思议。它们可能没有运用象征的先天认知局限，但是在野生环境或圈养环境中，在没有人类影响的情况下，它们并不会发展出这类能力。

有些人认为，非洲类人猿的主要限制因素是它们不知道另一个体对世界的知识与自己不同。[42]虽然母猿"知道"怎么用石锤敲开坚果，但它意识不到自己的孩子并不知道。因此它既没有动机去用手势或叫声"解释"操作过程，也不会指挥自己的孩子去敲开坚果。如果非洲类人猿认为另一个体有着和自己一样的知识和目的，那自然没有传递知识或操纵行为的必要。

认识到另一个体的知识、信仰和愿望与自己不同，需要一种"读心"能力，有时人们将其称为"心智理论"，这种能力在现代人的社会生活中至关重要。所有的非人灵长类动物可能都不具备这种读心能力。在切尼和赛法特的《猴子如何看世界》一书出版之后，学界在猴子缺乏心智理论这一点上达成了广泛一致，但是在黑猩猩方面，人们仍有较多争议。[43] 有些人认为，偶尔能观察到黑猩猩存在欺骗性行为，这说明它们知道自己与其他个体的想法不同，因为欺骗是给他者传递虚假的想法。

20世纪90年代早期，心理学家理查德·伯恩（Richard Byrne）和安迪·怀腾（Andy Whiten）赞成这一观点，他们整理了大量存在明显欺骗性行为的单独观察案例，这些案例有力地证明了黑猩猩有心智理论能力。因为他们获得的很多观察来自"轶事"报告，所以他们结论的可靠性还有待商榷，有些（主要是参与实验室研究的）心理学家拒绝接受他们的结论。但是，近来的实验室研究表明，黑猩猩确实能了解他者的心理状态，这证实了伯恩和怀腾从"自然"行为观察中得出的推断。[44]

这肯定不是说黑猩猩的心智理论能力和人类完全一样。"心智理论"这一术语必然包含很多认知能力。比如，理解其他个体有自己的欲望的能力（比如食物），而这可能与理解个体有特定信仰的能力不同。另一个不同之处在于所谓的"意向性顺序"。如果我知道我的所思所想，那么我拥有一阶意向；如果我知道他人的所思所想，那么我拥有二阶意向；如果我知道别人如何看待第三方的所思所想，那么我有三阶意向；以此类推。人类社会生活一般会用到三阶到四阶意向，而类人猿可能最多只到二阶意向。[45] 因此，类人猿虽然可能有心智理论能力，但与人类的心智理论有着本质的不同。因此，它们对其他个体所思所想的认识可能相对有限，而这可能是它们叫声相对有限的主要因素之一。

在本章有关非洲类人猿的叫声概述中，我总结了大猩猩、黑猩猩和倭黑猩猩的叫声范围为何都有局限，这体现了它们密切的亲缘关系。它们的生理和生活方式，尤其是社会组织模式，是它们叫声不同的原因。黑猩猩的喘嘘和大猩猩的双重哼叫可能有个体独特性，并且有助于调解社会关系。它们的叫声与人类语言中的词语有很大的不同，具有整体性和操纵性。

类人猿的肢体交流

除了声音以外，大猩猩、倭黑猩猩和黑猩猩还会用手势进行交流。遗憾的是，相关研究——尤其是针对野外生活的类人猿的研究——并不多，而且类人猿的肢体动作往往不易觉察。观察者在进行其他活动时，可能注意不到它们的肢体动作，除非进行针对性研究。因此，我们所获得的主要证据都来自圈养的类人猿，不过它们生活在大型自然围场中，从未接受过任何类似人类对话的引导。证据虽然很少，但说明了即使在类人猿之间，交流也是有多种模式的（multi-modal），而且声音和动作会同步使用。

圣安德鲁斯大学的乔安妮·坦纳（Joanne Tanner）和理查德·伯恩对旧金山动物园的大猩猩使用的肢体动作进行了研究，主要针对一只 13 岁的雄性大猩猩库比（Kubie）和一只 17 岁的雌性大猩猩祖拉（Zura）。[46] 他们记录了大猩猩群体中 30 多种不同的肢体动作，但研究集中在库比主要使用的九种。有些是触摸性的：库比会触摸祖拉的身体，手朝希望祖拉移动的方向移动，但并没有强迫祖拉。其他肢体动作完全是视觉性的：当库比想引起祖拉的注意时，它会在半空中挥动自己的手或手臂，指示祖拉移动的方向。

库比最常用的肢体动作是"点头"。当库比因为用四肢行走或抓着什么东西而腾不开双手，或者当祖拉离它太远够不到时，它便会点头。库比会用点头来吸引祖拉的注意力，而且点头往往会让祖拉注意到库比的身体，这样库比可以再做其他动作。触摸性动作更能让祖拉按库比的意愿来移动身体：库比会沿祖拉的身体移动手，轻拍祖拉的头、背或臀部，轻轻把祖拉的头往下按。如果它们两个离得很近，库比只会轻轻拍一下祖拉。这常常表示库比想玩耍，库比还会摆出一副想玩的表情，有时还会做出"向下摆臂"的动作，这会让祖拉注意到它的生殖器官。

从整体来看待大猩猩的肢体动作时，我们必须要注意三点。第一，它们的肢体动作本质上是"标志性的"：动作路径与想要对方移动身体的路径是一致的。这与现代人手语中的象征性手势不同，对后者而言，手势的形态或动作与含义之间的关系是随机的——尽管大多数人类手势和很多手语也都具有标志性的特点。

第二，大猩猩的肢体动作本身是完整动作，不是由多个拥有部分含义的肢体动作所组成的序列。和上面讲到的猴子和类人猿的发声一样，它们的肢体动作具有整体性。大猩猩手势的第三个关键特征也与猴子和猩猩的发声相同：它们是操纵性的，而不是指代性的。[47]库比和其他大猩猩用肢体动作来操纵另一个体的行为，而不是传递关于世界的信息。

坦纳和伯恩在旧金山动物园观察到的高度可视化的肢体动作，并没有在其他动物园或野外的大猩猩中发现。这不可能是因为没能得到记录，因为理查德·伯恩在卢旺达也对大猩猩做过大量观察。坦纳和伯恩推测，库比的肢体动作比其他大猩猩的常用动作更多，是因为它和两只成熟的雄性银背大猩猩生活在同一片动物园园区中。因此，为了与雌性互动以及避免银背大猩猩的干扰，库比需要与雌性合作。他可以用手势和雌性无声地交流，从而避免年长雄性的注意。

库比自然而然地发展出了肢体交流，这说明现代大猩猩有这方面的心智能力，而在 800 万年前到 700 万年前，大猩猩和现代人的共同祖先非常可能也有这种心智能力。早在坦纳和伯恩进行研究之前，通过对现代倭黑猩猩和黑猩猩的肢体动作的观察，人们已经证实了黑猩猩和人类的共同祖先具有这种心智能力。

坦纳和伯恩引用了沃尔夫冈·科勒（Wolfgang Kohler）在1952 年的描述："……想要同伴陪着的黑猩猩会轻推一下同伴或者拉一下它的手，边看着它，边朝着想去的方向给它演示'走'的动作。想从其他黑猩猩那里拿到香蕉的黑猩猩会模仿夺或握的动作，而且眼神中带着强烈的恳求，还会噘着嘴。呼唤远方另一只黑猩猩的动作，性质上很像人类的招手。"[48] 20 世纪 70 年代，苏·萨维奇－伦堡（Sue Savage-Rumbaugh）和同事记录了倭黑猩猩的标志性肢体动作。本质上，他们的研究结果与坦纳和伯恩对大猩猩的研究结果一样：倭黑猩猩的肢体动作是它们希望动作接收者做的动作。[49]

小结

我们对猴子和类人猿的交流系统还不太了解。我们一度以为，它们的发声完全是无意识的，而且只在高度情绪化时才会有。我们一度以为，它们的叫声代表个体的情绪状态和下一步行为。[50] 本章中所提到的研究为我们提供了一个不同的视角，让我们认识到，猴子和类人猿的发声往往是有意的，而且在社会生活中发挥着重要的作用。

我对黑长尾猴、狮尾狒、长臂猿、黑猩猩、倭黑猩猩和大猩猩的交流进行了选择性介绍，而且认同不同物种之间存在很大差异性，这反映出这些灵长类动物进化出了不同的生理特征并采取了不同的适应性策略。但它们也有很多共同点。第一点，它们的发声或肢体手势不同于人类的语言，没有一致而随机的含义，它们的叫声不是按照能增添额外含义的语法组成的。艾莉森·雷用来形容黑长尾猴的术语普遍适用于非人灵长类动物的发声和肢体动作：它们都具有整体性。

第二点，"操纵性"一词同样普遍适用。与我们在与其他个体说话时指称事物、事件和想法的方式相比，它们的叫声和肢体动作似乎以不同的方式来给另一个体传达有关世界的信息。猴子和类人猿可能根本不明白其他个体缺乏它们自己拥有的知识和意图。它们的叫声和肢体动作不具有指称性，而具有操纵性：无论是库比"希望"祖拉和它一起玩耍，还是黑长尾猴"希望"其他猴子躲过猎食者，它们都在试着让其他个体做出它们所期待的行为。[51]

第三点可能只适用于非洲类人猿：它们的交流系统具有多种模式，因为它们既用肢体动作，也用声音。从这方面来看，它们的交流系统与人类语言相似。猴子是否也用肢体动作交流取决于这一术语如何定义。如果一只黑长尾猴看到另一只黑长尾猴直立站着，环顾四周，那么这只黑长尾猴可能会模仿它的动作，因为这个动作代表它看到了蛇。但此处是广义的"肢体动作"。猴子不可能通过运动控制或神经灵活性来习得肢体动作。目前我们并未观察到动物园中的猴子有和动物园中的大猩猩和黑猩猩类似的肢体动作。[52]因此，类人猿可能是采用多模式交流的唯一非人灵长类动物。

最后一点，狮尾狒和长臂猿交流系统的一个重要特点在于，它们本质上具有音乐性，因为交流中使用了大量节奏和旋律，还有声音同步和话轮转换。同理，这取决大家对"音乐性"的定义，这一术语可以用来形容整个非人灵长类动物的交流系统。

类人猿交流系统具有整体性、操纵性、多种模式和音乐性，为600万年前生活在非洲的人类最早祖先使用的交流系统奠定了基础，人类音乐和语言最终由其进化而来。接下来，我们将从化石和考古学角度来追溯进化史。

第九章　稀树草原上的歌声

"Hmmmm"交流的起源

巴赫的《C大调前奏曲》（Prelude in C Major）：南方古猿从树顶的巢穴中醒来

"原始人"指的是与现代人同属人科的灵长类动物，但不包括智人。目前所有的原始人种都已灭绝。最早出现的原始人是人类和黑猩猩的共同祖先，他们生活在600万到500万年前，目前没有化石样本，我们仅能从人类与黑猩猩的DNA差异当中"了解到"他们。2002年，在非洲的萨赫勒地区，发现了一块保存完好、类似类人猿的头盖骨，有些古人类学家认为，这块头盖骨便是最早的原始人的化石。而随后的深入研究表明，这块样本是不是原始人化石尚存争议，因此，目前可以肯定的最早的原始人化石是450万年前的地猿始祖种。[1]

南方古猿和早期人属

1992 年和 1994 年，人们在埃塞俄比亚的中阿瓦什发现了地猿始祖种的化石碎片。[2] 有关此发现的全面描述和解读尚未发表。但是，我们能从初步报告中推断得出，他们的体形可能和黑猩猩差不多，牙齿更接近现存的非洲类人猿，但与现代的黑猩猩或大猩猩相比，他们站立甚至用双腿行走的时间更久。这是因为他们的枕骨大孔，即颅骨上脊髓穿过的开口，位于颅骨下方，这一位置和其他原始人一样，而现存非洲类人猿的枕骨大孔在颅骨后方。这说明他们采用了直立的姿势，一般和直立行走有关。

人们认为，450 万年前到 180 万年前的地质沉积物中有另外七种原始人的化石，尽管不同学者对具体数量的推断有所不同。其中大部分都是南方古猿的化石。他们种类庞杂，有些体形较小，又被称作"纤细型"，觅食不专一；还有些有着硕大的下颌和牙齿，这是他们为了适应以粗糙植物为食的生活专门进化出来的。除了在乍得发现的一个标本，其他化石都来自南非或东非。这很可能只是体现了他们在恰当的历史时间的地理分布。南方古猿很可能在非洲大陆很多地方生活过。

整体来看，南方古猿这一属有三大特点。第一，据我们所知，他们都会有一部分时间直立行走。第二，他们的脑容量介于 400 cm³ 和 500 cm³ 之间，与现代非洲类人猿的大脑相当，是现代人大脑的三分之一。第三，也是南方古猿与黑猩猩和大猩猩的重要共同点，他们都有性别二态性，雄性比雌性的体形要大很多。人们通常认为的另一共同点是，南方古猿与现代类人猿体毛数量相当。这一假设基于人类进化后期体毛减少，此部分内容将在随后的章节中讨论。

最出名的古人种是南方古猿阿法种，阿法种最完整的标本是A.L. 288-1，她还有一个耳熟能详的名字"露西"。这个标本有47块骨头，包含上下肢的骨头、脊骨和骨盆——从单一个体所保留的骨头数来看，这一数字相当可观。我们还发现了阿法种的其他化石碎片，包括属于13个个体的200多个标本，这一连串标本又名"第一家庭"。有些古人类学家认为，南方古猿阿法种在人类进化史中占有特殊地位，因为人属中脑容量更大的第一个智人由其进化而来。

从露西的骨盆、膝盖和脚骨的形状中，我们可以了解到，南方古猿阿法种习惯双腿直立行走，而且站立时身高仅1米多，与现在的黑猩猩体形差不多。但是，为了适应爬树，以及可能的树枝悬挂，露西也有相应的身体构造：股骨相对较短，指骨和趾骨弯曲，手腕灵活度高，双臂健壮有力。爬树的特征可能只是延续了祖先的身体构造，之后再没使用过。用于指背行走的腕骨也是出于同样的原因得到了保留。[3] 但是，最有可能的解释是，露西虽然能直立行走，但大部分时间都在树上，就像现在的巨猿一样。这些构造可能是为了便于寻找食物——树叶、水果、昆虫、蛋类，便于用叶子制作晚上睡觉的巢穴。[4]

相对短小的牙齿和较大的脑容量将两种250万年前到180万

年前的古人种区分开来。这些特征
的意义尚存争议。脑容量更大，可
能只是体现了体形更硕大。这很
难评断，因为我们目前发现的颅骨
很少有完整的骨架。但是，人们认
为，与南方古猿的这些不同点足够
独特，而且足够重要，从而定义了
一种原始人种的新属，即人属。[5]

不同南方古猿标本的体形、牙
齿形状和身体构造有很大不同，有
些与人类更相像，有些与类人猿
更相像。其中有些化石归为能人，
关键标本是发现于奥杜威峡谷的
一块名为 OH7 的颅骨。这块颅骨
可追溯至 175 万年前，其脑容量
为 674 cm^3。另一块重要化石发现
于肯尼亚的柯比福拉，标本名为
KNM-ER 1470，其脑容量更大，为
775 cm^3，属于鲁道夫人。

图 7　埃塞俄比亚哈达尔的南
方古猿阿法种骨架图
（标本 A.L. 288-1，又名露西，
生活在大约 350 万年前。身高
1 米出头。）

整体来说，在 450 万年前到 180 万年前，非洲大陆上曾生活
着几种"直立行走的类人猿"，每个原始人种的体形和齿列略有
不同，这反映了他们行为和饮食的不同。

原始人的生活方式

不管是南方古猿还是人属，至少有一种"直立行走的类人猿"平时会用玄武岩和燧石的结核来制作石器，有时还会用其他材料。考古学家将这些石器所在的时期称为"奥杜威工业"（Oldowan industry）。奥杜威工业的特点体现于从石头结核上剥落的锋利石片和这一过程留下的形状极小的"切削工具"。当原始人用一块石头砸另一块石头时，他们的"思维"中不太可能有具体的工具形状：他们只需要锋利的石片和坚硬无比的石头。他们会用这些工具来切割动物的肌腱和肉，兽骨上的砍痕便是证据。兽骨碎片和弃用石器会因此不断增加，最终演变成了人们后来发现的考古遗址，比如奥杜威峡谷和柯比福拉的遗址。[6]

当时的原始人可能还用石器进行其他工作，比如砍植物和磨棍子。此外，早期原始人非常可能也有黑猩猩用过的白蚁棍、蚂蚁探头和树叶海绵等类似的工具，而这些在考古资料中都未曾有记载。

自 20 世纪 70 年代以来，考古学家们发掘出了大量石器和骨头碎片，进行了细致的研究，并努力对早期原始人的行为和生活环境进行了重建。他们还展开了大量辩论，针对问题包括：原始人主动猎食还是仅靠寻找食肉动物杀死的猎物为食，他们是否生活在为分享食物和抚育孩子而建的"家庭基地"中，他们所用的石器是否比现代黑猩猩使用的工具更加复杂。[7]

他们生活方式的有些层面无可争议,可用来解释他们与类人猿相像的典型叫声如何进化,而600万年前我们的共同祖先肯定拥有着这样的叫声。从他们的生活环境来看,显然在200万年前,南方古猿和早期人属适应了在相对开阔的地带中生活,这与适应了疏林环境的现代非洲类人猿不同。我们能从同时发现的其他动物化石中得到线索——羚羊、牛、斑马,以及其他适应了在开阔草地和灌木丛生的热带稀树草原中生活的物种。其中一个重要结果是:原始人所生活的集群可能会比他们栖息于森林中的近亲庞大很多,比如450万年前的地猿始祖种以及人类和黑猩猩600万年前的共同祖先。

这一点,我们有足够的自信,因为现代灵长类动物的集群规模和栖息环境密切相关。生活在树上的灵长类动物的集群更小,原因很大程度上和猎食的风险有关:生活在树上,有助于躲避陆生食肉动物的追捕,而且鸟类发现猎物也有一定难度。如果没有树木的掩护,集群要足够庞大,才有安全可言,如此更易发现猎食者,降低被攻击的可能性。但是,这也有代价:当庞大的群体必须一直密切地共同生活时,很容易出现社会压力,而社会压力会引发冲突。[8]

虽然生活在比他们的直系祖先和现代类人猿近亲更为庞大的群体中,但南方古猿和早期人属的群体可能关系非常亲密,每个个体对群体中的其他成员都非常了解。他们会相互分享各种有关当前和过往人际关系以及当地环境的信息。

与现代类人猿的饮食相比,肉类在南方古猿、能人和鲁道夫人的饮食中很可能起着更重要的作用。我们从考古遗迹中能探得一些线索：不仅有大量带有砍痕的兽骨碎片，而且有时带肉最多的骨头占大多数。虽然学者们对他们吃肉、骨髓、脂肪和器官的量以及获得食物的方式看法不一，但最合理的解释是，原始人是机会主义者，他们有时会吃食肉动物吃剩的一丁点猎物，有时会自己猎食。因为原始人的武器可能限于石头结核和削尖的棍子，所以他们可能只能猎杀受伤或生病的动物。

早期原始人还有一些行为争议性较大。我赞成这样的观点，即原始人不仅集群规模更大，而且觅食范围也比现代类人猿更广。不同个体或小团体每天可能会分开觅食，并在一天结束的时候，共享采集来的食物。这便是"家庭基地／食物共享"假设，这一假设最早于 20 世纪 70 年代提出，用来解释为何考古遗迹常常会出土各种各样的动物骨骼碎片。[9]我们常常在同一处遗址发现不同环境中生活的动物，这说明动物尸体的不同部位被运往各处。原始人肯定还会携带石头结核，因为我们发现遗址位置与有些石头的来源地相距甚远，从石头上剥落的石片就是如此。我们似乎有理由认为，他们还会运送植物性食物。

早期原始人的解剖结构符合我们对热带稀树草原上原始人的行为习惯的推断。对现存灵长类动物的研究已经证实，灵长类动物的脑容量越大，集群规模就越大。因为能人和鲁道夫人的脑容量比现代黑猩猩大一半，所以他们的集群规模也相对更庞大，大概有 80 到 90 人。[10]我们可以从他们变小的牙齿以及增大的脑容量中推断出他们以肉为食，因为他们可能需要肉类为这个新陈代谢旺盛的器官"加油"。[11]原始人直立行走的倾向说明，他们移动的范围越来越广，此部分将在下一章中详谈。

理智与情感

原始人通过敲砸石头结核，制作锋利的石片和斧头，而这是否意味着原始人比现代类人猿机敏度更高和/或认知能力更强，仍然广受争议。[12] 我们没有发现野生黑猩猩专门将石头磨成薄片的行为，这可能反映了其对这种工具缺乏需求，而不是没有能力制造这种工具。目前只有一项在实验室开展的系统实验来测试非洲类人猿是否有能力制作奥杜威工业中的石器。被试是一只名叫坎兹（Kanzi）的倭黑猩猩，坎兹早先就已表现出了突出的使用象征的能力。[13] 它没能学会剥离石头结核的薄片，但结果并不是结论性的——年纪更轻的动物可能表现更好。

但我们可以肯定的是，原始人是感性动物，他们能感受和表达快乐、悲伤、气愤和恐惧。而且，考虑到他们的社会复杂度，我推测他们也能体会到内疚、尴尬、蔑视和羞愧。我曾在第七章讲过，所有这些情绪会引导他们在艰难的自然环境和社会环境中的行为。掌握了社交技能的个体占有优势，因为他们知道何时以及如何获取合作，与谁为敌，信任谁和躲避谁。为了生存，原始人需要具备理性衡量可选策略的成本、利益和风险的能力，而情商与之同等重要。

与现代类人猿和人类一样，早期原始人通过面部表情、肢体语言、行为和声音来传达情绪，从而产生恰当的社交互动。他们会避开那些表现出生气的同伴，靠近那些冷静而愉悦的同伴来互相梳毛、喂食和玩闹。用声音来表达情绪对实现社交上的成功至关重要。

有一种认知能力，原始人与现代非洲类人猿可能截然不同，那就是他们的心智理论。上一章曾解释过这一概念，这是一种想象另一个体可能拥有与自己不同的观念、愿望、目的和情绪状态的能力。猴子和类人猿完全没有或者最多拥有微弱的心智理论能力，这也是它们操纵性叫声种类较少的原因。

与现代类人猿和南方古猿相比，能人和鲁道夫人的脑容量相对较大，这或许意味着他们心智理论能力更强。[14] 他们的理解能力呈现了跳跃式发展，这背后的选择压力可能来自更庞大的集群规模和随之变得更复杂的社交互动。有些个体会"读心"，因而更擅长推测其他个体的行为，他们在群体中具备竞争优势。

解剖结构和原始人的叫声

如果 600 万年前栖息在疏林中的我们的共同祖先与现代非洲类人猿拥有一套相同的叫声——在上一章中其叫声特点总结为具有整体性、操纵性和多模式——那么，180 万年前生活在开阔热带稀树草原中的原始人的叫声是如何进化的呢？

首先，我们应该知道，早期原始人，尤其是人属，与现代类人猿之间的解剖学差异使其声音更具多样性。主要的不同在于（早期原始人的）牙齿和颌骨因食肉的饮食倾向而缩小。这会改变最后一节声道的形状和容量。因部分直立行走而更为笔直的姿态也会改变声道——我将会在下一章中进行全面的讨论。

牙齿和颌骨的改变，以及舌头和嘴唇运动随之发生的变化都很重要，因为我们可以认为嘴巴发出的声音来自"音姿"，所谓的发音结构——舌头肌肉、嘴唇、颌骨和软腭在特定位置发出声音。[15] 比如，当我们说"bad"这个单词时，首先双唇要紧缩，而当要说"dad"这个单词时，发声过程会用到舌尖和硬腭。因此，每个音节都与特定的口腔音姿有关。

心理学家迈克尔·斯塔德特－肯尼迪（Michael Studdert-Kennedy）认为，这些音姿构成了言语的基本单位，与构成现代类人猿叫声和过去原始人叫声的基本单位并无二致。从根本上讲，作为动作的这些音姿源于原始社会哺乳动物吮、舔、吞和嚼的能力。舌头由此开始了神经解剖学上的分化，为了形成特定的音姿，舌尖、舌体和舌根因此能彼此独立使用，进而发出特定的声音，而且有些声音可能是一系列音姿组合的结果。所以，即便我们应当认为原始人的发声本质上具有整体性，但他们的声音一定由不同口腔音姿产生的一系列音节构成。这些音节最终有可能会被确定为离散单元或相互组合的离散单元，并可用于组合式语言中。

随着早期人属的齿列和颌骨逐渐变小，与南方古猿祖先相比，他们的口腔音姿范围不同，而且更加多样。虽然我们并不清楚南方古猿、早期人属和现代非洲类人猿的发声种类有多大差异，但有一点可以肯定：原始人比现代人对高频音更敏感。佛罗伦萨大学的古人类学家雅各布·莫吉-切基（Jacopo Moggi-Cecchi）清理南非斯泰克方丹的化石标本 Stw151 时，在其中耳腔里发现了镫骨化石。这是中耳三块骨头（另外两块是锤骨和砧骨）中的一块，是目前发现的唯一一块早期类人猿的耳骨。通过对这块骨头的大小和形状，尤其是这块骨头上的"底板"部位的仔细研究，学者发现，这块化石更像现代类人猿的底板，而不是人类的底板。根据目前所知，哺乳动物的底板大小与所能听到的声音频率之间存在相关性，而 Stw151 的底板比现代人更小，这说明他们对高频音更敏感。[16]

布洛卡区和镜像神经元

从现存的头盖骨证据来看，早期人属的脑容量可能比南方古猿更大。但是，只看大脑的大小，并不能了解大脑的构造——神经网络是怎样的。认识其大脑构造的唯一可能线索是能体现大脑具体形状的颅骨内的印痕，但即便如此，这对原始人的大脑构造研究来说可能也只是完全虚假的希望。

有些颅骨化石在发现时，满是沉积物，将颅骨清除后，便会得到由沉积物凝固而成的颅骨内部的天然脑模——又称"颅内模"。考古学家们有时还会用橡胶水制作人工颅内模。20 世纪 70 年代后期，南非著名古人类学家菲利普·托拜厄斯（Phillip

Tobias）对早期人属的颅内模展开了研究，尤其是标本 KNM-ER 1470 的颅内模。他认为他能找到有关脑沟的印痕，在现代人大脑中，脑沟代表着布洛卡区的存在。1983 年，纽约大学迪恩·福尔克（Dean Falk）的研究证实了这些发现，而且她认为，南方古猿的颅内模中没有这样的脑沟。[17]

在第三章中，我们聊过布洛卡区——人们曾认为这是专门负责言语的关键脑区。据我们现在所知，布洛卡区对整体运动能力至关重要，而且语言神经网络在大脑中的分布范围比我们先前认知的还要广泛。但是，布洛卡区依旧发挥着重要作用，而且因为所谓"镜像神经元"的发现，布洛卡区近来再次引发了学界的研究兴趣。

20 世纪 90 年代，帕尔马大学的脑科学家贾科莫·里佐拉蒂（Giacomo Rizzolatti）和南加州大学的脑科学家迈克尔·阿尔比布（Michael Arbib）在研究猴子的 F5 脑区时，发现了镜像神经元。[18]他们先发现，当猴子做抓、握、撕这样的动作时，F5 脑区的有些神经元会活跃起来。之后他们又发现，当一只猴子看到另一只猴子（或人）做类似动作时，这些神经元也会活跃。里佐拉蒂和阿尔比布将这类神经元命名为"镜像神经元"，并认为，镜像神经元是人类模仿行为——尤其是言语行为——的基础。这一观点的关键点在于，现代人脑中的布洛卡区对应猴脑中的 F5 区；换言之，F5 区是布洛卡区的直接进化前身。

里佐拉蒂和阿尔比布将镜像神经元的活动称为"再现动作"："人们可以用再现来模仿和理解动作。'理解'一词意指一种能力，即个体一定能发现另一个体正在做动作，而且能将所看到的动作与其他动作区分开，并借助这一信息做出恰当反应。按照这一观点，镜像神经元是发送者与接收者之间的纽带……（是）进行任何交流的必要前提。"[19]

布洛卡区中存在镜像神经元，这有助于解释其对言语能力的重要性，尤其是口腔音姿的习得，即迈克尔·斯塔德特－肯尼迪所说的人类言语的基本单位。儿童的大量语言习得都是通过发声模仿进行的。儿童模仿父母的动作，发出类似的声音，但并不知道一个特定的词从何处开始，于何处终止。[20]这种发声模仿是了不起的成就。斯塔德特－肯尼迪如此描述："要模仿一句口语，模仿者首先必须在声音信号中找出相应信息，即需要用到的器官类型，器官彼此移动的位置、时机和方式，之后必须通过相应的运动方式操作自己的发声系统。"[21]

儿童的发声模仿一定是面部表情模仿的延伸，婴儿甚至是刚出生一小时的新生儿，会忍不住去模仿他人的面部表情。如果你在婴儿面前伸出舌头，他也会伸出舌头。斯塔德特－肯尼迪强调，婴儿起初只是运动相同的面部区域，而不是准确地模仿行为——比如，舌头可能是从嘴巴一侧伸出，而不是直接伸出。

里佐拉蒂和阿尔比布所说的镜像神经元可能在模仿口腔音姿以及促进儿童习得语言的过程中起着关键作用。至于它们是否像里佐拉蒂和阿尔比布所认为的那样，在语言的进化过程中起着更基本的作用，则是比较有争议的。[22]但是，人类超出……其他灵长类动物的交流能力取决于镜像系统的渐进式进化，他们的这一观点应该没错。[23]

因此，有趣的是，早期人属的大脑中可能显示了已进化出的布洛卡区的最早证据——F5区的增大说明镜像神经元的数量和使用在增多。如果确实如此，人属可能不仅用镜像神经元来模仿手部、胳膊和肢体动作——就像我们在猴子身上发现的这类行为，人属奥杜威工业的发展显然证实了这一点——还会用镜像神经元来模仿现在构成言语基本单位的口腔音姿。与南方古猿和现代类人猿的镜像神经元相比，人属的镜像神经元可能更有助于丰富口腔音姿的范围和种类，而口腔音姿会随着基因和文化一代代传递下去。

觅食和叫声的扩展

面部解剖结构的变化和布洛卡区的进化最初非常有可能是出于与发声毫不相干的原因，却使得原始人的叫声与类人猿、人类的共同祖先的叫声分离开来。生活方式的变化也有类似的影响。原始人的生活在200万年前的主要变化是，食肉越来越多，在开阔地带的日常活动范围越来越广。这种生活方式可能会让原始人比现在的非洲类人猿更容易遇到猎食者，我们从原始人骨骼上食肉动物的咬痕和鹰爪抓痕能推断出，他们确实被当成了猎物。[24]

其中有一个样本是1924年在非洲发现的最早的南方古猿，名叫汤恩小孩（Taung child）。这个样本是三四岁幼儿的头骨，混在一堆兽骨中，其中包括小狒狒和野兔的骨头，还有龟壳和蟹壳。在后来发现的原始人化石周围常能见到中等体形的哺乳动物骨骼，而在此样本周围并未发现。1994 年有关汤恩小孩的一项研究发现，这些骨头实际上由一只大型猛禽收集起来。猛禽在吃狒狒脑时，从狒狒脑后啄进颅骨内，并在颅骨上留下了独特的爪痕和啄痕，有些痕迹在汤恩小孩身上也有。这一堆骨头都来自老鹰会猎食的动物，它们在鹰巢下和鹰巢里慢慢积聚起来。因此，情况有可能是这样的：大约 230 万年前，一只老鹰俯冲抓住了一个南方古猿婴儿——婴儿母亲肯定因此悲痛欲绝。[25]

与现代非洲类人猿相比，原始人的栖息环境中林木植被较少，老鹰和食肉动物一直会是他们觅食时的威胁。因此，落单或集群规模小的原始人不太可能会像现代黑猩猩使用喘嘘声那样，使用远距离叫声，因为这类叫声更容易招来猎食者。黑猩猩在狩猎或在自己地盘边境走动时常常很安静，而早期原始人可能普遍处于这种状态，尤其在不受大团体保护时。这种生活方式可能会提高他们把握叫声响度的能力。控制能力最强的原始人能在必要的场合小声说话，在避免猎食者注意到自己或群体的同时更好地交流。

这种生活方式的另一结果是肢体动作对早期原始人比对现代类人猿更重要。在上一章中，我们发现库比之所以会使用肢体动作，可能是因为需要避免引起其他雄性大猩猩的注意。我们有理由认为，早期原始人在觅食时也会使用肢体交流，从而将吸引猎食者的风险降到最低——通过解放双手在运动中的作用来进行肢体交流，与此同时，直立行走开始发展。

遇到猎食者的风险越来越大，这可能会给原始人造成选择压力，迫使他们发展出叫声范围更广，与现在黑长尾猴叫声类似的警报声。对生活在稀树草原上的原始人来说，警示老鹰、猎豹和蛇出没的叫声大有裨益，尤其是当有些个体的注意力被吸引到宰割动物尸体或从石头结核上剥离石片上时。

在发现动物尸体时，原始人可能会用到另一种操纵性叫声。如果需要通过宰割动物尸体得到大块肉或骨髓丰富的骨头，原始人可能面临相互矛盾的压力：是应该发出叫声，寻求援助，还是应该保持安静，免得引来鬣狗和狮子。尽快宰割并寻找安全的庇护所可能是当务之急，这有可能是促使原始人用石片来割兽皮、砍筋骨的原因之一。因此，我们可以认为，他们会发展出在处理动物尸体时求助别人的叫声——可能类似于恒河猴表示食物数量的叫声，这一点在上一章中简短讨论过。

理查德·利基（Richard Leakey）在东非图尔卡纳湖往东 15 英里（约 24 千米）处发现了可能曾经出现过这类叫声的遗址。在野外考察中不幸英年早逝的哈佛大学考古学教授格林·艾萨克（Glynn Isaac）在 20 世纪 70 年代对这一遗址进行了挖掘，并将其称为河马手工制品遗址（Hippopotamus Artefact Site，简称为 HAS），因为此遗址主要由一只河马的化石骨架构成，河马周围散落着 160 万年前的石片和砍砸器。这只动物最初躺在河流三角洲的小水坑或洼地里。艾萨克认为不可能是原始人将其猎杀，而是在原始人发现时，河马已经死去，然后他们将这只河马搜刮了个遍。[26]

当时，此处肯定是个宝地：河马肉养活了很多原始人。他们一般以食肉动物猎杀的猎物为食，鬣狗和秃鹫吃剩后，原始人再去吃剩下的一丁点肉、脂肪和骨髓。因此，我们可以想象，他们会发出叫声，向其他原始人求助，听到叫声的原始人会带着石片来宰割河马肉——艾萨克发现，河马尸体周围并没有合适的石头来制作石片。速战速决很有必要，因为在河流三角洲宰割一只河马可能会引来猎食者或其他在寻觅免费午餐的动物。

因此，在稀树草原上，原始人猎食和寻觅肉食的生活方式可能会给他们施加压力来扩展具有整体性和操纵性的叫声种类和肢体动作。这种扩展可能是通过学习或生物进化的过程进行的，那些能够发出这种叫声的个体繁衍成功率更高。但我们没有理由认为，他们需要与人类词语相当的叫声，或者需要进化出规定短语如何组合成话语的语法规则。

社会生活和叫声的扩展

生活在稀树草原上的南方古猿和早期人属的社群规模可能比生活在疏林中的地猿或人类和黑猩猩的共同祖先更为庞大。与现代非洲类人猿一样，他们的群体可能是多夫多妻制的，而且有优势等级。性别二态说明处于统治地位的雄性控制眷群，而且群体内部存在争夺配偶和地位的行为，方式与类人猿相近。

成年雄性原始人可能会用与大猩猩的双重哼叫相当的叫声来调解社交互动。由于竞争程度可能与群体规模直接成正比，所以这种叫声的频率也会随之提高。而且，如果这种叫声是为了维持个体独特性——就像现在的大猩猩一样——那么原始人所面临的选择压力可能促使他们在一种叫声中发展出多种声音变化。我们也可以想象，"自发"和"应答"哼叫以外，可能还有另一种应答叫声，要么来自原发声者，要么来自第三者。

群体规模的扩大和雄性竞争的增多可能也会产生选择压力，促使肢体交流发展。上一章我们讲到，在与雌性互动时，库比使用肢体交流避免了引起地位更高的雄性的注意。这发生在旧金山动物园的一个围场中，属于非自然环境，但这也可能发生在早期原始人群体所生活的自然环境中。而且，雄性对交配的争夺可能很激烈，更年轻、更娇小的雄性不得不偷偷抢夺交配的机会，而在这一过程中，无声的肢体交流或者小声交流可能都至关重要。

与现在的类人猿群体一样，原始人的个体和小群体之间存在着复杂多变的友谊和同盟关系。如今的非人灵长类动物通过相互梳毛来表达对彼此的忠诚——相互梳毛的时间越长，关系越牢固。随着群体规模越来越大，每个个体为了维护他所必须维系的社会关系，必须投入越来越多时间给他人梳毛。相互梳毛会产生社会纽带，增强凝聚力——虽然具体的方式和原因尚不可知。最有可能的原因是梳毛会向大脑释放阿片类化学物质，从而产生满足感和愉悦感。社交理毛行为为语言进化最有趣的观点之一——有声梳毛假设提供了背景。[27]

1993 年，人类学家莱斯利·艾洛（Leslie Aiello）和罗宾·邓巴提出，到能人和鲁道夫人时，原始人的群体规模已经相当庞大，为了向群体中的其他成员表达自己的社会责任感，仅靠梳毛这一种方式不再可行。梳毛所占用的时间过长，原始人因此没有足够时间进行其他活动，比如寻找食物。艾洛和邓巴认为，"语言"作为一种有声的梳毛形式进化出来:"一种表示互利和忠诚的方式,而且能同时传达给不止一个个体。"[28]"语言"的好处有两个:个体一次能为不止一个个体进行有声梳毛,而且还可以同时进行其他活动,比如采集植物。

艾洛和邓巴认为,有声梳毛恰恰就是我们从狮尾狒身上观察到的行为,上一章中讲过,它们会使用节奏和旋律。他们的观点是,我们原始人祖先的社会纽带逐渐从基于肢体接触转变为基于发声。他们认为,语言是作为一种"八卦"的途径进化而来的——一种谈论和表达社会关系的方式。而且他们主张,这仍然是语言如今的主要功能。

虽然语言进化的目的是管理社会关系这一观点很有说服力,但"八卦"假说也存在很多问题。其中之一是,即便早期原始人的叫声逐渐增多,声音也越来越多样,但他们如何能用与类人猿相似的叫声来表达社会责任感,更何况还要谈论第三方的人际关系?而且,即便他们能做到,接受有声梳毛的个体如何能相信这代表着社会责任感?人类学家克里斯·奈特(Chris Knight)认为,说话容易,但不可靠——早期原始人兼具整体性和操纵性的叫声也是如此。这样的话,叫声将无法取代能诱发愉悦感的长时间梳毛行为。[29]

然而,虽然语言如此,但音乐或许与之不同。如果我们设想早期的有声梳毛与音乐起源有关,而不是语言,那么艾洛和邓巴的观点更有说服力。[30]我们知道一起唱歌有助于形成社会纽带,可能会诱发和梳毛一样的愉悦感和满足感,第十四章将就此进一步探讨。在艾洛和邓巴的描述中,有声梳毛的初始阶段实际上更接近唱歌，而非语言，因为比起信息内容，原始人更重视叫声的音调和情感内容。

因此，我们应该将早期原始人的社会发声看作是对狮尾狒带有节奏和旋律的叫声的丰富。如果他们存在这种发声行为，我们很容易就能想象到成对或一小群原始人像合唱一般地发出叫声，而不是八卦闲聊，以此来巩固相互间的社会责任感。

而且，抒发和诱导情绪可能与展现社会责任感同样重要。话语的音调序列能诱发快乐的个体可能会占据选择优势，因为他们能促进更为密切的合作（详见第七章）。合作在原始人生活中至关重要，无论是觅食、分享食物还是社交互动。原始人群体会面对极强的社会压力，因此集体唱歌可能很常见，让他们产生满足感的同时，还会疏导愤怒情绪。更为普遍的是，原始人会表达他们自己的情绪，并试图诱发他人的特定情绪，他们会使用比非洲类人猿更多的声音变化。我们甚至可以想象，他们会使用能诱导现代人产生特定情绪的特定音高，如第七章中所示。

心智理论能力能极大地促进这方面的发展。如果原始人拥有心智理论能力，他们将能更好地体会他人的情绪、观念、愿望和目的，能做到现代猴子和类人猿所做不到的，即预测他人的行为。如此，兼具整体性和操纵性的叫声可能会随之增加，能最大程度地让他人依照自己的想法来行动。比如，如果母亲能发现自己的孩子缺乏知识，母亲面向婴儿的叫声将会更多。而且，心智理论和母婴交流的发展可能对奥杜威工业的发展至关重要，使得用石头结核做石片的技术随文化从一代传向下一代。[31]

在 FxJj50 遗址

我们能在非洲找到曾经有过这些叫声的遗址。这些遗址就是格林·艾萨克所说的家庭基地——个体或一小群原始人白天外出觅食，带回动物尸体和采集的植物，在社群中分享。虽然艾萨克认为这类采集主要是为了分享食物，但人类学家很重视这些行为对防御猎食者的作用，因此原始人的居所可能坐落在林间。其中一个重要例子是 FxJj50。[32] 此遗址位于东非的古毕佛拉，由艾萨克和他的同事于 20 世纪 70 年代发掘。

160 万年前，原始人占据了 FxJj50。这个地方近水，附近有茂密的树林和结果的灌木丛，还有可以用来制作石片的石头。工作人员在这里发掘出了 1500 件打制石器以及 2000 多块兽骨碎片。几块兽骨上有石器的砍痕，而且还能拼合起来，从而重建出具体的宰割方式。兽骨来自至少 20 种不同的动物，包括藏羚羊、长颈鹿、狒狒、乌龟和鸟类。艾萨克认为，如此繁多的种类是他们分享食物的关键证据——在不同环境中生活的各种动物汇聚于同一个地点，还会有其他原因吗？

所以，我们应该可以想象到，30 多个原始人相聚于 FxJj50：雄性、雌性、婴儿，地位或高或低，有着不同的性格和情绪，有些有食物可以分享，有些想吃食物。遗址中存在的各种各样的叫声反映出原始人所进行的丰富活动，他们在一天之中活动的变化以及个体和整个群体的情绪状态变化。我们可能会听到警示猎食者的叫声，有关食物可得性的叫声，寻求宰杀援助的叫声，母婴之间的交流声，成对或小群原始人为了维系社会纽带而发出的带有旋律感的叫声，个体为了表达特定情绪及想要诱导他人情绪而发出的叫声。一天之末，日暮时分，我们或许还能听到同步的叫声——集体唱歌——所有个体因此平静下来，随着夜幕降临，歌声渐渐散去，原始人上树睡觉。

小结：“Hmmmm”交流的起源

在 600 万年前的共同祖先到 200 万年前的最早人属之间，身体构造、觅食行为和社会生活的变化对原始人的交流系统产生了重大影响。关键问题在于，我们是否只是在处理叫声 / 肢体动作的多样性和数量的增加——这些叫声 / 肢体动作基本上与现代类人猿和猴子中发现的相同，或者其本质发生了变化。在上一章中，我总结了类人猿和猴子的叫声 / 肢体动作具有整体性和操纵性，而不具备组合性和指称性。在我看来，早期原始人没有不同于它们的理由。虽然早期原始人一定程度上开始直立行走，有些古人种脑容量也更大，并且会制作基本的石器，但原始人一直保持着与类人猿相像的解剖结构和行为，直到 180 万年前才开始发生变化。因此，我认为他们的叫声和肢体动作仍具有整体性，因为它们表达的是完整的信息，而不是词语的组合，其用途是操控其他个体的行为，而不是传达有关世界的信息。

我认为，与类人猿和猴子的交流系统相比，原始人的不同之处在于他们的肢体动作和音乐性叫声增多。为了直观地区分它们的不同，以"Hmmmm[①]"——即整体性、多模式、操控性和音乐性——来称呼早期原始人的交流系统更为恰当。现代类人猿和猴子的交流系统也具备上述特点，但我认为，早期原始人的交流系统将这些特点集于一身。他们最终发展出了比现代非人灵长类动物的交流方式更复杂，但与人类语言又有很大区别的交流系统。

---

① "Hmmmm" 为 "Holistic" "multi-modal" "manipulative" 和 "musical" 这四个英文单词首字母的缩写。

第十章　感知节奏

直立行走和跳舞的进化

戴夫·布鲁贝克（Dave Brubeck）的《不对称舞曲》（*Unsquare Dance*）：匠人耍着棍子，跳着舞

180万年前，人类祖先进化出了一个新种：匠人。有些考古学家认为，这一人种是最早的人属，而能人和鲁道夫人应归到南方古猿一类。[1] 无论是否如此，匠人可能代表着人类进化的转折点。

1984年，考古学家在肯尼亚的纳里奥科托姆发现了一个保存非常完好、脑容量为 880 cm³ 的青少年男性标本。这一标本说明，160万年前，接近类人猿的南方古猿身体构型——适应指背行走和爬树——被独特的现代身体构型取代。匠人和现在的我们一样，双腿直立行走。接下来，我们必须要转向这一进化发展——直立行走，因为直立行走对人类语言能力和音乐能力的进化有着重要而且可能深远的影响。

这初听起来可能令人惊讶，因为前面几章主要是从大脑、声道和社会生活的进化来探究语言和音乐的起源。这是因为我在很

大程度上一直遵循一个狭义的音乐定义，一个只关注声音的定义。但我曾在第二章中讲过，音乐和语言都离不开运动。因此，要想了解音乐和语言的进化，我们必须先认识人类的完整身体构造。事实上，直立行走对我们行动和运用身体的影响，以及对人脑和声道的影响可能引发了人类历史上最伟大的音乐革命。民族音乐学家约翰·布莱金曾在 1973 年写道："音乐的许多基本过程（即使不是全部），都能从人类身体构造和社会中人体互动的方式中寻到踪迹。"[2]

直立行走的人体构造

虽然黑猩猩和大猩猩都能站立，能靠双腿摇摇晃晃走几步，但直立行走对它们而言，就像我们用四肢跑来跑去一样，难度相当大，而且很费脑。运动方式的不同是因为类人猿与人类身体构造的不同，尤其与四肢长度，髋部、膝盖和脚踝关节的性质及脚趾形状有关。[3]因为这些身体构造的适应性变化发生在很多骨骼区，所以古人类学家能追溯我们的原始人祖先从四足行走逐渐过渡到双足行走的过程，这一过程以匠人的进化为终点。

实际上，类人猿的身体构造是为了适应两种不同的运动方式——爬树和被称为指背行走的四足运动——而发展出的折中方案。人脚有一个平面，大脚趾与其他脚趾互相平行，但类人猿的脚是为了抓握而进化的。它们的大脚趾与其他脚趾处于不同的角度，就像我们的拇指和其他手指相对一样。而且，它们的大脚趾是弯曲的，有助于抓握、攀爬和悬挂在树枝上。

人和类人猿膝关节的主要不同在于后者不能固定，因而腿无法伸直。类人猿的腿部不得不保持轻微的弯曲，因此它们需要借助肌肉力量使身体直立。类人猿的大腿骨是垂直的，而不是像人类的大腿骨一样向内倾斜，因此当它们直立行走时，双脚会岔开。于是，类人猿必须左右来回转移身体重量，重心在两条承重腿间来回倒换。我们的双脚在地上放得相对较近，而且我们会运用壮实的臀部肌肉来抵消来回摆动，从而避免了这种蹒跚的步态。

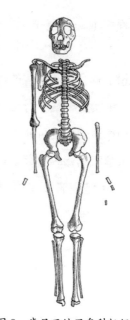

图 8　肯尼亚纳里奥科托姆的匠人骨骼图

（距今约 160 万年的 KNM-WT 15000 标本。据估计，其体重为 67 千克，身高为 1.6 米。）

为了适应双足直立行走，全身的身体构造都出现了适应性变化：更为宽广的骨盆、弯曲的下段脊柱以及挺直的头部。借助于这样的解剖结构，人类能流畅地大步行走，每条腿的支撑相和摆动相交替进行。人类学家罗杰·卢因（Roger Lewin）这样描述："在摆动相时，腿部借助大脚趾的力量蹬离地面，在身体下方以略微弯曲的姿势摆动，当脚又一次触地时最终伸展开，并且后脚跟先着地。后脚跟着地后，腿部保持伸展状态，支撑身体，即支撑相，而另一条腿进入摆动相，身体继续向前移动，如此往复循环。"[4]

我们在上一章讲到的南方古猿和最早出现的人属平常会直立行走，但行走效率明显不如匠人，因为他们只有部分身体结构适应了直立行走。他们的身体还适应了树栖生活，即爬树和悬挂，而这些能力到匠人出现时已经消失。最出名的半陆地/半树栖的原始人是南方古猿阿法种，他们生活在350万年前到300万年前，其中最典型的代表是露西。这一标本的独特之处在于，仅一个个体就留存了47根骨头。[5]

这些骨骼除了能证明露西的身体适应了爬树外，还体现出了露西适应直立行走的几个重要身体构造特征：他们的大腿骨（股骨）与现代人类大腿骨一样有倾斜，因此行走时，双脚靠得很近；骨盆短且向内旋转，更接近现代人，而不是类人猿；大脚趾的关节说明，其与脚掌主要部分是平行的，而不是岔开的。

1978年，人们发现了可以证明露西直立行走的有力证据——一串长27米、距今360万年的原始人足印，在坦桑尼亚利特里的火山灰中发现。南方古猿阿法种是当时生活在这一地区的唯一已知原始人种，因此考古学家们判定这是他们的脚印。这串足印由玛丽·利基（Mary Leakey）小心谨慎地发掘出来。她认为，曾经有三个原始人走过当时这片又厚又潮湿的火山灰。足印显示他们的脚跟先着地，之后重量转移到脚外侧，再到脚前掌，最终聚集到大脚趾上。

尽管没有其他南方古猿的身体构造像露西那样广为人知，但所有南方古猿或多或少都能直立行走。不过，他们的直立行走与现代人类截然不同。这一观点在1994年得以证实，而且证据出人意料——内耳的骨迷路。[6]骨迷路由三个互相垂直的半规管组成，半规管在我们用双腿行走、跑步、双脚跳，甚至单脚跳时，对维持平衡至关重要。类人猿和猴子也有骨迷路，但是它们三个半规管的大小和比例与人类不同，体现了不同的运动方式。

伦敦大学学院的弗雷德·斯普尔（Fred Spoor）和他的同事发现，颅骨化石中仍保留着骨迷路，而且，我们能用为活人做大

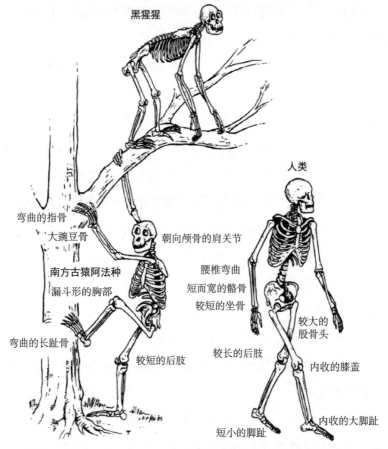

图9 黑猩猩、南方古猿阿法种（露西）和智人的身体构造为爬树和直立行走而产生的适应性变化

脑扫描的技术，尤其是 CT 扫描检测出骨迷路。他们对来自四种原始人（能人、匠人以及两种南方古猿）的 12 个颅骨化石的内耳进行了扫描。

只有匠人标本的内耳形态与现代人相似，南方古猿的内耳形态接近类人猿，只有能人标本的内耳形态更像现代猴子，而不是类人猿或人类。斯普尔和同事得出结论，南方古猿虽然能用双腿站立并直立行走，但做不出更复杂的运动，比如跑步和跳跃。与南方古猿同时期的能人直立行走更少，指背行走或树栖生活更多——根据已知极少量的颅后骨（非头骨）已经推断出了这一点。

因此，我们又回到了 180 万年前的匠人，以纳里奥科托姆男孩为典型代表，他是最早完全直立行走的原始人。为了实现如罗杰·卢因所描述那般流畅的行走，匠人的身体构造发生了必要的适应性变化。匠人和现在的我们一样，能行走、跑步和跳跃。此外，我们还应该再加上两项活动：肢体语言和跳舞。但我们在探究直立行走对音乐能力的影响之前，首先要了解一下这种运动方式的进化原因。

直立行走的起源

人类学家对直立行走的起源已争论多年，很多理论随着新证据的出现逐渐得到修正或被直接推翻。人们曾以为，原始人为了"解放双手"来制作石器才开始直立行走。但当南方古猿直立行走的证据被推至 250 万年前，人们已经制作出了第一件石器时，这一假说不得不被推翻。同样地，还有观点认为，原始人在稀树草原上生活时开始直立行走，他们可能是为了站立着提防猎食者或者为了越过高高的草丛顶来捕食。这一观点与一些证据不符，这些证据证明部分直立行走的地猿和南方古猿生活在疏林中。还有观点认为，直立行走产生的原因是雄性原始人需要给与他们配对的雌性带食物。同样地，这个想法也被推翻了，因为人类学家发现，雌雄性之间的体形差距——性别二态性——表明这种配对以及由此产生的供给食物的方式不可能发生。

目前，有关直立行走的起源最有说服力的观点是，直立行走分为两个不同的阶段，每个阶段都面临自己的选择压力。第一阶段是南方古猿的部分直立行走，第二阶段是匠人完全现代化的直立行走。

关于第一阶段，印第安纳大学的凯文·亨特（Kevin Hunt）认为，水果可能发挥了重要作用。[7]他对黑猩猩站立和偶尔直立行走的状况进行了细致研究，发现黑猩猩站立主要是为了从矮小的树上摘水果。摘水果时，它们缓慢地从一棵树移动到另一棵树，用双手来保持平衡。它们在用双腿站立时，可以使用双手，而双腿行走避免了抬升和降低身体的需要，从而极大地减少了能量消耗。亨特认为，南方古猿也采用了类似的方式，而且露西的解剖结构更适合站立，而不是行走。他认为，宽阔的骨盆形成了一个稳定的平面，而弯曲的手指和强有力的双臂应当视作南方古猿为了能在双腿站立的同时，用一只手进食，另一只手悬挂，而非为了用手爬树而产生的适应性变化。

第二阶段——向完全现代的直立行走方式转变——最有可能与 200 万年前因重大气候变化，类似于稀树草原的环境在东非蔓延有关。但是，这并不是因为需要越过茂密的草丛进行观察，而是可能与减轻高温胁迫的需要有关，因为在树木明显更为稀少的地形中，暴露在太阳下的可能性增加。[8]利物浦约翰摩尔斯大学的彼得·惠勒（Peter Wheeler）在其理论中提出了这一观点，他的理论恰如其分地被概括为"站得高，更凉快"。[9]

高温胁迫是生活在稀树草原中的所有动物都要面临的问题，主要因为当环境温度比正常体温高两摄氏度时，大脑运转开始失常。当原始人直立时，他们只有头顶和肩膀会吸收阳光，而当指背行走时，整个后背都会暴露在阳光中。而且，离地面越远，空气越凉爽，风速也会高很多，这两方面因素都能提高身体蒸发的冷却效率。

通过使用一系列计算机和工程模型，惠勒证明了生活在稀树草原上的原始人能借助直立行走，极大减缓高温胁迫及减少饮水量。这可能对他们形成食肉的新饮食习惯有重要影响，因为这两点能让原始人在稀树草原上更广阔的范围内搜寻动物尸体——很有可能是在有竞争关系的食肉动物白天在太阳底下休息时。

直立行走对认知和发声的影响

虽然人类学家一直对人类智力和语言的进化很感兴趣，但到

20世纪90年代中期，相关研究才达到一定规模。一系列学术书籍、文章和会议对脑容量和人脑形状展开了全面研究，针对声道重建进行了探讨，针对类人猿的"语言"和智力对原始人的影响进行了辩论。一项1996年的研究因其结论及得出结论的方式成为最具价值的贡献之一，因为这一研究着眼于原始人的身体，而不是大脑。

在其递交给英国科学院和英国皇家学会的联席会议的论文中，伦敦大学学院的人类学教授莱斯利·艾洛解释道，直立行走的出现对智力和语言的进化有深远的影响。[10] 匠人的脑容量比南方古猿更大——不仅在绝对意义上，相较于体形而言也是如此。她认为，这一事实能通过对感觉运动控制的新需求来解释，直立行走既需要感觉运动控制，也使其成为可能。双腿站立或直立行走需要持续监控重心，还需要频繁调整小肌肉群来纠正重心的位置。双腿运动必须与胳膊、手部和躯干的运动相结合，从而维持动态平衡。而且，当双手不承担行动的作用时，它们可以独立于腿部进行其他任务，比如拿东西、做手势、扔东西或制作工具。因此，直立行走需要更大的脑容量和更复杂的神经系统，从而实现更复杂的感觉运动控制。脑容量出于上述原因变大后，人脑可能还会用于其他任务，包括计划觅食行为、社交互动以及最后出现的语言。智力可能不过是直立行走的派生物。

双足行走的解剖结构对身体其他部位的影响进一步促成了复杂发声的进化。第八章曾讲过，人类的喉部在咽喉中的位置比黑猩猩更低，因此人类能发出的声音更为多样。人类学家的传统观点是，口语进化面临的强烈选择压力"推动"喉部进入咽喉，即使这会造成噎食的风险。但是艾洛认为，喉部位置低只是人类为了适应直立行走，肢体构造发生必要变化的结果。因为脊椎现在不得不从下方进入大脑，而不是后方（从枕骨大孔的位置可知），脊椎与喉部入口之间的空间更狭小。随着食肉越来越多，原始人面部和齿列的变化将这一空间进一步压缩。因此，喉部在咽喉中的位置必须更低，而这意外延长了声道，使其所能发出的声音更为多样。

有观点认为，这增大了噎食的风险，因此，除非面临极大的选择压力，不然喉部位置不会压低。但艾洛的一位研究生玛格丽特·克莱格（Margaret Clegg）证实了这一观点有误。[11] 为了统计噎食的死亡率，她查阅了大量病历，发现除极其罕见的特例以外，因噎食而死亡只有两种情况：醉酒的年轻人因自己的呕吐物噎死；婴儿在生理上尚不能吃辅食的时候，被迫吃辅食。

艾洛认为，直立行走的新解剖结构可能不仅改变了喉部的位置，还改变了喉部的组成，因而人类发出的声音没有南方古猿那么刺耳，而且更有旋律感。从根本上讲，现代类人猿和人类的喉部是一个包含声带的阀门，阀门关闭让空气积聚，之后阀门开启发出声音。"阀门喉部"还有另一项完全不同的功能，这一功能与行动有关。闭合的喉部后面的空气压力稳定了胸部，为臂肌提供了稳固的基础——这是我们在要手臂用力时屏住呼吸的原因，比如扔球时。稳定胸部对使用手臂进行指背行走或攀爬的灵长类动物来说相当重要。因此，灵长类动物喉部和声带相对较厚，由软骨构成，发出的声音较为刺耳，但现代人的声带偏向于膜状。

直立行走可能是通过缓解阀门喉部的行动功能的选择压力，

使喉部发生了改变。按照这个思路，即使匠人没有说话和唱歌的选择压力，他们的声带也会变得没那么僵硬，这进一步提高了直立行走的原始人所能发出的声音的多样性。这些发展现在看起来不过是一场进化的意外。

原始语：组合性还是整体性？

前面章节和随后章节都谈到，早期原始人和早期人类的社会复杂性产生了改善交流的选择压力，这通过上述的生理变化，尤其是与直立行走相关的改变得以实现，这些变化使匠人能发出比他们的直系原始人祖先或现代类人猿明显更为多样的叫声。我们可以把匠人的交流系统称为原始语，这种说法虽然没有很大帮助，但是非常合理。

在第一章中，我谈到了原始语的两个概念——组合性和整体性——而且坚决认同后者。我认为猴子和类人猿的叫声接近于600万年前类人猿和人类的共同祖先的叫声，而第八章中对猴子和类人猿叫声的阐释部分解释了后种观点。它们的叫声具有整体性，并且是艾莉森·雷所提出的整体性原始语的进化前身。但这类叫声没有为德里克·比克顿提出的"没有语法的词语"的原始语概念奠定基础。

比克顿承认，他所说的原始语是一种简陋的表达方式，而且容易产生歧义（如第一章所述）。比克顿的原始语虽然可能足以交流对世界的一些基本观察，但不适合表达艾莉森·雷所说的"其他种类的信息"——与肢体、情绪和感知操纵有关的信息。[12] 比如，比克顿的原始语不适合进行敏感而细微的交流，但这类交流对发展和维系社交关系必不可缺。如我们所见，社会生活的需求可能是迫使早期原始人的声音交流方式进化的主要选择压力。[13]

我们需要认识到，匠人生活在社交密切的群体中，他们有很多共同经历，并对个体的生活历史、社会关系和周边环境互相了解。与我们现在的经历相比，他们对信息交流的需求相对较少。我们习惯用语言对分开住的家人、朋友、同事、熟人，有时甚至完全陌生的人诉说关于我们自己、孩子、工作和假期等的事情。我们可以分享不同的专业知识，而且大多数人大多数时间并不是与孩子和家人在一起，这是我们相当不同的社会网络的一部分。我们总是有很多新鲜事告诉对方。而匠人应该没有这类信息交流的需求。他们在社会中面临的发展"创造性语言"（即以我们所使用的组合式语言的方式来产生新的话语）的选择压力是有限的。[14]

比克顿的原始语理论放在匠人身上也存在问题，因为他的理论依旧没有回答一个问题，即这种原始语如果在 180 万年前就已存在，为何没有快速发展成完全现代的语言——没有任何语言学家认为后者在 20 万年前的智人之前就已经存在。如果确实存在简单的规则，比如雷·杰肯道夫的"施事在前"规则（详见第一章），这将会是一个非常严重的问题，因为这些规则显然是语法的前身。[15]"没有语法的词语"类型的原始语是否持续了 200 万年？[16] 如果我们接受爱丁堡大学西蒙·柯比（Simon Kirby）和同事的模拟实验的研究结果，那么答案或许是否定的。他们的实验结果表明，具有一定复杂度的语法是在少数几代人的文化传播过程中自发产生的。所以，如果匠人的话语中存在"词语"，那么想必早在智人出现以前，我们就应拥有了具备复杂语法的语言。

因此，最有可能的是，匠人的原始语由整体性话语组成，每段话语有各自的含义，但没有包含意义的子单位（即词语）——正如艾莉森·雷的观点。雷为了解释这类话语，举了几个假设例子。比如，一串音节 *tebima* 可能意思是"把东西给她"，而 *mutapi* 可能意思是"把东西给我"。在上述两个例子中，或者说在我们所能想象到的其他整体性话语中，单个音节不会映射到短语含义中的任何具体实体或行为上。如今最接近整体性话语的，是诸如"abracadabra"（意思大致是"我将以此施展魔法"）这样的句子。雷想象着原始人用这些整体性话语来命令、威胁、问候和请求其他个体，主要目的是操纵。

雷的原始语概念受到了德里克·比克顿和杜伦大学的语言学家玛吉·托勒曼（Maggie Tallerman）的强烈质疑。[17] 他们的一个论点侧重于原则问题，而不是对证据的评估。他们认为，这种整体性原始语显然在进化上延续了与类人猿相像的叫声，所以它不能成为现代语言的前身。而这一论点的基础是，他们认为灵长类动物的叫声与人类语言之间不存在延续性。然而，这种观点源于对灵长类动物叫声的本质的误解。[18] 研究黑长尾猴警报声的人类学家理查德·赛法特（Richard Seyfarth）最近做出了解释："很多研究……都记录了人类言语与灵长类动物的声音交流在行为、感知、认知和神经心理学之间存在延续性。"[19]

另外一种质疑的声音是，整体性话语太简短，语义太模糊，数量太少，无法构成一种可用的原始语。但这一质疑站不住脚。一方面，根据对匠人社会本质的认识，他们对信息交流的需求相对很少；另一方面，匠人所使用的整体性"Hmmmm"话语既像音乐又像语言，这进一步丰富了雷的原始语观点。我们应该能想象到，每一个整体性话语都是由一个或者更可能是一连串口腔音姿构成的，这在上一章提到过。如下面即将呈现的，这些声音会搭配手部或手臂动作，或者是整体肢体语言来进行表达。而且，在每一句"Hmmmm"话语中，特定的音高、速度、旋律、响度、重复和节奏会用来创造特定的情感效果。为了最大限度地表达和诱导情绪，递归，即一个短语嵌入另一个短语，变得愈发重要。本章的主要论点是，"Hmmmm"话语的多模式和音乐性会因直立行走的进化而极大增强。

直立行走对音乐的影响

当莱斯利·艾洛介绍直立行走对语言进化的影响时，我怀疑她并没有对这一进化阶段的说话和唱歌进行区分——她经常强调原始人叫声的音乐性。喉部的新位置和新形状，以及齿列和面部结构整体上的变化使原始人的叫声范围扩大、种类增多，而这势必会提高情绪表达和诱导他人情绪的能力。但是，直立行走对音乐的影响不仅仅是丰富了他们所能发出的声音。

人们有时将节奏形容为音乐最核心的特征，节奏对高效行走、奔跑以及对两足动物独特的肢体结构的复杂协调至关重要。缺少了节奏，我们便无法有效地调动身体：直立行走不仅需要膝关节和较窄臀部的进化，还需要心理机制的进化，从而保持肌肉群的节奏性协调。

从因认知异常而丧失这种心理机制的人和自出生就有智力缺陷并竭力流畅地进行肢体运动的人身上，可以看到这种心理机制的重要性。当他们内部节奏机制的丧失得到外部节奏弥补时，行走和其他肢体动作取得了显著的改善。

音乐治疗师多莉塔·S. 伯杰（Dorita S. Berger）在她对阿朗佐（Alonzo）——一个不会说话的八岁自闭症男孩——的记录中谈到了一个鲜明的例子：

当钢琴声响起，我唱了一首描述和反映他行为的歌给他听，（阿朗佐）开始在音乐治疗室里漫无目的地跑来跑去。阿朗佐一直处在宽大教室远远的另一端，不靠近钢琴。他会偶尔停下来看一眼教室另一端的钢琴，但他的肢体行为还是混乱、疏离和失控的。

我放弃了钢琴和歌曲，选择用康加鼓来演奏单纯的节奏。没有歌声，没有旋律，只有节奏。一瞬间，阿朗佐停下了奔跑，他的身体和思维受声音的吸引同时停了下来。他的视线穿过教室，落在了我和鼓上。他在停下的同时，开始有条理、有节奏地向着声音一步步走来。他离鼓越来越近，脚步踏着鼓的拍子。[20]

虽然这种轶事记录很吸引人，但它们的科学价值有待商榷，因为这些记述取决于对事件的主观理解。幸运的是，我们有科罗拉多州立大学生物医学研究中心主任、神经学家迈克尔·绍特（Michael Thaut）针对节奏和运动之间的关系长达数十年的细致科学研究，而且绍特本身也是一位知名音乐家。[21]

绍特的关键研究之一是对患有帕金森病的人的研究。这些病人的大脑基底核受损，这扰乱了他们时间层面的运动控制。绍特通过让帕金森病患者听着一段有规律的拍子，在平面和斜面上行走，来研究节奏性听觉刺激（RAS）对帕金森病患者的影响。被试人员充足，被分成了三组。一组结合节奏性听觉刺激每天接受30分钟的"步态训练"；另一组接受相同的"步态训练"，但没有节奏性听觉刺激；第三组不接受任何训练。绍特发现，只有接受节奏性听觉刺激训练的一组被试在走路上有显著改善。这些病人的步速提高了25%，步幅提高了12%，步频提高了10%。绍特进行了拓展研究，发现如果病人不再接受进一步训练，步态上的改善会逐渐消失，五周后就观察不到了。

当用比例来表示时，通过有规律的拍子来改善步态的效果可能不是很明显。但是当我们观看绍特的研究视频时，病人步态改善的效果确实相当显著——从笨重地拖着脚行进到出人意料地控制肌肉和流畅地行走。

实际上，"听力"本身可能不是必要条件。在绍特的进一步实验中，他让被试跟随拍子有节奏地敲动手指。他发现，当他变换拍子时，被试也会随之改变敲动的节拍。这个结果并非完全出人意料——我们或多或少都能配合节奏。但绍特发现，如果他改变节拍的量低于意识感知的阈值，被试依旧能随之改变敲动手指的节拍——即便他们完全意识不到节奏发生了改变。

音乐治疗师能利用节奏对运动的影响，而无须关心其具体原理：如果对身心受限的人有好处，那便可以应用。但是，研究进化的学者需要了解达到如此效果的原因。遗憾的是，科学家们如今还没有完全理清听觉处理和运动控制之间的关系。绍特做出了解释，一些基本生理数据表明神经系统中存在一段听觉—运动通路，声音借由这一通路对脊髓运动神经元的活动产生直接影响。有人可能会问："除此之外怎么可能会有其他关系？"因为我们都知道听音乐会对运动产生影响，比如我们会不经思考地晃动脚或摇摆身体。绍特解释，他和其他科学家仍然不确定这是因为存在负责节奏性运动同步的具体神经结构，还是因为听觉系统的神经兴奋模式映射到了运动系统回路中。

人们希望，随着大脑扫描技术的进一步发展和应用，我们能更好地认识听觉系统和运动系统之间的连接方式。但是，根据绍特的研究，以及节奏对像阿朗佐这样的孩子的影响的相关记录，我们可以得出，高效的直立行走需要大脑为肌肉群的复杂协调提供时间控制。这种认知能力的丧失可以通过运用外部节拍部分弥补。

关键点在于，随着我们的祖先逐渐进化为两足行走的人类，他们天生的音乐能力也在进化——他们感受到了节奏。人们很容易能想象到，因为计时的认知机制提高了直立行走能力，所以我们的祖先发展出了参与其他肢体活动的能力，而这些活动的高效执行反过来需要计时能力，进化的雪球随之出现。最重要的是，他们开始使用已从运动功能中解放出来的双手。他们可能会用手来敲打：敲开骨头，取出内部的骨髓；敲开坚果，拿出果核；敲打石头结核，剥离出石片。

音乐和运动

此部分回顾一下音乐和运动之间的密切关系很有益处。[22] 在西方传统中，我们常用与运动有关的词语来描述音乐，比如慢板、行板、库朗特（原意为缓慢的、行走的、奔跑的），而有些人认为，为了能完全理解一首乐曲，演奏者和听众必须能想象出内在的流动。如第二章中所提及的，著名音乐心理学家约翰·斯洛博达认为，音乐是运动中的物质世界的体现。

斯德哥尔摩瑞典皇家理工学院言语、音乐和听力系的音乐学家约翰·桑德伯格（Johan Sundberg）通过实验证明了音乐和运动之间的关系。[23] 在其中一项实验中，他以巴洛克音乐录音中的渐慢为样本，发现人们停下跑步时的减速方式与音乐走向尾声时的速度变化方式极为相似。

桑德伯格并没有推断为什么音乐和运动之间会存在这种关系。然而从直觉上来看，这似乎是合理的，这一关系直接反映了，人类行动方式随直立行走的进化而发生的改变对人类音乐能力的进化产生了根本影响。实际上，可能正是因为这一关系，娱乐现象——身体随音乐不由自主地摆动——才会出现。按照这一假设，对黑猩猩的实验研究似乎尤其重要，因为黑猩猩没有完全直立行走，这应当意味着它们也没有音乐娱乐现象。

显然还有一个问题与音乐和运动的关系密切相关——情绪。再次重申，我赞同约翰·布莱金的观点。他发现音乐和身体运动的关系极为密切，并因此认为所有的音乐始于"身体的摇动"，而且"用身体来感受或许最能让人产生共鸣"。通过"音乐的肢体运动"，人们甚至能和作曲家感同身受。[24] 这自然将我们引向了对跳舞的研究。而要解决这方面的问题，我们必须暂时回到直立行走的进化。

行走、奔跑还是跳舞？

2004 年 11 月发表于著名科学期刊《自然》的一篇论文颠覆了我们对直立行走和人类解剖结构进化的认识。[25] 犹他大学的人类学家丹尼斯·布兰布尔（Dennis Bramble）和哈佛大学的人类学家丹尼尔·利伯曼（Daniel Lieberman）认为，长跑尤其是"耐力跑"可能比行走对人类身体构造的进化更为重要。人类的长跑能力在灵长类动物中十分独特。如果考虑到体形，人类的奔跑速度能维持在与四足动物——比如狗和小型马——的小跑相当的水平。

我们腿部如弹簧一般的修长肌腱，特别是跟腱，对行走能力没什么影响，但对跑步能力至关重要，能让跑步效率提高 50%。

我们脚部的纵向足弓起着同样的作用，我们相对修长的腿部、窄小的脚部、较小的脚趾也是如此。而且，我们的下肢关节，尤其是膝关节的表面积比仅用双腿直立行走的关节表面积更大。这样的关节特别适合消除跑步中产生的高强度冲击。

另一个可能是为跑步而产生的肢体构造的适应性变化是最显而易见却在进化上备受忽视的臀部。人类的臀部比其他灵长类动物大很多。臀部是一块肌肉，即臀大肌，对行走的作用有限，但对跑步至关重要。这块肌肉的功能之一是保持平衡，因为我们的躯干在奔跑时容易前倾。我们修长的腰部和宽广的肩部也起着稳定上肢的作用，而这在单纯的行走中并不需要。

当这一系列肢体结构特征搭配上降低身体热量的汗腺、少量的体毛，以及剧烈活动时的嘴部呼吸时，人类似乎既适应了行走，也适应了奔跑。大多数适应性变化都出现在了匠人身上，布兰布尔和利伯曼因此认为，当匠人与非洲稀树草原上觅食的野狗和鬣狗竞赛时，奔跑能力必不可少。

当然，人类的运动并不只有行走和奔跑。我们还会攀爬、跳跃、蹦跳和……跳舞。是否存在这种可能，即我们腿内的弹簧、较长的腰部、宽大的臀部和狭小的脚部既不是为了跑步，也不是为了行走，而是为了旋转、跳跃、单脚尖旋转，甚至为了在非洲大太阳下跳芭蕾中的阿拉贝斯克和变位跳？[26] 答案可能是否定的。但是这些都通过匠人直立行走的肢体构造成为可能——这种肢体构造满足的需求远不止直立行走。

歌唱的尼安德特人

手势、肢体语言和跳舞

新水平的运动控制、躯干和双臂与双腿的独立、内在无意识的计时能力都显著提高了匠人发展手势和肢体语言的可能性，极大增强了整体性交流的现有潜力。这为叫声补充了一种表达和诱发情绪及操纵行为的宝贵途径。考虑到原始人的复杂社会生活，能最有效地使用手势和肢体语言进行交流的原始人具有社交和繁衍的优势——和能最有效地使用声音进行交流的原始人一样。

伴随现代人口语出现的自发手势完全不同于词语，因为它们没有语法来创造额外的含义。从这方面来看，它们具有整体性，与具有整体性的乐句一样，而且和现代人有意的象征性手势，比如表示胜利的 V 和竖大拇指截然不同。这些有意的手势具有象征性，而且我们没有根据将这些手势赋予智人之前的物种。

如上所述，现代人使用的大多数自发手势具有标志性，因为手势直接代表了口头话语所要表达的含义。我强烈认为，匠人和后期的原始人使用过这类手势，并将其作为"Hmmmm"的重要部分。所以，如果我要形容一件东西很大，我的手势很有可能是，先将双手放在一起，之后慢慢分开；而在形容一件东西很小时，我可能会将一只手的手指和拇指慢慢靠近，直到二者几乎要接触。[27]

曼彻斯特大学的心理学家杰弗里·贝蒂（Geoffrey Beattie）对人类的自发手势进行过几项研究，他的研究对我们认识音乐和语言的进化关系具有重要意义，并为了解"Hmmmm"的本质提供了有用信息。惊人发现之一是无论说何种语言，所有人似乎使用一套相似的自发手势。[28] 贝蒂证明了手势对口语起到了补充作用，而不仅仅是后者的派生物或附加物。因此，手势不仅仅有助于说话者从其心理词典中检索词汇，还能提供单凭口语所不能传达的信息。[29] 贝蒂的实验说明，手势对传达运动的速度和方向、人和物体的相对位置和相对大小等信息尤为重要。

贝蒂的研究证明了手势在人类交流中的重要作用。这一作用在大卫·麦克尼尔（David McNeill）1992 年出版的《手和思维》（*Hand and Mind*）一书中得到了最好的诠释。[30] 麦克尼尔阐释道："话语有两面，一面是言语，另一面是意向的、动作的、视觉空间的。像传统那样排除手势相当于忽略大脑中一半的信息。"[31] 因此，肢体动作在语言中可能与在音乐中同等重要。

手势虽然常常伴随言语，但也能以自发或有意的方式独立于言语使用。事实上，据说 65% 的人类交流通过肢体而非口语的形式进行。大多数时候，我们都是在无意识地用这种方式进行交流。有关解读肢体语言的畅销书和电视节目常常既有趣味性，同时也解释了我们如何在不知不觉间将内心深处的想法和感觉告诉他人。[32] 我们常常察觉不到自己散发的信号，也很少意识到自己基于他人的手势和动作，而非"说的内容"做出判断。因此，当我们凭直觉感受到他人不靠谱时，或感受到他们希望发展一段更为亲密的关系时，非常有可能是我们无意间读出了他们的肢体语言。

如今，肢体语言的几项特征既有普遍性，又有文化因素。我们每个人都有一个不自觉的亲密身体空间，这一空间只有家人和最为亲近的朋友才能进入。假若陌生人进入这一空间，我们会出现生理反应——心跳加快、肾上腺素涌入血液和肌肉紧绷，这些反应是在为可能的"战或逃"做准备。[33]

就像我们每个人在不知不觉中会界定自己的亲密区，我们也有私人区、社交区和公共区，这些区域的距离依次增大，在相应距离内，我们能与不同的人——朋友、同事、陌生人自在地相处。谁"允许"进入相应的区域可能取决于谁在旁观：在办公室，同事之间可能会保持距离，但在私下，他们可能会被允许进入私人区甚至亲密区。

与第七章讲到的面部表情一样，肢体语言也能伪装出来。事实上，学习肢体语言并利用它进行欺骗是表演这门艺术的核心。[34]政治家也经常运用这种伪装，不过生理上的"微表情"，比如瞳孔放大，可能会将他们暴露。概括来说，很少有人会反对，现在的我们很不擅长观察和使用肢体语言。在我看来，我们的情况完全不同于我们没有语言的祖先。

我上面所讲的肢体语言的例子都很普遍，并且还有不易分类的姿势和手势的细微变化加以补充。它们在现代人类交流中的作用不应被忽视。20 世纪人类运动研究方面最有影响力的作家和思想家鲁道夫·拉班（Rudolf Laban）在写作其著作《舞台动作基础》（*The Mastery of Movement*）（1950 年）时，深知这一点。他在书中阐释道："人体的奇妙构造和其能完成的动作是生命最伟大的奇迹。运动的每个阶段、质量每次细微的转移、身体任何部位的每个姿势都展现了我们内在生命的某种特征。"[35]

要理解肢体语言的真正意义，我们需要知道说话是一种间歇性活动——据估计，每个人平均每天说话时间不超过 12 分钟[36]——而我们的肢体语言是一种持续性的交流形式。爱丁堡大学的心理学名誉教授科尔温·崔佛顿（Colwyn Trevarthen）认为，认识人类肢体运动的节奏性和和谐性对理解人类音乐的起源至关重要。他曾将音乐描述为仅仅是"听觉手势"，并解释道：

> 如果我们旁观他人做日常工作，独自走路，在人群中交际闲谈以及在团队任务中协商合作，我们能看到，虽然人体的构造是为了随内在的节奏用双腿直立行走，但与此同时，髋部、肩部和头部复杂地相互协调，形成了迈步的脚之上的"塔"，各个部分各自移动。在行走的过程中，我们能自如地转圈，用双眼左右打量，伸展四肢，用双手做出复杂的手势和聊天，而且所有这些都是以流畅的节奏、协调的短语进行。这种运动有着多种半独立的冲动，以及一种多节奏协调的潜能，肯定比任何其他物种都丰富，并能产生巧妙的重复和切分音。[37]

对一个人来说富有表现力的肢体语言对他人而言可能是舞蹈。鲁道夫·拉班描述了一位扮演夏娃的女演员可能会用不止一种方式来摘苹果，用不同的动作实现不同的表达。[38]她的手臂或整个身体可能会向着梦寐以求的苹果迅猛又贪婪地伸过去，以表现贪欲。或者，她可能会慢悠悠的，甚至有点感性，手臂漫不经心地缓缓抬起，而身体则懒洋洋地弯着，离苹果有段距离。我们没有语言的人类祖先可能使用了类似的动作来模仿或建立对屠宰动物或分享食物的不同态度。

通过这种方式，他们为同一个基本的整体性话语 / 手势赋予了有细微不同的目的或含义。拉班给出了一个简单的例子：人们在说"不"这个词时，会伴随表达性的动作。人们可以用按压、轻弹、紧握、轻拍、猛推、漂浮、猛砍和滑行的动作来"说""不"，每一种方式都不一样。[39] 一旦这些手势融合为一连串肢体动作和发声，一旦某些手势被放大、重复或嵌套，人们就有了一套自我表达和交流的复杂方式以及动作模式，而这一整体可以看作单纯的舞蹈。

如今，我们对手势和肢体动作的细微之处的感受相对迟钝，部分原因是我们非常依赖于语言，因此很难想象基于手势和动作的交流系统所能发挥的强大力量。拉班对这一缺失感到惋惜："我们丧失了身体的语言，而且恢复的可能性微乎其微。"[40]

匠人的音乐性：一个进化过程的开端

我在本章开头提到，直立行走可能引发了一场人类社会的音乐变革。直立行走扩展了叫声和肢体语言的多样性，并促进了节奏的运用。我们应该能想象到南方古猿、能人和鲁道夫人的声音交流比现代非人灵长类动物的叫声更有旋律感，但匠人——比如纳里奥科托姆的男孩——的叫声肯定和他们大不相同，而且我们在现代世界中找不到类似的叫声。虽然直立行走在不经意间扩展了声音的多样性，但它的关键影响在于将"Hmmmm"交流中节奏和运动的作用带到了新高度。

然而，因为匠人仅代表了一个进化过程的开端，因此我必须谨防夸大匠人的音乐性和交流技能。匠人所使用的整体性短语——通用的问候、陈述和请求——可能数量很少，随着后期脑容量更大的人属出现，人类肢体潜在的表现力可能才得以实现。此外，匠人的身体构造必然还没有适应精细的呼吸控制，而这在现代人类言语和歌曲的复杂发声中是必需的。事实上，他们调整呼吸的能力可能与现在的非洲类人猿并无二致。[41]

虽然匠人或许已经能完全直立行走，但他们仍然保留了很多南方古猿的特征。虽然纳里奥科托姆标本的脑容量与现存非洲类人猿和南方古猿 450 cm^3 的脑容量相比更大一些，但这主要反映了这一标本体形更硕大。人属的脑容量直到 60 万年前后才开始大幅增大，超出了体形所能解释的脑容量，并可能在 25 万年前，最晚 10 万年前，达到了现代人脑容量的水平。[42] 因此，自匠人首次出现后的 100 万年里，人脑的增大一直处于停滞状态。

60 万年前以后，人脑的迅猛增长最可能是因为增进交流的选择压力促使原始人发展出了比匠人更高级的"Hmmmm"系统。本书下一章将探讨"Hmmmm"进化所面临的压力和进化方式，并将我们引向 25 万年前生活在欧洲的"歌唱的尼安德特人"。

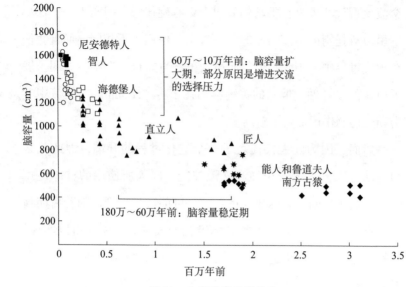

图 10　人类脑容量的进化

第十一章　效法自然

关于自然世界的交流

赫比·汉考克（Herbie Hancock）的《西瓜人》（*Watermelon Man*）：一群海德堡人成功狩猎后，返回营地

1995 年，有一项重大考古发现：哈特穆特·蒂梅（Hartmut Thieme）在德国南部舍宁根露天煤矿的考古遗址中发现了三根 40 万年前的木矛。同时，他还发现了几块带缺口的木头，这些木头和木矛是有史以来发现的最古老的木制狩猎武器。每一根木矛都是由长了 30 年的云杉树干精心制作而成的，样子很像现代的标枪，其中木矛的尖端是由树干底部极其坚硬的木头雕刻而成的。[1]

舍宁根的发现表明，史前人类至少在 40 万年前就已经会制作木器。很少有考古学家质疑这一观点，因为石器上发现的磨损痕迹表明了木工的存在。然而，很多考古学家都不相信，史前人类会狩猎大型动物，但是舍宁根的木矛证明了他们的观点有误。[2] 发现这些木矛的地方可能是史前人类的栖居地，他们曾在这里用过火，而且这里发现了一万多块保存完好的马和其他大型哺乳动物的骨骼。很多骨骼上有石器的砍痕和折断的痕迹，后者说明这

些动物是被宰杀的。认为类似标枪的木矛不是用来杀死马和鹿的观点显然不合逻辑。

舍宁根的发现虽然给有关猎杀大型动物的争议画上了句号，但引发了另一争议——史前人类的认知能力和交流能力。谢菲尔德大学的人类学教授罗宾·登内尔（Robin Dennell）认为，舍宁根的木矛说明了"规划的深度、设计的精巧和雕刻木头的耐心，而这些仅是现代人的特征"。[3]他形容自己发现木矛时感觉"哑然"。

以舍宁根的木矛作为本章的开头刚刚好，因为本章将要探讨180万年前到25万年前早期原始人的"Hmmmm"交流系统如何受到他们与自然界之间的互动的影响。前几章和后面两章关注的是史前人类的社会世界以及"Hmmmm"交流系统如何表达和诱发情绪状态，如何构成社交互动。而本章关注的是与动物、植物、河流、天气和自然界的其他特征相关的交流。我们先从200万年前向欧洲和亚洲的迁移谈起。

向欧亚大陆扩散

直到最近，绝大多数考古学家认为，人类祖先最早在100万年前左右走出了非洲。但是，一系列新发现，以及运用新技术对早先发现的化石的重新测年，使人们对这一推算时间产生了怀疑。[4]目前从化石证据来看，走出非洲的最早时间可能与匠人出现的时间重合。脑容量更大并且完全直立行走的早期人种可能最早具备了向新环境扩散的能力和动机。

非洲以外最早的史前人类痕迹发现于 19 世纪末的爪哇岛。1928 年到 1937 年，考古学家们发现了更多颅骨碎片。这些碎片被认为属于大约 100 万年前的直立人，而我们现在认为直立人是匠人的直系后代。1994 年，其中两片碎片的时间被重新确定为 180 万到 160 万年前，这说明匠人一出现，不仅走出了非洲，并且迅速地进化。实际上，如果之前的那个时间正确的话，最早走出非洲的可能是能人。[5]

1995 年，《科学》刊登了一篇研究，中国龙骨坡洞穴发现了190 万年前的早期人类聚居地。[6] 对这项研究的质疑在于：所谓的标本，一颗牙齿，可能来自一只类人猿，而类人猿出现在当时的中国并不意外。而且，遗址中发现的带缺口的石器与被测定的沉积物没有直接关系。更可靠的证据来自中国北方泥河湾盆地的湖底沉积物，此处发现的石器无可争议，出现于 166 万年前。[7]

早于 100 万年前走出非洲的其他证据来自西亚。约旦河谷的考古遗址乌贝迪亚最早的人类聚居地距今 150 万年。[8] 这一遗址发现了大量石器以及无可争议的早期人类骨骼碎片。此处还位于从非洲向外扩散的重要路线上，因为约旦河谷仅是东非大裂谷（即匠人的进化地）的延伸。2000 年，考古学家在格鲁吉亚的德马尼西发现了两块匠人颅骨，和在非洲纳里奥科托姆发现的标本基本一样。发现地在乌贝迪亚北部 2000 千米，而化石可追溯至170 万年前。[9] 之后，还发现了两块颅骨和颌骨化石。这两块化石引人关注，因为它们表明标本的脑容量（和体形）比纳里奥科托姆的标本更小，只有 650 cm³。

因此，情况要么是匠人在进化后，很快从非洲向外扩散，并迅速扩散到整个亚洲，又或者能人在更早的时候已经向外扩散了。

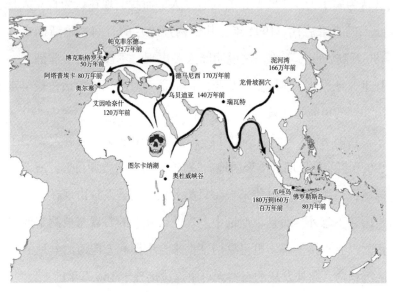

图 11　原始人（匠人可能性最大）的早期扩散图及书中提及的主要遗址
（本书插图系原文插附地图）

虽然人们将德马尼西遗址形容为"欧洲的大门"[10]，但欧洲人在早于 100 万年前就已出现的确凿证据仍然难以找到。据称，有几处遗址都发现了更早的"手工制品"，但是这些"手工制品"几乎可以肯定是因霜冻和河流内的撞击而形成的，而非早期人类亲手制成。经鉴定的最早遗址是位于西班牙北部阿塔普埃卡的 TD6。[11] 这一遗址距今 80 万年，有大量早期人类化石，其中许多有石器砍痕，表明有食人现象。另一个可能的最早遗址是西班牙南部的奥尔塞，考古学家在那里发现了 190 万年前的化石碎片和石器。[12] 但是，这些没有明显特征的化石非常有可能来自一匹马，而不是早期人类。而且时间也很可疑。磁场倒转在过去多次发生，而化石出现的时间是根据一场地球磁场倒转的沉积物证据推断得出的。[13] 而奥尔塞的倒转很可能发生在 90 万年前，而不是 190 万年前。

到 50 万年前，欧洲北部出现了大量早期人类，英格兰南部博克斯格罗夫的遗址证明了这一点。[14] 最近在诺福克的帕克菲尔德发现的石器虽然证据很少，并且尚在分析，但可能意味着此处在 75 万年前是人类聚居地。[15] 博克斯格罗夫和同时期的欧洲其他遗址的化石碎片都属于海德堡人，他们是匠人的另一直系后代，极有可能是尼安德特人的直系祖先。海德堡人的骨骼宽大而厚实，表明他们体重不轻，这可能是他们为了适应在北欧的寒冷环境中生活所发生的生理变化。这一特征由海德堡人的直系后代尼安德特人继承并进一步发展。

东南亚的人属物种进化出了截然不同的生理特征。2003 年，在印度尼西亚佛罗勒斯岛的梁布亚① 发掘出了七具遗骸，都是发育成熟的成年人，但身高不到 1 米。这些遗骸被命名为一种新人种——佛罗勒斯人。[16] 根据岛上石器出现的时间，一般认为一小群直立人在 80 万年前短途涉水来到了佛罗勒斯岛。[17] 之后他们与外界隔绝开来，并进化成了人属中的矮人。这一过程通常发生在隔绝于小岛上的大型陆生哺乳动物中，尤其是在没有猎食者的

———————————
① 原文此处为 Liang Bang，经查证，地点应为 Liang Bua。疑为作者笔误。

情况下。世界各地的岛屿上都曾发现矮小的大象、河马、鹿和猛犸。佛罗勒斯人是我们发现的唯一矮小人种，体现了我们人属的生理多样性，尤其是和体形硕大的欧洲海德堡人相比。除了体形以外，另一值得注意的事实或许是，佛罗勒斯人一直生活在佛罗勒斯岛上，直到 1.2 万年前才灭绝。

石器技术的发展

我们最好将匠人、直立人和海德堡人称为早期人类，而不是早期原始人，因为这样能表明他们的进化状况。从这些物种完全现代的身高和直立行走来看，他们与智人极为相像；他们体形壮硕，脑容量大约为 1000 cm³，是现代人大脑的 80%。此外，140 万年前以后的人种所使用的石器技术要比此前的复杂很多。

考古记载中，这一时间出现了新型的手工制品：手斧。手斧与能人和南方古猿制作的奥杜威砍砸器不同，它们外形精致，很多是梨形的，常常和手掌一般大；有些是卵圆形的，还有些严格来说是剁刀，刀缘是直的。非洲的手斧——比如从奥杜威峡谷的沉积物中发现的手斧或在欧罗结撒依立耶发现的大量 50 万年前的手斧——都是由玄武岩、石英岩、燧石和石灰岩的结核碎片制作而成的。欧洲、西亚和南亚的遗址中发掘出了数以千计的手斧，燧石因其易剥落的特质常常是首选原材料。

对石片剥落痕迹的细致研究以及实验性的石头敲打使考古学家更好地认识了手斧的制作方式。[18] 比如，石锤，即石英岩的球形结核，用以剥离石头结核上宽大厚实的石片。在制作出石斧的大致形状以后，还要剥离其他类型的石片，即"削薄"石片。早期人类经常用鹿角或骨骼制成的"软"斧来剥落石片，而且必须从特定角度敲砸石头，从而将石斧削薄。为了能创造敲砸的平面，常常必须除掉细小的边缘石片；在整个制作过程中，锋利的边缘需要稍微磨平，从而消除掉不规则部分，否则可能会使石锤捶打的力量偏斜。

实验研究表明，手斧是非常有用的屠宰工具。很多考古遗址中动物骨骼与石斧的联系，以及骨头上的砍痕、石斧上的磨痕都可以证实石斧应用于屠宰——不过，手斧可能也用于其他任务。西萨塞克斯郡博克斯格罗夫的遗址提供了明确的证据，证明手斧用于屠宰大型猎物，包括马、鹿和犀牛。[19]

我们还应注意手斧的另外两个特点。首先，考古记载中手斧的使用时间很长：100多万年来，手斧一直都是原始人可用的最高级的石器，从未改变。5万年前的欧洲，最后一批尼安德特人仍在使用石斧，不过到那时石斧已经成为相对次要的技术。总而言之，在人类的整个进化过程中，石斧是应用最广泛、使用时间最长的工具。

其次，很多手斧的形状是高度对称的，而这对于屠宰来说似乎没有必要。我将在下一章中对它们的对称结构进行解释。

扩散的过程

尽管早期人类从非洲向外扩散的证据仍然很稀少，而且难以解释，但现在大多数古人类学家认为，这一过程发生于 200 万年前——比手斧初次出现的时间早 50 多万年，而当时只存在类似于奥杜威工业的技术。

人类扩散的过程可能与一两百万年前其他大型哺乳动物从非洲扩散到欧洲和亚洲没有什么两样。[20] 这一时期地球上的气候几经变化，植被特征和许多物种（包括早期人类）的觅食机会也不断随之而变。受其影响，要么人数增长，早期人类向新的领地扩散，要么人数下降，他们向后撤退，但他们的行动没有任何有意识的目的。因此，我们只需借助生物地理学和古生态学的技术来解释在诸如乌贝迪亚、德马尼西、阿塔普埃卡和佛罗勒斯岛等地发现的石器和早期人类化石。[21]

但是，还有一种情况：我们人类祖先的行为在 200 万年前就已与其他大型哺乳动物存在很大差别，因此我们需要援引探索和发现的概念来解释他们走出非洲的过程。但我们是否也应将这一切归因于"珠穆朗玛峰综合征"——一种有意探索新大陆的欲望，而且只是"因为他们曾在那里"——尚不明确。[22]

另一个争议点在于扩散的路线。传统观点认为，匠人沿着由东非大裂谷、尼罗河河谷和约旦河谷构成的地理路线，经由遥远的东北部离开非洲。按照这一观点，"乌贝迪亚刚好是我们理应发现非洲以外最早遗址的地方"。然而，还有另外两条可能的扩散路线。第一条是东非大裂谷的东部，从现在的埃塞俄比亚到现在的也门。如今，我们需要从水路过去，但是如果海平面稍有下降——这在更新世是一再出现的情况——早期人类可能由此从东非走到西南亚。[23] 第二条是走水路从北非海岸到欧洲。最短的路线一直以来都是穿越直布罗陀海峡。但早期人类除了极其简易的木筏以外，不太可能会用其他工具，而海峡的水流强度可能让他们望而却步。因此，他们更可能从现在的突尼斯海岸穿越到西西里岛，海平面低时，这段路可能不到 50 公里。

早期人类栖居于欧洲最早是在欧洲南部，而不是北部，这一事实或许可以论证从非洲直接迁徙的观点。对在非洲进化的早期人类来说，北方环境更难适应。因此，不管早期人类是否穿越了大幅缩减的地中海或经由亚洲路线抵达欧洲，我们理应看到往北方环境的迁徙发生得更晚。

而且，不可能只有一条迁移路线，这些路线也不可能只用于一种情况。我们不应把走出非洲想象成某种一次性迁移事件——大批早期人类逐渐侵入亚洲和欧洲大陆，而是应当将其看作多次小型迁徙，其中很多次迁徙最终不过是让来到新环境的早期人类走向死亡。因此，虽然在 200 万年前，可能就已有早期人类走出非洲，但可能在此之后又过了 100 万年，早期人类才开始长期并持续地存在于非洲之外的大陆上。而事实上，50 万年前北欧遗址的最终出现可能反映了一种在北半球生存的新能力，而在此之前他们并不具备这种能力。正如舍宁根木矛所证明的，这种能力可能取决于技术的发展，以提高他们狩猎大型猎物的效率。但也有可能，这种技术产生于他们交际能力的进一步发展。

关于自然界的交流

从定义来看，扩散的含义是，进入陌生的环境，遇到不同种类的动物和植物，找到淡水、木柴、石头和其他资源新的分布状况，并将信息传递给其他人。不管我们认为早期人类的扩散更接近其他大型哺乳动物还是现代人类探险者，他们之间的这类交流都必不可少。而且无论是哪种情况，早期人类的生存和繁殖都依赖于群体内的合作，第十四章也将对此进一步讨论。

当他们狩猎大型猎物时，情况更是如此。为了实现这种合作，关于自然界的信息必须由一个早期人类传递给另一个早期人类。现代狩猎采集者经常会讨论动物的踪迹、天气状况和备用狩猎计划等。虽然用现代的情况类比早期人类有风险，但关于自然界的重要信息交流对狩猎大型猎物可能是必不可少的。[24]

这如何通过"Hmmmm"交流得以实现呢？首先，我们应当认识到，早期人类可能会使用物体来辅助他们的口头表达和手势。当个体带着某种没见过的岩石或植物、不熟悉的哺乳动物尸体或鸟类羽毛返回群体中，这本身就意味着很多。同理，他们通过发声和肢体语言所表达的情绪状态也透露了很多信息：快乐、兴奋和自信说明他们找到了新的觅食机会；退缩和恭顺说明他们长途跋涉去新环境中狩猎和采集，最终一无所获。一些简单的生理指标可能也很有价值：对观察力敏锐的人来说，一个营养充足、身体健康的早期人类与一个明显缺水、饥肠辘辘的早期人类透露了完全不同的信息。

那么他们还会用其他方式来传递信息吗？其中有一种方式可能是对整体性话语数量的丰富，使之涵盖自然环境和活动的更多层面，而不仅仅只有第八章中早期原始人使用的有关食肉动物和食物的叫声。另一种方式可能是给"Hmmmm"的交流方法增加模拟（mimesis）——模拟是"做出有意识的、自发的、表现性的行为的能力，这些行为是有意的，但并非语言上的"。[25]

模拟和非语言交流

安大略省女王大学的神经学家梅林·唐纳德（Merlin Donald）在其 1991 年出版的《现代思维的起源》（*Origins of the Modern Mind*）中对模拟做出了上述定义。在此书中，他提出早期人类，如匠人、直立人和海德堡人会使用模拟，这搭建起了类人猿与现代人的交流方式之间的桥梁。他认为，早期人类通过模拟，发明了新型工具，开拓了新环境，运用了火，并进行了大型猎物的狩猎，而距今更为久远的原始人因不具备模拟能力而无法进行上述这些活动。唐纳德认为模拟相当之重要，因此他将早期人类在一百多万年前的生活方式称作"模拟文化"（mimetic culture）。

　　唐纳德对模拟、拟态（mimicry）和模仿（imitation）进行了区分。拟态的含义是它的字面意思，即尽可能精准复现。因此，当一个个体对同种或不同种的个体进行拟态时，他会试着准确地复制一切内容——也可能只有声音或行动。模仿类似于拟态，但不是字面上的。唐纳德认为，子女复制父母的行为是通过模仿，而不是拟态。模拟虽然可能包含拟态和模仿，但从根本上来说，与这两者不同，因为模拟包括"意向性表征的发明"。所以，虽然摸着心脏或掩着脸的动作可能源于对某个人悲伤反应的模仿，但当用这些动作来表现悲伤时，我们可以把这种行为描述为模拟。在我个人看来，这种细微的差别很难理解，而且价值有限，所以在本书中，"模拟"一词既包括拟态，也包括模仿。

　　唐纳德解释说，模拟可以结合各种各样的动作和形式来表达感知世界的多种层面："声调、面部表情、眼球运动、手势、姿势态度、各种各样的全身运动模式以及这些元素的一长串组合。"[26] 虽然他认为基于语言的文化取代了模拟文化，但他发现，从古至今模拟一直都是人类文化的重要组成部分。他以古希腊和古罗马的哑剧、中国和印度的早期舞蹈以及澳大利亚土著的舞蹈为例：在这些文化中，人们认同并且会模仿图腾动物。[27]

模仿动物的动作

　　模仿动物可能是早期人类互动的一个重要方面——对动物的

声音和动作进行模仿或更为复杂地模拟，目的是说明已看到或将要看到的情况。要想了解早期人类行为中的动物模仿，现代狩猎采集者的行为值得我们简单看一看。在所有这类社会中，对动物的模仿普遍存在，是其狩猎活动和宗教仪式的一部分。

20 世纪 50 年代，洛娜·马歇尔（Lorna Marshall）在她的人类学研究中，详细描述了卡拉哈里沙漠尼亚尼亚（Nyae Nyae）地区昆人部落的成年男性和男孩如何模仿动物。[28] 她解释道，作为一种平常的消遣，昆人会模仿动物行走以及动物抬头和甩头的方式，精准地捕捉它们的节奏。他们这么做常常只是为了逗乐。她描述道，看着一个年轻人模仿鸵鸟坐在窝里下蛋的样子，非常有趣。昆人的很多音乐类游戏也涉及模仿动物。在音乐中，每种动物有自己的节奏模式，而且节奏常常能体现出动物独特的运动方式，比如捻角羚（一种长角羚羊）的跳跃。拨弄弓弦的男孩们常常一边打着节奏，一边用腾出的另一只手臂和头来模仿动物。马歇尔写道，男孩们甚至可以通过弹拨弓弦来模仿鬣狗交配的声音。有时可能所有人都会加入其中，他们会爬行、猛扑、跳跃和学动物叫。[29]

但对昆人来说，拟态的技巧也有实用价值。狩猎时，跟踪猎物必须悄无声息，因此狩猎者用拟态来说明他们所看到的内容。他们还会用传统的手势：拳头轻攥，两根无名指伸直，通过选择手指和手指的位置来表示动物的角是像角马一样张开，还是像狷羚一样弯曲着聚在一起。他们在做这个手势的同时，还会挥动手和前臂，以此来表现动物摆头的方向。

除了模仿动物以外，昆人还会模仿人，他们对特定个体独特的姿势和动作模仿得非常精准，以至于其他人能轻而易举地猜出他们模仿的身份。在马歇尔所说的"哑剧"中，昆人会表演打斗。他们一边挥动手臂，如同在投掷武器，一边大喊大叫，对手倒下后，还会模仿用斧头砍杀。昆人还会使用程式化的手势，比如用手拂过耳朵的动作来装作刚刚有投掷物飞过。当一个人假装把另一个人杀死后，他可能会把什么东西扔过肩膀，看到的人便能明白这代表倒下的人已经死去。

我上面所举的例子，可能除了最后一个，其他都没有用到象征，即用随机的手势、动作或声音来表示一个动物或个体的手势、动作或声音。它们都属于标志性的手势、身体动作或声音——有意的直接表现，唐纳德把这些行为归入模拟。他们的交流方式也都不具备组合性，即按照能够完善含义或补充新一层含义的特定规则相互组合。模拟是一种整体性的交流形式，不使用象征的早期人类没理由在"Hmmmm"交流中不使用类似的模拟。此处的"类似"一词非常关键，因为我认为，早期人类做不到像现代人那样，把自己想象成他们所模仿的动物。[30]

人们很容易能想象到，早期人类的模拟不仅仅是为了模仿动物，也是为了表明他们所观察到的大片水域、疏林或原材料。

拟声词和声音联觉

早期人类除了模仿动物的动作，还可能模仿它们的叫声以及自然界中的其他声音。我们知道，生活在自然环境中的传统民族在给生物命名时，会大量使用拟声词。比如，栖居于秘鲁雨林中的万比萨人——在他们所认识的 206 种鸟中，三分之一的名字来自拟声词。[31]虽然早期人类为他们身边的动物起名的可能性非常小，但模仿动物的叫声可能是"Hmmmm"话语的一个关键特征。

通过所谓的"声音象征"现象，对动物名称的研究为研究早期人类"Hmmmm"话语的本质提供了另一条线索。[32]这一术语指的是动物名称常常反映动物除"叫声"以外的其他方面——最常见的是大小。实际上，"声音象征"并不恰当，因为这一术语表现了动物名称和动物之间的随机性，而我们在此处所谈的恰恰相反。"声音联觉"这一术语更为妥帖，因为它描述了从大小变量到声音变量的映射。

声音联觉由奥托·叶斯柏森——我在开篇曾提到的语言学家之一，因为他也认为语言始于与音乐相似的表达方式——于 20 世纪 20 年代提出。叶斯柏森指出，"[i] 音很容易与小联系在一起，而 [u o a] 音经常和大有关"。[33]他认为这是因为人们把舌头向前上方推动，将舌头与嘴唇之间的空腔缩到最小，才发出了[i] 音，而发 [u o a] 音时，舌头位置更低，口腔中空间更大。换言之，这类声音是舌头与嘴唇动作的产物，它模仿了被命名的物体的大小。

叶斯柏森的说法仅仅是一种直觉。而 20 世纪 20 年代的另一位著名语言学家爱德华·萨丕尔（Edward Sapir）进行了一项有趣而又相当简单的测试。他编造了两个无意义的词，*mil* 和 *mal*，并告诉被试这两个词是桌子的名称。然后，他提问被试哪个名称代表大一点的那张桌子，结果与叶斯柏森的推测一致，基本上所有人都选了 *mal*。

在现代世界中，声音和大小之间的关系会影响传统民族对动物的命名吗？佐治亚大学的人种生物学家布伦特·伯林（Brent Berlin）最近对秘鲁的万比萨人和马来西亚的马来人对鱼的命名进行了研究。之所以研究鱼，是为了避免拟声词对命名所产生的任何影响。他发现，在这两种语言中，鱼的大小和鱼名中元音的类型之间有着非常重要的关系。[34] 小鱼的名字中更可能含有元音 [i]，而体形相对大的鱼的名字更可能用元音 [e a o u]。因为万比萨人和马来人生活在地球的两端，他们使用元音的相似性不太可能是因为祖先的共同语言。

在万比萨语以及另外三种毫不相干的语言中——其中包括墨西哥的泽套语——发现了鸟的体形与鸟名中的元音之间相同的关系。伯林还研究了 19 种南美语言中貘（一种体形庞大、行动缓慢的动物）和松鼠（体形小、行动快）的命名。其中有 14 种语言在貘名中用到了元音 [e a o u]，在松鼠名中用到了元音 [i]。昆虫、青蛙和蟾蜍的命名表现出了相同的规律，不过在这些情况下，拟声词起主导作用。

在对动物的命名中，拟声词和声音联觉可能并不是唯一通用的原则。就万比萨语而言，鸟名中的高频声音可能相对较多，这可能表示快速的运动或者伯林所说的"鸟性"。相比之下，鱼名的声音频率较低，这代表着流畅而缓慢的持续流动——"鱼性"。

伯林展开了进一步研究，测试了说英语的学生能否区分万比萨语中的鸟名和鱼名。在一项实验中，他选取了 16 对词——每对词中一个是鸟名，另一个为鱼名——并让 600 名学生猜相应的词是鱼名还是鸟名。其中一对是 *chunchuikit* 和 *màut*，还有一对是 *iyàchi* 和 *àpup*。他们的正确率远远高于预期中单凭运气的结果。在有些情况中，基本上所有学生都能猜对；98% 的人能猜对 *chunchutkit* 是鸟名，*màuts* 是鱼名。鸟名和鱼名的样本增大后，伯林重复进行了这一实验，得到了相似的结果，他还用貘名和松鼠名进行了实验。总的来说，我们似乎可以通过在词语发音和动物身体特征之间建立一种无意识的联系，凭直觉分辨出陌生语言中某些动物的名字。

这一发现挑战了语言学最基本的观点之一：实体与其名称之间的随机关系。例如，人们常拿"dog"这个词来论证这种随机性，因为这个词无论是看起来，还是听起来，都不像一只狗，法语词 *chien*、德语词 *hund* 或马来语 *anjing* 也是一样。但是，伯林的研究表明动物名常常并不是完全随机的，而是体现了相关动物的固有属性，包括它们的叫声（拟声词）、体形和移动方式。万比萨语中的鸟名可能丰富地融合了所有这些属性。

这对认识早期人类的"Hmmmm"话语有着重要的影响。虽然早期人类不太可能给他们身边的动物起名，但当他们提到这些动物时，不仅会模仿它们的叫声，还会使用能体现它们身体特征的音姿。我们能想象到，他们在谈论行动缓慢的猛犸时，会用低频的声音以及［a］、［o］和［u］这些元音，而高频声音和元音［i］会用来指称四处跑动的小型啮齿类动物或空中掠过的鸟类等。

如果早期人类按照我所说的方式模仿动物的动作和声音，我们或许应该重新定义他们的交流系统，从"Hmmmm"转为

"Hmmmmm①",即整体性、操控性、多模式、音乐性和模仿性（mimetic）。其本质是大量的整体性话语，每句话语本身是完整的信息，而不是可以组合产生新含义的词语。

早期人类的整体性话语

我所提出的早期人类交流系统仍然不具备词语和语法，而且延续了艾莉森·雷有关原始语本质的观点。早期人类所说或所比画的每一条整体性信息串都具有操纵功能，比如问候、警告、命令、威胁、请求、安抚等。[35]但是，这一交流系统比雷提出的交流系统更复杂——他们不仅会用手势，还会跳舞，而且大量使用节奏、旋律、音色和音高，尤其在表达情绪状态时。

对于狩猎和采集，"Hmmmmm"交流中可能含有表达"和我一起猎鹿"或"和我一起猎马"的话语，要么是两种完全独立的话语，要么是表达"和我一起狩猎"的一个短语，并且伴有对特定动物的模仿。其他短语可能还有"湖边见""带上长矛""做手斧"或"和……分享食物"，说完还会做出指向某个人的手势或模仿这个人。

正如雷的解释，海德堡人和其他早期人类可能有大量的整体

_____

① "Hmmmmm"为"Holistic""manipulative""multi-modal""musical"和"mimetic"这五个英文单词首字母的缩写。

性信息，从表达一般含义的"到这来"到更为具体的"五分钟前我在山顶的石头后面看见一只野兔，一起去打野兔吧"。这类短语的关键特点在于，它们并非由不同的单个元素按不同的顺序重新组合而成的新信息。每个短语都是不可分割的单元，而且必须作为单一声音序列来学习、表达和理解。

如雷所说，这种交流系统的固有不足在于信息数量总是有限的。因为每条信息必须代表不同的含义，而且要有不同的发音，所以，在整体性交流系统中，信息数量受说话者所能发出和听话者所能感知的语音差异的限制。我认为早期人类的记忆力与我们相似，这会施加另一层限制。他们的长期记忆会限制所能轻易回想起的字符串数，而短期记忆会限制每个字符串的长度。如果整体性话语使用得不够频繁，它们便会从记忆中消失。同样，引入新短语的过程缓慢而又艰难，因为这需要足够多的个体来学习新话语与相关物体和活动之间的关系。因此，这种"Hmmmmm"交流系统主要由描述频繁出现且相当普遍的事件的话语构成，而不是日常活动中的细节。

考虑到这些局限性，雷认为，整体性交流系统会让思想和行为走向故步自封，而由词语和语法规则构成的语言则不会。正是这种认识使她的观点非常适用于早期人类，因为，这些物种在他们的整个存在过程中——从180万年前到25万年前——确实明显缺乏创新性。他们使用的石器没发生变化，而且使用范围极为有限。北半球的早期人类以打猎为生，却没有弓箭和石尖长矛，这令人吃惊。他们完全没有搭草屋和将骨头做成工具这样的行为，更不用说雕刻物体和粉刷洞穴墙壁了。虽然他们会用火，但是关于搭建最为基本的火炉的证据仍存在很大争议。[36]

比尔钦格斯莱本的表演

在本章的结尾，我们要来看一看欧洲最有趣的中更新世遗址之一，德国南部的比尔钦格斯莱本遗址。[37] 这里与舍宁根相距大约 50 公里，海德堡人曾居于此，过着同样的狩猎和采集的生活，与做木矛的早期人类处于史前同一时期，最多相差五万年。20 世纪 70 年代末，这一遗址由迪特里希·马尼亚（Dietrich Mania）发掘，自此之后，该遗址出土了大量动物骨骼、植物遗存和石器，以及一些早期人类的碎片。他们占据此处时，这一遗址处于一片橡树林中，靠近一片部分淤塞的湖岸。这里的居住者可能猎过马鹿，吃过犀牛和大象尸体。当地的石头只有小型结核，因此，重型工具由可获取的体形庞大的大象和犀牛骨骼制成。他们用石砧和木砧把骨头敲成碎片，从中得到坚硬的边缘，以用于刮皮和其他工作。因此，他们没有雕刻骨头，而是把骨头当作石头——这进一步反映了早期人类思想的保守。

对海德堡人来说，比尔钦格斯莱本可能非常有吸引力，因为他们留下的大量动物骨骼上都没有食肉动物的咬痕，这说明附近没有食肉动物。1999 年，我有幸到德国南部的恬静乡村拜访迪特里希·马尼亚并参观了遗址，这里依旧很迷人。马尼亚给我看了一些有趣的兽骨，骨头上用石片刻着几乎平行的条纹，他认为这是有意刻写的符号代码。20 年前，马尼亚发掘出了三个环形骨骼排列，并对其中一个进行了重建。这些耐人寻味的结构大约五米宽，由犀牛的颌骨和大象的股骨制成，在这一时期完全是独一无二的。马尼亚将它们解释为防风林或草屋的基座。其中一个环形结构中散落着木炭碎片，可能是火炉的残留物。马尼亚的观点并没有说服我，并且也受到了其他学者的质疑。

伦敦大学皇家霍洛威学院考古学教授克莱夫·甘布尔（Clive Gamble）对此发表了评论，质疑构成环形结构的骨骼是否真的属于同一时期。还有人认为，圆环由洪水期的湖泊和河流中的漩涡造成。而且，甘布尔也不认同比尔钦格斯莱本的栖居者们会有意在骨头上刻写，搭建小屋和防风林以及修建火炉的观点。他认为，散落的木炭来自一棵烧焦的树。

甘布尔认为，马尼亚和很多其他考古学家过于热切地从早期人类的考古发现中寻找与现代人相似的行为。因此，他们过于急切地把遗址中的考古遗迹理解为草屋、火炉和其他能在像昆人这样的现代狩猎采集者的营地中发现的特征。

然而，甘布尔并非单纯否定了马尼亚的观点，而是用比尔钦格斯莱本的例子来解释他所设想的海德堡人的社会生活——一种由个体间的众多小型相遇构成的生活。甘布尔认为，比尔钦格斯莱本最重要的社会行为是搭建砧骨：

带着砧骨走几米或几百米意味着结构化活动的开始，意味着有节奏的手势的开始，对考古学家而言，也意味着有些模式可能得以幸存。聚集因对社交互动产生空间和时间影响的物质活动而开始。他们坐在树下或烧焦的树旁，在这些地方传授技能，用砧骨敲骨头，砸石头，剥肉，相互分享，吃东西，有节奏地敲击骨头，并偶尔在骨骼表面刻下整齐的划痕。[38]

我发现这是比草屋、火炉和刻在骨头上的符号代码更有说服力的证据。但甘布尔的解释也反映了目前考古学解释的另一处不足——过于安静。在这一场景的基础上，我想补充的是早期人类在社交互动中使用的类似音乐、感情丰沛的"Hmmmmm"声。我还想补充肢体动作、模拟和舞蹈般的动作——总而言之，这是一种高度进化的"Hmmmmm"交流方式。

马尼亚和甘布尔都认识到，免受食肉动物的威胁使得相对较大的集会和长期停留在中更新世成为可能。比尔钦格斯莱本会是个体和小团体出发去打猎的起点，极有可能带着与舍宁根木矛类似的工具。因此，大量的"Hmmmmm"交流可能包含模拟、声音模仿以及与动物、鸟类和自然界中的声音相关的声音联觉。它也可能是一个狩猎者返回的地方，以寻求援助来定位尸体或宰杀后分肉。

从这个角度来看，环形结构还有另一种解释。这些结构既不是因为漩涡或考古学家的发掘方法偶然产生，也不是防风林或草屋的基座，只是划分出来用以表演的空间。早期人类是否有可能走进这样的空间唱歌跳舞，用模仿来讲故事，互相娱乐、沉迷其中——也许这么做不仅仅是为了狩猎时求助，也是为了吸引配偶？最后这种可能性，即利用音乐来吸引异性，便是下一章的主题。

第十二章　为性而歌

音乐是性选择的产物吗？

维瓦尔第的《降 B 大调小号和管弦乐队协奏曲》（Concerto in B flat major for trumpet and orchestra）：一个海德堡人显摆自己做的手斧

本章将要讨论的是唱歌、性和早期人类群体的社会组织。我们已经研究了南方古猿和最早的人属所发出的悦耳声音，其可能通过影响情绪状态对创造和操纵社会关系产生重要影响。我们也看到了直立行走可能通过提高对时间的控制增强上述功能，并使更具节奏感的发声和更加复杂的肢体运用成为交流的媒介，而模拟对传递自然界相关的信息可能至关重要。

"Hmmmmm"交流的音乐性让愿意和 / 或能够参与其中的人直接获益，我们现在要来看一看这种交流的音乐性如何在早期人类社会中实现进一步发展。此处所说的"获益"具体指的是成功繁育后代。我们必须解决的问题是，在早期人类社会中，那些能展现"Hmmmmm"的音乐性的人是否在争夺配偶时占据优势。

性选择的原理

一直以来，音乐和性之间都有着密切的联系，无论我们说的是李斯特的作品还是麦当娜的音乐。音乐的这一现代作用是否向我们透露了音乐能力的进化方式？查尔斯·达尔文认为，"人类祖先，男人或女人，抑或无论男女，很可能在能口齿清晰地用语言来互相表达爱意之前，便已经努力地用音符和节奏来相互吸引了"。[1]

这一观点来自达尔文的《人类的由来及性选择》（*The Descent of Man, and Selection in Relation to Sex*）（1871年）一书，在此书中，他介绍了自己的性选择理论——很多人认为这一理论的重要意义能和《物种起源》（*The Origin of Species*）（1859年）中的自然选择相提并论。性选择的本质很简单——因为后代会遗传所选配偶的部分或全部长相和行为，所以择偶是影响繁殖成功率的关键因素。这一点意义重大的原因在于，如果你要把基因传给后代，你需要有子女，并且子女能繁育后代；子女必须有生育能力，身体健康，并且能在竞争中成功找到配偶。因为女性的繁殖成本远高于男性，而且女性一生中生育后代的机会相对较少，所以她们在择偶上应该比男性要挑剔很多。这些简单的生物学事实的重大意义在于，我们可以在进化论的框架中对大量有关物种外貌和求偶行为的问题做出解释：这些特征的存在只是为了让动物尤其是雄性动物吸引异性。

20世纪30年代，遗传学家罗纳德·艾尔默·费希尔（Ronald Aylmer Fisher）发展了达尔文的性选择理论，提出了"失控"性选择的观点。费希尔提出，如果一个可遗传的配偶偏好，比如偏爱比平均水平更长的尾巴，在基因上与可遗传的特点本身产生关联——此例中的长尾巴，正反馈循环会随之产生，于是，动物的尾巴最终会长得比预想长很多。这种失控的选择或许可以解释如下现象，比如极乐鸟极为精致的羽毛或琴鸟极尽能事的求偶表现。

对许多学者来说，直到20世纪70年代末阿莫茨·扎哈维（Amotz Zahavi）引入"累赘原理"，性选择作为进化推动力的重要性才愈发明显。这一理论在他1997年的同名著作中得到了进一步的发展，此书有一个轰动的副标题，即"达尔文拼图中缺失的一块"。[2] 扎哈维认识到，身体或行为特征要想成功吸引异性，就一定会给拥有者带来实际成本。换言之，这种特征定然会成为自身生存的潜在累赘。不然，这种特征便能够伪造出来，完全丧失了价值。

扎哈维这本书封面上的孔雀尾巴便是典型例子。硕大的孔雀尾巴会给拥有者造成能量消耗，并增大被捕食的风险：孔雀的尾巴越大，就越引人注目，逃脱险境的速度就越慢。而且，孔雀为了能拥有华丽的羽毛，必须维持身体健康。它们必须擅长寻找有营养的食物及对抗寄生虫。所以，用性选择理论来说，孔雀硕大斑斓的尾巴，是基因优质的"可靠指标"，因为如果没有这样的基因，尾巴的拥有者要么成了猎物，要么无法维持漂亮的羽毛。

在现代性选择理论中，"指标"和"审美"特征是有区别的。后者是身体或行为特征，利用了寻觅配偶的个体的知觉偏差。例如，一种鸟可能主要以红色浆果为食，因此进化出了对红色高度敏感的眼睛和受红色吸引的大脑。这种知觉偏差可能会使鸟儿倾向于选择红色羽毛的配偶，而不是绿色、黄色或蓝色羽毛的。因此，在这一鸟群中，红色羽毛的进化是红色浆果为主的饮食习惯的附带结果。[3]

当 1871 年达尔文写性选择的意义时，失控的选择、累赘、指标和审美特征这些概念都还没发展出来。但他提出了一个有力论点，即性选择解释了自然界中众多的多样性。他用了很大篇幅来介绍鸟鸣，并且意识到鸟鸣主要是雄性在繁殖期的叫声。到 19 世纪末，博物学家已经意识到，叫声一定有其目的，并认为这是雄鸟之间争夺地盘的一种形式。但达尔文认为，雄鸟的鸟鸣通过雌鸟的选择机制进化而来："大多数鸟类……真正的鸣叫声和各种奇怪的叫声主要发生在繁殖期，用于吸引异性，或只是对异性的呼喊。"[4] 他还解释说："除非雌鸟能欣赏这种叫声，会感到兴奋并受其吸引，不然雄性坚持不懈的努力和独特的复杂结构就是白费力气；这显然令人难以置信。"[5]

从鸟鸣到人类音乐

借助与解释人类音乐起源的性选择同样的逻辑，达尔文展开了对鸟鸣的研究。新墨西哥大学的进化心理学家杰弗里·米勒（Geoffrey Miller）对达尔文的论点进行了分析，认为其洞察力和严谨性不亚于任何一位现代进化生物学家。达尔文发现了儿童音乐能力的自发发育和音乐唤醒强烈情绪的方式，以及音乐在所有已知文化中普遍存在，并得出结论："如果我们可以假设我们的半人类祖先在求偶时用到了音调和节奏，一定程度上，所有关于音乐和慷慨激昂的言语的事实就一目了然了。"[6]

杰弗里·米勒不仅高度评价达尔文的观点，并且吸取了失控的选择、累赘原理以及指标和审美特征等思想，对达尔文的论点做了进一步发展。2000 年，他发表了一篇很有争议的文章，其明确目标是让达尔文的观点——人类音乐受性选择影响，起求偶展示的作用——再度回到大众视野，他认为这一观点受到了"莫名其妙的忽视"。

米勒论点的关键在于，如果音乐创造是一种生物适应，那么它一定和吸引配偶有关，因为它对生存并没有直接好处。[7]我们已经知道，米勒最后这一观点并不正确：作为一种情感、意图和信息交流的途径，我们祖先和近亲的音乐性确实有很大生存价值。在后面几章中，我将对其他好处进行探究，尤其是在促进合作方面。米勒没有发现这些好处，并认为音乐的生物学价值就是达尔文最初的观点：一种吸引配偶的途径。这或许确实是其进化史中的另一个因素。

在米勒看来，"当一只聪明的群居类人猿无意中来到了需要复杂声音展示的失控性选择的进化奇境中时，音乐诞生了"。[8]他认为，对择偶的个体（主要是雌性）来说，唱歌和跳舞构成了一系列指标特征：跳舞和唱歌代表身体健康、肢体协调、力量感和不生病；对嗓音的控制体现了自信程度。不太肯定的是，他认为节奏可能代表"大脑对复杂动作进行可靠排序的能力"，而旋律创造力则体现了"掌握现有音乐风格和社会智能的学习能力，从而超越自我，创作出最令人激动的新奇音乐"。[9]

上述解释很有必要，但它们的说服力听起来远不如音乐以求偶展示的形式进化的一般观点。这确实是米勒和在米勒之前的达尔文所面临的难题：试图精确界定音乐创造可能受性选择影响的原因比直接做出结论难度大很多。当米勒从指标转向审美特征时，他甚至更没什么说服力，含糊其词地解释了节奏信号如何激发哺乳动物大脑中的某种神经网络——"声调系统、音调转换及和弦可能会影响听觉系统对某种频率关系产生的身体反应"（至少可以说，这种说法的含义不明）——以及音乐的新颖度如何吸引注意力。[10]

米勒试图从 20 世纪寻找证据来证明音乐是性选择的产物。他以吉米·亨德里克斯（Jimi Hendrix）为例，后者和数百名粉丝有过性关系，有过两段长期的感情，27 岁时英年早逝。我们目前了解到他只留下了三个孩子，但如果没有使用避孕措施，他的基因本会在后世中广泛遗传，而米勒认为这是他音乐创造的直接结果。当然，这与他的音乐之间的关系是值得怀疑的；亨德里克斯的性吸引力不仅来自他的吉他和弦，也因为他帅气的长相、风格和反体制的形象。

为了找到更多实质性的证据，米勒对 6000 多张爵士、摇滚和古典音乐专辑的音乐制作人的年龄和性别进行了研究。在每种音乐类型中，男性创作的音乐至少是女性的 10 倍，而且他们在30 岁左右时创作最多，而米勒认为这个时间接近交配活动的高峰期。如果确实如此，这一证据与我们对性选择行为的预期一致。但是，性别和年龄偏差或许可以用 20 世纪西方社会的特殊结构和态度等其他原因来解释——女性和老年人缺乏和年轻男性同等的机会去进行音乐表达和获得商业成功。

如果你和我一样，发现米勒关于音乐起源的观点很有吸引力，但他的支撑论据不充分，而且证据也不牢靠，那么你或许还会诧异于他对考古和化石证据的完全摒弃。他写道："不管音乐进化了 20 万年还是 200 万年，这都不重要。"[11] 在这方面，他大错特错。我们接下来将很快看到，在人类历史上的那个时期，社会结构与现在大不相同，而这影响了音乐用作求偶方式的可能性。而且，米勒自己也发现，音乐创造的一个普遍特征与他的理论不一致：在所有已知社会中，音乐创造经常甚至可能一直都是一种集体活动。[12] 这正是第十四章的主题，这一章针对音乐促进合作的作用进行了讨论。但现在我们必须转向原始人和早期人类社会关系的性质，以研究音乐能力的性选择是否存在以及何时出现。

非洲类人猿的性选择

因为早期史前遗迹——化石骨骼碎片和散落的石器——过于

稀缺，所以当我们试图重建原始人的交配模式时，不可避免要做出一定程度的推测。但事实上，化石证据的一些特征暗示了早期史前社会生活的组织方式，我们因此能对米勒关于音乐的性选择假说进行评估。这些特征之所以显而易见，是因为灵长类动物的体形和社会结构之间一直存在某种关系。因此，在研究化石本身之前，我们有必要先简单了解一下与我们亲缘关系最近的非洲类人猿的社会结构。尽管非洲类人猿因体形、生态状况和群体历史的差异而有很多不同点，但我们仍能从中概括出足够多的一般特征，从而让古人类学家对已灭绝的原始人的社会行为做出有说服力的解释。[13]

首先，我们必须清楚，性选择产生于灵长类动物交配行为的两个不同层面，在任何特定群体中，可能其中一者或两者同时发挥作用。其一，雄性相互竞争与雌性交配的机会，这一原因挑选出了诸如体形硕大、大犬齿，或许还有性格好斗等特征。其二，雌性能选择配偶，这一原因挑选出了雄性身上对雌性有吸引力的指标和/或审美特征。这部分特征可能与雄性竞争选择出的特征有重合，比如硕大的体形。

黑猩猩生活在由几个雄性和雌性构成的集群中。雄性往往常驻于群体中，而雌性在性成熟时会离开母亲加入其他集群。大猩猩集群中往往有一个处于统治地位的雄性，即银背大猩猩，而年轻的雄性会离开群体，组成单身群体。大猩猩集群不会像黑猩猩那样缩小和扩大，它们群体规模的变化部分是因为资源分配的变化，部分是因为社会冲突和交配机会。我们通常把黑猩猩群体称作"帮派"；那些定期交换成员的群体构成了"社群"。帮派本身可能相当分散，尤其在觅食时，两个成员之间的距离可能长达300米。

在所有三种非洲类人猿中，三个及以上雄性和雌性会组建同盟，它们会一起觅食和社交，并常常在发生冲突时互相帮助。同盟可能形成联盟。社会压力和潜在冲突总是存在的；它们会通过互相梳毛和分享食物进行缓解，倭黑猩猩群体还会通过性行为疏解。后者有多种形式，但在雌性之间尤为重要，因为它们会相互摩擦生殖器来稳固友谊。

非洲类人猿群体的主要构建原则之一是雄性之间对交配机会的竞争。最终的结果通常是出现一只处于统治地位的雄性——阿尔法雄性，它会凭借自身体形和力量获得大部分交配机会。因此，我们将非洲类人猿的交配系统称作一夫多妻制——一个雄性有多个雌性交配对象，这不同于长臂猿和现代西方社会中智人最常采用的一夫一妻制交配系统。[14] 在非洲类人猿中，地位低的雄性需要争夺任何可能的交配机会，通常只有在阿尔法雄性的视线以外才有机会。但是，因为阿尔法雄性常常依赖盟友来维持自己的地位，所以它们可能会用与雌性的交配机会来奖励支持者。[15]

在非洲类人猿中，雌性选择的作用很有争议，而且可能会随物种和生态环境而发生变化。雄性大猩猩一定会向雌性进行展示，但雌性对伴侣选择权的大小有待探究。尽管如此，银背大猩猩常常由群体中的雌性"选定"，而且需要雌性的支持来维持其地位。在万巴的倭黑猩猩中，成年雌性几乎处于和雄性同等的统治地位，它们能选择自己的交配对象，雄性会被拒绝，而不会有任何异议。马哈勒的雌性黑猩猩也有一定的选择权。它们经常处于高度分散的群体中，不得不积极寻找配偶。

古人类学家认为，一夫多妻制最重要的特征是性别二态程度相对较高，尤其是体形。比如，雄性大猩猩的体形是雌性的两倍，红毛猩猩也是如此。黑猩猩的雄雌平均体形比约为 1.4：1。这种雄性体形相对较大的模式非常有可能是性选择的结果，通过雄性间的竞争、雌性的选择或两者结合而实现。[16] 智人的男女平均体形比为 1.2：1，一夫一妻制的长臂猿为 1：1。[17]

非洲类人猿的其他特征也与性别二态有关。雄性有用于示威的大犬齿，这极有可能也是性选择的结果。除了体形和牙齿以外，它们还会用发声来恐吓其他雄性。我认为，目前没有任何记录显示雄性使用发声向雌性求爱，而这对达尔文和米勒的理论来说不是好消息。但这并不致命。或许，唱歌和跳舞仅在人属中才成为性选择的特征。因此，我们现在必须看一看化石记录。

早期原始人的交配模式

因为性别二态与一夫多妻制和性选择有关，古人类学家或许能通过研究骨骼证据和估算男女的体形差异来推断早期原始人是否存在一夫多妻制和性选择。这没有想象中那么简单。体形必须根据个别的往往是零碎的骨骼化石来估计，如来自前臂、腿部、下颚和颅骨的骨骼。幸运的是，古人类学家可以利用灵长类动物与现代人个体骨骼大小和整体体形之间的相关性，尽管这总会留下某种程度的不确定性。

一个更具挑战性的问题是两个及以上样本的对比。如果发现两块不同大小的臂骨，古人类学家就必须确定它们是否来自：（1）单一性别二态物种中的成年男性和女性；（2）同一物种的成人和青少年；（3）两个独立且体形不同的物种；（4）生活在不同环境中的同一物种，其发育受到了环境的影响——可能是不同的营养水平或对爬树的不同要求影响了骨骼和肌肉的生长。

化石本身可能为我们进行恰当的理解提供了帮助：骨骺融合说明已经成年，而相关化石物种可能表明原始人生活在开阔环境还是茂密森林中。但往往没有明确的指导，这就是为什么有些古人类学家认为过去原始人种类很多，而有些古人类学家认为形态不同的人种只有几种。

在尝试对我们的原始人祖先和亲属的性别二态程度进行评估时，加利福尼亚大学的人类学家亨利·麦克亨利（Henry McHenry）研究过这些问题。[18] 他对大量肢骨、颌骨和颅骨进行了测量，用这些测量结果来估算体重。他还对犬齿和前臂尺寸的差异进行了研究。麦克亨利得出结论，以露西为代表的距今350万年的南方古猿阿法种的性别二态程度高于现代人，比黑猩猩略高，但远不如大猩猩和红毛猩猩。

关于南方古猿阿法种，除化石标本外，麦克亨利还对利特里的足印进行了研究。足印属于三个人，最重的估计有40.1公斤，最轻的为27.8公斤——体形比为1.44∶1。遗憾的是，我们尚不清楚他们的体形差异反映了男女体形的差异，还是成人和青少年的体形差异。

关于南方古猿阿法种的其他关键证据来自埃塞俄比亚哈达尔名为 333 的化石遗址。这里面至少有 13 个人的遗体，他们似乎是在同一时间死亡的，也许是死于一场山洪——第九章提到的"第一家庭"。在这组化石中，确定有五个成年人，其中三个体形相对较大，两个体形较小。估算来看，他们的体重从 33.5 公斤到 50 公斤不等，这证实了男女体形比可能是 1.4∶1。牙齿残骸体现出了类似的差异，但麦克亨利在比较前臂尺寸时发现了鲜明的对比。这些数据说明他们的体重范围在 30 公斤到 60 公斤，与现代大猩猩的体重范围相当，而大猩猩的性别二态程度在现存灵长类动物中最高。

麦克亨利得出结论，南方古猿阿法种生活在一夫多妻制的集群中，雄性间的竞争没有现代黑猩猩和大猩猩那么激烈。他认为，其前臂粗大可能是因为直立行走——前臂不再用于行动，可能已经开始承担了先前犬齿具备的示威和攻击作用。

麦克亨利对其他南方古猿和最早人属的骨骼残骸进行了研究。他发现每个物种的男女体形比都大约在 1.4∶1，而这代表了一夫多妻制的交配制度。因此，在所有这些社会中，可能都存在着男性间的竞争和 / 或女性选择，从而导致了性选择。这就产生了性选择发声展示的可能性——我们必须记住，与现在的非洲类人猿相比，半直立行走的南方古猿和最早人属的发声范围可能更广（参见第九章）。此外，随着完全直立行走的匠人进化，这些声音变得愈发复杂。但该物种在性别二态程度上带来了极大改变，让人们怀疑性选择是否仍是一种强大的进化推动力。

早期人类的交配模式

如果我们接受南方古猿阿法种具有性别二态性，那么180万年前匠人出现时，向现代人约1.2∶1的体形比的转变来得很突然。与南方古猿的碎片残骸相比，纳里奥科托姆和其他保存相对完好的标本使我们在估算体形时有了更大的信心。

总体来说——也有例外——男女体形都有所增加：男性匠人比男性南方古猿的体形大50%；女性匠人的体形甚至更大，比女性南方古猿大70%。我们能从中对匠人及其直系后代的交配模式，以及因此而可能出现的对音乐能力的性选择有什么了解呢？

根据上述对现存灵长类动物的比较研究，匠人的性别二态程度相对较低，这似乎说明他们的交配制度并非一夫多妻制，而是一夫一妻制。如果确实如此，其形式要么是男女之间的终身配对关系，要么是一系列短期配对关系。[19]

一夫一妻制交配系统可能出现在匠人身上的第二个原因是该物种的体形和大脑大小，以及因此怀孕期和哺乳期雌性对能量的需求。我们已经提到，与他们的南方古猿祖先相比，男性匠人体形增加了50%，女性体形增加了70%。在体形更大的标本中，脑容量实际上翻了一番：南方古猿的脑容量在400 cm^{3}和500 cm^{3}之间，而匠人的脑容量在800 cm^{3}和1000 cm^{3}之间。

体形和脑容量的增大会使怀孕期和哺乳期的女性产生巨大

的能量需求，同时也会限制其获取食物的能力。[20] 需求会因"次生晚成性"（secondary altriciality）现象而愈发强烈，这种现象肯定是初次出现。这意味着生下的婴儿仍处于胚胎发育阶段，因此需要一直照料。出现这一现象的原因是直立行走所需的骨盆相对狭窄，因而严重限制了产道的宽度。人类婴儿可以说是从产道中挤出去的，并且在出生后一段时间里，他们的头骨往往都是畸形的。为了能通过狭窄的骨盆出生，婴儿实际上必须早产，因此他们在出生后 18 个月内处于几乎完全无助的状态——其后果将在下一章中探讨。[21]

考虑到喂养发育中的胎儿和出生的婴儿的能量成本以及由此造成的对自身活动的限制，女性匠人可能需要极大帮助。那么，她们从何处获取帮助？一种可能是，男性开始为配偶和后代提供食物和保护。这应该符合他们的利益，因为繁殖的成功取决于后代的存活和继续繁殖。配对关系应运而生，因为男性需要确保他们抚养的婴儿是自己亲生的。

这一场景似乎恰好符合在匠人身上发现的性别二态程度的降低，因为男性的体形不再是交配成功的关键因素。然而，这种解释存在一个主要问题，并让几位古人类学家对交配模式在人类进化的这一时期是否发生了变化产生了质疑。这一问题便是，匠人性别二态程度的降低只是因为女性体形增长的程度相对高于男性。[22] 这种体形的增长可以用两足动物对干燥的稀树草原环境的适应来解释，在这种环境中，他们需要每天走更远的路来寻找食物和水，并且改变饮食，其中包括增加肉食。由于此前从未进化出体形更大的人类，所以体形在人类进化中可能已经达到了阈值，男性的体形因而无法继续增长。亨利·麦克亨利认同这一解释，并认为体重超过 60 到 70 公斤的男性被淘汰是因为身体上的问题，比如背部损伤——这一问题仍然困扰着身材高大的现代人。

让人们对交配模式的改变产生怀疑的另一原因是，女性可能没有得到男性的支持，而是受到了群体中其他女性的帮助，尤其是存在亲缘关系的女性。女性合作在哺乳动物中普遍存在，有时包括"临时照顾"对方的孩子和哺乳。[23] 虽然雌性类人猿在群体间移动，并与自己生物学上的亲属分离，但它们经常互相合作，有时是为了免受好斗的雄性的攻击。

然而，雌性类人猿和其他非人灵长类动物之间分享食物的情况很少见，而且几乎没有为幼猿供给食物的情况。莱斯利·艾洛教授和她在英国伦敦大学学院的同事凯西·基（Cathy Key）对这一点的解释是，它们只是没有这种需要：植物性食物充足又丰富，成年类人猿和年轻类人猿很容易养活自己。但是如果饮食结构发生变化，它们需要通过狩猎或觅食来增加肉食的摄入——如同匠人出现时发生的情况——那么食物共享和供给可能成为女性间合作的关键因素。[24]

祖母假说和女性选择

在近年的古人类学研究中，女性互助家族网的概念很受欢迎，部分是因为艾洛和基的研究，部分是受祖母假说的影响。人类学家詹姆斯·奥康奈尔（James O'Connell）、克里斯滕·霍克斯（Kristen Hawkes）和尼古拉斯·布勒顿－琼斯（Nicholas Blurton-Jones）在对东非现代哈扎族狩猎采集者进行田野调查时提出了这一概念。[25] 他们发现，虽然男性利用大量时间狩猎，但他们为女性和儿童提供的食物量有限。[26] 绝经后的女性所进行的植物采集和对孙辈的照顾更为重要，身体更健壮的年轻母亲因此能去觅食。而且，通过提供这类帮助，祖母提高了自身的广义适合度[①]。不过我们还应注意到，在这些群体中，绝经后的女性还会给没有亲缘关系的个体帮忙。奥康奈尔和他的同事们认为，这种女性间的帮助不仅适用于匠人社会，而且和人属谱系中绝经后的寿命进化有直接关系——这在非洲类人猿中没有发现。

祖母假说表明，怀孕期和哺乳期的女性匠人所需的必要支持可能来自女性亲属，而不是男性配偶。靠女性的帮助就足够了吗？凯西·基曾试图对人类进化过程中体形和脑容量的增长所造成的女性繁育成本的增加进行了估算，并对何时男性提供食物和保护配偶开始具备优势进行了评估。[27] 匠人的体形和脑容量可能正好低于某一阈值，而越过这一阈值，将会实现从女性间的合作向男女合作的必要转变。这一阈值非常有可能在 60 万年到 100 万年前达到，此时脑容量进一步增大，这很可能是为了加强交流而选择的。

---

① 广义适合度是指个体在后代中成功传播自身基因或与自身基因相同的基因的能力。

因此，男性竞争可能仍然在一夫多妻制的匠人、直立人和海德堡人社会中延续，和在南方古猿和能人社会中差不多。然而，一个关键的区别是，由于已经达到了生物力学阈值，体形不再是影响交配成功率的一个重要变量。因此，女性的选择更受重视，而男性需要体形以外的其他特征来彰显"好基因"。

因此，女性的选择很可能已经开始发挥比在南方古猿和现代非洲类人猿中更重要的作用。雌性大猩猩经常遭受可能是其两倍大小的雄性的攻击，而且基本上总是屈服于雄性的进攻，但女性匠人更为强势。她们不仅在体形和力量上与男性更接近，而且极有可能形成更为强大的女性联盟来抵挡不受欢迎的攻击。因此，男性需要投入更多的时间和精力进行展示，以吸引女性的注意力和兴趣。为了达到繁衍的目的，他们再也不能靠纯武力来与同性竞争以及压迫女性。

那么他们可能会使用哪种类型的展示？唱歌和跳舞可能是理想选择，尤其是因完全直立行走所发生的解剖结构变化，唱歌和跳舞的能力随之增强。所以，这里我们再次回到了米勒所阐释的达尔文假说：在女性择偶时，唱歌和跳舞可能既是指标，也是审美特征。

上述对化石证据和灵长类动物的对比证据的回顾说明，这一假设比最初看起来更可能是正确的。虽然我们可能缺少男性唱歌和跳舞的直接证据，但事实上有大量证据可以证明男性可能存在展示行为。考古学家拥有很多这些证据，即石器。

手斧及其所造成的问题

正如我在前面几章中所讲，手斧在考古记载中出现于 140 万年前，直到 5 万年前仍然是早期人类的重要技术。手斧使用时间如此之长，并且大量出现于很多地方。许多手斧都有非常高的对称性，显然是精心打磨而成的。这种对称性常常同时体现于三个维度中——平面、剖面和端面。手斧在现代人看来很有吸引力，有人将其称作第一件美学艺术品。

有趣之处在于，据考古学家了解，手斧的用途只有宰杀动物、折断植物和加工木材。普通的石片或者稍微打磨过的石片能有效完成这些任务。[28] 早期人类为什么要花这么长时间来制作对称性极高的手工艺品呢？而且，制作完之后，基本上没用过的手斧为什么常常会被丢弃？[29]

在给出回答之前，有几点必须注意。首先，制作石器时，在将石头结核的两端交替打磨成利刃的过程中会无意间出现一定程度的对称；这或许是在对称性成为有意而为的特征之前，最早的手斧中出现对称的原因。其次，有些石头结核，比如在水中千磨万击的燧石子，一开始就是对称的，石匠不须费力甚至不须费心，石头可能就会达到高度对称。但在有些情况下，石头结核的原材料可能很难打磨，即便最专业的石匠也不可能将其做成对称的手斧。[30] 然而，这些都是极端情况。在大多数情况下，手斧的对称度受石匠的目的和技巧的直接影响。考古证据囊括了所有可能，从基本上不怎么对称的手斧到在三个维度都达到完美对称的手斧。

性感手斧假说

很多手斧的制作主要目的会不会是给异性留下深刻印象？如果确实如此，这将有力证明（非常确切地），性选择是早期人类社会中的一股强大力量，而且还能用以支撑达尔文的最初观点，即音乐可能用于同一目的。对石匠而言，投入时间和精力来打磨极为对称的手工艺品肯定是大难题，但制作这样的物件必然代表着任何母亲希望自己的后代所能继承的心理和生理能力。这就是性感手斧假说的本质。这一假说由我和进化生物学家马雷克·科恩（Marek Kohn）于 1999 年提出。[31]

我们认为，制作对称度极高的手斧的能力是认知、行为和生理特征的可靠指标，并可能意味着高繁育成功率。因此，女性会优先选择与能制造这种工具的男性进行交配。反之亦然，男性会被擅长制造对称手斧的女性吸引。因为优质的原材料必不可少，所以制造这类工具代表着对环境的了解：找到容易剥落的石头的能力说明他们也能找到优质的植物、动物尸体、庇护所和水源。更笼统一点，这证明了个体具备父母"希望"后代所继承的用于环境开发的感知和认知技能。

制作一把对称的手斧需要相当高的技术水平以及制订计划和成功执行的能力。而且计划需要随着突发情况的出现而不断修改——比如，材料存在意外缺陷和出现失误时。规划、变通和耐力在狩猎采集者生活的很多方面都是重要品质，将来要成为母亲的女性会希望她们的后代拥有这些品质，因此会被制造工具时表现出这些品质的男性吸引。同样地，制作手斧也是身体健康、视力良好和身体协调的可靠指标。

制作任何其他有难度的手工艺品也可以作为一种指标特征，而且到目前为止，这一观点还没有解释手斧的特别之处，即它们的对称性。科恩和我认为，这可能是一种审美特征，利用了异性对对称的知觉偏差。关于生物的很多研究表明，生理特征的对称是基因健康和身体健康的良好指标，因为遗传突变、病原体和发育过程中的压力都容易造成不对称。比如，有研究表明，尾羽对称的燕子和眼点对称的孔雀繁殖成功率更高。[32]关于现代人的研究表明，男性和女性都更喜欢面部和身体对称度高的异性。[33]

鉴于受对称吸引存在于很多动物中，其中包括现代人，因此我们有理由假设，这也存在于能人、直立人和海德堡人身上。事实上，手斧在当时吸引异性的原因一定和今天我们为手斧吸引的原因一样。

有些人认为性感手斧假说存在一个问题尚待解决：哪种性别制造了手斧？考古学界长久以来一直认为男性制造了手斧，原因是手斧与狩猎和觅食活动有关。但没有证据可以证明哪种性别制造了它们。我的观点是，如果我们讨论的是涉及性选择的一夫多妻制，那么我们一定能得出，男性制造出了最为对称的手斧。然

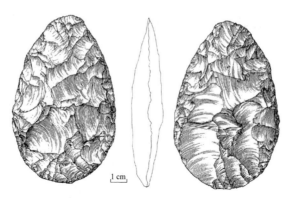

图 12　约 50 万年前由海德堡人制造的博克斯格罗夫手斧
（这一遗址发现了很多精巧对称的标本，此图为典型例子。）

而，这并没有排除女性也会制作实用的手斧。如果交配制度中涉及一定程度的男性选择，那么女性也可能出于展示的目的，制作出了对称度极高的手斧。在这种情况下，严格的一夫多妻制会向连续配对关系转变，在后者中，男性和女性都会具有一定程度的择偶权。

无论手斧展示是否仅是男性的关注点，性感手斧假说都为考古学界长期存在的很多问题给出了答案。这一假说不仅解释了手斧制作和对称性的问题，而且解释了考古记载中石斧丰富的数量。仅仅拥有一把手斧不足以证明基因的优质，因为手斧可能是从别人那里偷来的。女性（或男性）观察者需要看到手斧实际的制作过程，以确保没有受骗。因此，我们在考古记载中发现手斧数量如此之多也就不足为奇了，通常有数百把没用过的手斧丢弃在一起：手斧在制作完成后，用途就有限了。

考古记载中的另一个奇特之处也变得可以解释："超大"手斧。虽然数量不多，但有几个样本尺寸过大，无法正常使用。典型的例子来自英格兰南部的弗兹·普莱特——一把燧石手斧，至少长 39.5 厘米，重 3.4 公斤。同样，奥杜威峡谷发现了长约 30 厘米的石英岩手斧——手斧研究的世界权威，牛津大学的德里克·罗（Derek Roe）教授将其形容为"巨型物体"。[34] 这正是性感手斧假说中手斧制作的目的——吸引潜在交配对象的注意力，并让对方了解自身具备制造它们所需的知识、技能、体力和心理特点。

性感手斧假说对音乐研究至关重要。如果正确的话，这一假说可以证明，在匠人出现及鲜明的性别二态消失后，一夫多妻制的交配制度仍然是原始人社会的主要特征。由于这一点，以及女性合作程度的提高，女性择偶的机会可能会增加，男性因而需要投入更多的时间和精力进行展示。对体形的生物力学限制要求原始人寻找身高以外的其他方法来彰显"好基因"。如果其中一种方式是制作性感的手斧，另一种方式可能是唱歌和跳舞——正如查尔斯·达尔文在 1879 年的观点和米勒在 2000 年的观点。这虽然并不是音乐创造的起源，但势必会对现有"Hmmmmm"交流中的音乐性施加额外的选择性压力，从而促进音乐的进化。

在我们的早期人类祖先中出现了性感的手斧和性感的歌声，这为我们审视过去提供了一个不同于传统考古学场景的视角。为了了解有何不同，我将在下一章中开始探讨 50 万年前在英格兰南部最著名的考古遗址之一的博克斯格罗夫原始人的生活是什么样子的。

第十三章 为人父母的要求

人类生活史和情绪的发展

迈尔斯·戴维斯的《泛蓝调调》：日暮时分，海德堡人饱餐一顿马肉后，在树木掩映下休息

想象一下，在一片潮湿泥泞的潟湖边，一群原始人——海德堡人——聚在一匹马的尸体旁。其中两个原始人熟练地用手斧切割着肌腱，其他原始人在一旁看着，还有一个原始人正带着一块燧石结核从附近崖壁回来，之后用这块燧石又做了一把手斧。早期人类在工作中用"Hmmmmm"进行交流——手势、肢体语言和模仿，再加上整体性话语，其中很多话语具有很强的音乐性。成年男性的声音最为洪亮，动作最为外向；而在后景中，母亲和婴儿正用一种更柔和的方式交流着。这就是本章的主题：母婴交流的需求如何成为"Hmmmmm"进化的又一选择压力，并最终影响了现代人音乐能力和语言能力的进化。

博克斯格罗夫：发现、发掘和解读

博克斯格罗夫是一处真正意义重大的遗址，因为很多兽骨和石器被迅速但温和地掩埋在潟湖的淤泥中，在 50 万年前被遗弃的地方原封不动地保留了下来。[1] 考古学家因此能更细致地对此处的早期人类活动进行重建。这一时期的绝大多数遗址在很久以前就已遭到河水冲刷，而石器在沉积的砾石中翻来滚去，现在如同未经打磨的鹅卵石。在博克斯格罗夫，散落的石片向我们精确地展示了燧石工匠坐在哪里制作工具。大量石片经过复原，准确展示出工匠如何将它们从不规则的结核中剥离，打造出几乎完全对称的卵圆形手斧。[2]

博克斯格罗夫是英国——实际上是整个北欧——最早的考古遗址之一。间冰期时，海平面很低，英国只不过是欧洲大陆上的一个半岛，那时原始人占据了此处。随着冰盖的消退，海德堡人向北扩散，以狩猎到或寻觅到的动物为食，并从疏林中获取植物性食物，而这些植物现在生长在更温暖潮湿的环境中。实际上，在 50 万年前，英国大部分地方树木繁茂，这种环境有利于原始人采集浆果和坚果，并能避开食肉动物，踏实睡眠，但不利于狩猎和觅食。如果要狩猎和觅食的话，沿海平原和沼泽是优先之选，这从博克斯格罗夫的发掘中可见一斑。这一遗址不仅能让我们了解海德堡人的行为，还能一睹间冰期的环境，因为还有很多其他动物在这附近生活过并死在了这里。考古学家在这里发掘出了大象、犀牛、马、鹿、狮子、狼和鬣狗的骨骼，另外还有一些体形更小的动物，如河狸、野兔、田鼠和青蛙。这里曾经生机勃勃，人烟稠密，可以称为北半球的塞伦盖蒂。

很多马骨、鹿骨和犀牛骨上都有石器的砍痕。有些骨骼可以拼接起来，从而重现屠宰过程，因为砍痕集中于主要肌肉附着点，显示出尸体的拆分方式。[3] 而且，同样的骨头上还有食肉动物的咬痕，这说明早期人类离开后鬣狗前来觅食。咬痕的存在说明博克斯格罗夫曾是一个危险丛生的地方，不是久留之处，原始人在这里必须时刻保持警惕。在这方面，博克斯格罗夫完全不同于几乎同时期的比尔钦格斯莱本，后者完全没有发现任何食肉动物的痕迹，这说明周围的树木保障了安全。在这两处遗址生活的早期人类的情绪和"Hmmmmm"声一定也不一样：博克斯格罗夫的原始人情绪焦躁，肾上腺素分泌快，做事麻利，其中一些人可能会希望婴儿们能保持安静。

20世纪90年代，伦敦大学的马克·罗伯茨（Mark Roberts）发现了这一遗址并进行了发掘。这是一项瞩目的成就。起初他只是直觉地认为，早先发现的几件工具意味着这里是一处重要遗址。之后，为了证明自己的直觉，他在基本没什么资金支持的情况下开始了发掘，几年后发掘项目资金达到数百万英镑——这是一个考古致富的故事。但结果令他很失望，资助此项目的英格兰遗产委员会甚至更失望：这里发现的早期人类遗骸寥寥可数，只有一根咬过的部分腿骨和几颗牙齿。但是，这些遗骸和遗址所在的时期足以证明在博克斯格罗夫屠宰动物的原始人是海德堡人。[4]

尽管证据保存得相当完好，但考古学家们对博克斯格罗夫的潟湖旁确切发生的事情意见不一。前面我们对克莱夫·甘布尔有关比尔钦格斯莱本的观点进行了回顾，他认为动物尸体不是打猎得来的，而由觅食而来。由于其中几具尸体在开始屠宰时似乎是完整的，食肉动物一定是在完成猎杀后不久就被原始人赶走了。甘布尔还认为，早期人类在做事时，相互之间不会"说"很多，因为他们制造工具留下的碎片堆的空间分布是孤立而分散的，而无论是从最近的考古记载来看，还是根据人类学家的观察，这都完全不同于在智人狩猎采集者营地中所发现的情况。这些地方的火堆附近通常有大量的碎片，反映了人们边制作工具、分享食物，边聊天时的位置。[5]

马克·罗伯茨的观点与甘布尔完全不同，他认为博克斯格罗夫的原始人与现代人更为相像。他认为马盆骨上发现的洞由穿过其臀部的长矛造成。[6] 罗伯茨和他的同事西蒙·帕菲特（Simon Parfitt）对马骨上的砍痕进行了细致研究，并得出，给马剥皮剔肉的方式似乎不符合觅食中使用的方式。他们认为，食肉动物的咬痕出现在原始人离开遗址，遗弃动物尸体后。罗伯茨比甘布尔更愿意相信，博克斯格罗夫的原始人已经发展出了口语。因此，他将海德堡人的形象描绘为乐于合作、健谈和高效的大型猎物狩猎者——他们生活环境中的主宰者。

在我看来，真相介于罗伯茨和甘布尔二者之间。舍宁根的发现有力论证了博克斯格罗夫的原始人狩猎大型猎物，而解剖学证据表明，海德堡人所能表达的话语比甘布尔认为的更加复杂。但是毋庸置疑，博克斯格罗夫考古碎片的空间位置代表着不同于现代人的行为和思维，为手斧本身增添了神秘感。我们在遗址中没看到的东西和遗址中出现的东西一样重要：没有火炉，也没有任何建筑的痕迹。

罗伯茨似乎急于将现代的行为写入过去的生活，但甘布尔试图了解我们的祖先与现代人有何不同，这种做法是正确的。如果我们赋予博克斯格罗夫的栖居者"Hmmmmm"交流模式，他们便能拥有足够的交流水平，从而成功狩猎大型猎物，但这同时会限制他们的思想，从而使其行为变得保守，这在博克斯格罗夫和这个时期的所有其他遗址中都是显而易见的。

在博克斯格罗夫唱歌和跳舞

虽然罗伯茨和甘布尔的看法在细节上或有不同，但他们描绘的博克斯格罗夫的基本情况非常一致。这一图景围绕早期人类的屠宰展开，他们急切地拆骨剔肉，并且要在安全的地方吃肉，从而避开四处觅食的食肉动物。原始人不仅会用石斧和石片拆分肉食，还会直接用蛮力。他们可能会相互交流，也可能独立工作，但无论以何种方式，他们的注意力都集中在剥皮和砍断肌腱上。当工具变钝或过油时，原始人会把旧工具扔掉，用从悬崖底找到的石头结核做一把新手斧。这是一幅忙忙碌碌、鲜血淋漓又相当残忍的画面。

　　我在前几章提到的关于节奏、模拟和性选择的观点说明，我们可以进一步丰富博克斯格罗夫的图景。我们应该可以想象到，早期人类中的男性会用比所需更多的时间来制造屠宰工具，投入时间和精力来做出对称又美观的手工艺品。在像博克斯格罗夫这样的地方，制作手斧应当是不利因素，因为这会转移人们对动物尸体、其他成员和周围环境的注意力。或许，男性们会背对动物尸体而坐，面向一群年轻女性来制作手斧。他们一边关心着是谁在看着他们，一边关心着怎么用手斧来剥皮和割肌腱。

　　如果制作手斧部分是为了社交展示，那我们可能还要关注杰弗里·米勒的观点，想象早期人类在打磨石头时会发出性感迷人并且带有旋律感和节奏感的声音。此外，早期人类在面对动物尸体和彼此时，不仅动作充满活力，举手投足还优雅大方，富有表现力，这是对体格、协调性和健康的身体的展现，我们的史前祖先和近亲并不像一般观点认为的那样笨手笨脚。

　　对海德堡人（无论他们是不是狩猎者）来说，得到一具完整的待屠宰的马匹尸体非常罕见，所以我们很容易想象，博克斯格罗夫的原始人工作量不多，做事愉快又兴奋。因此，我们应该可以设想，早期人类在尸体周围有节奏的运动和旋律性的发声融合在一起，接近我们所认为的舞蹈和歌曲。而且，整个过程还伴随着具有整体性和操纵性的话语："割断肌腱""磨斧头""把肉拿给'手势示意的人'"等等。海德堡人拥有如此多的展示、表达和交流，难怪他们的脑容量超过了 $1000\ cm^3$。

　　我认为，博克斯格罗夫的"Hmmmmm"交流还有另外两个特点，其中一个在原始人群居之处都能发现。第二个特点则是下一章的主题。本章关注的是女性对婴儿唱歌。除了屠宰、制造工具、表现性的声音和动作以外，我们肯定还能想象到，一位年轻的母亲抱着刚出生的孩子，轻轻地歌唱。还有一位女性可能正做着手斧或切着肉，而她的孩子坐在一旁。母亲做事时，会和孩子保持眼神交流。她浅浅微笑，挑挑眉，做几个手势，轻轻发出几句旋律好听的叫声。

对婴儿唱歌

在第六章中，我总结了婴儿天生具备音乐能力的证据，以此来强调音乐的生物学基础。在这些证据中，最为重要的是儿向言语的普遍性和一个事实，即儿向言语早在婴儿开始习得语言之前就已使用。儿向言语一直以来是诸多学者的研究兴趣所在，从安妮·弗纳尔德到科林·特热沃森，其中有一位西雅图的儿童心理学家艾伦·迪萨纳亚克（Ellen Dissanayake）。她认为，在人类进化过程中，母婴互动需求的增加让儿向言语的交流越来越强烈，并呈现出音乐性。迪萨纳亚克认为这或许就是成年人以及整个社会创造音乐的根源。[7]

上一章中，我们谈到过她理论中的主要观点之一——婴儿出生时的身体无助。正如上一章中的解释，直立行走的进化致使骨盆和产道相对狭窄，从而限制了婴儿出生时的大小——尤其是脑容量。为了弥补这一不足，婴儿实际上都是早产的，在出生后的第一年继续保持胎儿期的快速发育。人类婴儿在第一年中体重会翻番，并且平均长高 25 厘米。

如我们所见，与更早的原始人和我们现存的灵长类近亲相比，育儿对匠人之后的原始人来说成了一项高成本、长时间的活动。从此之后，哺乳的母亲承受了极大压力，能量消耗增大，并且自己的行动和活动受到了限制——这便是上一章中讲到的祖母假说的理论基础。

迪萨纳亚克认为，在早期原始人进化为早期人类的过程中，儿向言语的音乐性是对人类婴儿越来越无助的直接回应，而这推翻了达尔文／米勒的假设，即男性竞争和成年人的求偶是音乐进化的最初选择压力。她认同科林·特热沃森的观点，认为我们应将音乐形容为"多媒体"套装，其中面部表情、手势和肢体语言与发声同等重要。

迪萨纳亚克认为，音乐性在母婴互动中出现是因为其对双方都有实质性的益处。她主要强调了具有音乐性的声音和动作在表达和诱导情绪状态的过程中所起的作用——正如第七章中的讨论——这最终使母亲和婴儿的情绪达到一致。她认为，这种一致性对母婴关系的发展以及最终对婴儿的文化适应至关重要。

用迪萨纳亚克的话来说，这种解决方案是"通过婴儿和母亲之间有节奏、有时间模式且共同维持的交流互动的共同进化实现的，这种交流互动能产生和维持积极情感——产生兴趣和快乐的大脑心理生物学状态——通过展示和模仿亲密关系中的情绪，从而分享、交流和增强它们"。[8]这种共同进化背后的机制是自然选择：那些生理和认知构造使其更有能力照顾婴儿的母亲和那些愿意接受这种照顾的婴儿最终获得了繁殖优势。

正如我在第六章中所讲，与正常言语相比，儿向言语具有放大的元音和重复，音高更高，音高范围更广，节奏相对缓慢。这些特征与面部表情、手势（扬眉、微笑、点头、抬头、挥手）以及身体接触（如挠痒痒和搂抱）的使用搭配起来。借助这些刺激元素，我们能诱导处于前语言期的婴儿的情绪，也能表现出自己的情绪。我们会影响婴儿的行为，比如保持警觉，感到安心，表现出不快等。

在她的理论中，迪萨纳亚克格外强调现代母婴互动中的微观动力学——双方如何察觉对方身体、面部和声音中的情绪表达。她认为，每一方都能进入"另一方的时间世界和情绪状态"。通过这种方式，婴儿的注意力和唤醒水平得到了控制，他们获得了情绪管理和情绪支撑，巩固了情绪功能的神经结构，增强了认知能力的发育，最终在习得特定文化的社会行为规则和"语言"规则方面获得了支持。当然，如今随着婴儿的成熟，儿向言语为辅助语言的习得而发生了改变，其重要性远远超过成年人中类似音乐的话语和手势。

迪萨纳亚克的观点以心情和情绪的声音和手势交流为基础，为早期人类交流的"Hmmmmm"理论做出了贡献。即使匠人没有语言，匠人的婴儿也必须学习不同的话语如何与不同的心情产生联系，而"婴儿导向式的Hmmmmm"，其放大的韵律，将有助于婴儿的学习。

巨婴问题

迪恩·福尔克是佛罗里达州立大学的知名人类学教授，专门研究人脑的进化。她的最新理论之一从发育和进化的角度来研究语言进化的最早阶段，即她所说的"前语言"。[9]与在她之前的迪萨纳亚克和莱斯利·艾洛一样，福尔克认为直立行走的出现是人类语言和认知进化的主要因素。她也强调直立行走致使婴儿出生时完全无助。但是，当迪萨纳亚克谈论婴儿随之而来的情感和社会需求时，福尔克关注的主要是那些不得不带着婴儿四处活动的母亲。

雌猴和雌性类人猿很少会放下婴儿。黑猩猩的婴儿在出生后的头两个月无法抓住母亲，只能由母亲抱着。幼年黑猩猩在被放在地上时，会发出"hoo"的声音，这是一种与母亲重新建立身体接触的方式。这种声音可能会一再重复，并成为呜咽的一部分。当母亲想抱起婴儿或将其从险境中带走时，也会频繁发出类似"hoo"的声音。在这方面，倭黑猩猩和黑猩猩很像。倭黑猩猩对婴儿的"尖叫声"很敏感，会在情况危急时发出"嗥叫"或"打嗝声"，以此获得婴儿的立刻回应。

虽然类人猿的这种母婴之间的话轮转换与人类相似，但二者的频率和种类存在极大差异。与人类母亲音调起伏地说个不停相比，黑猩猩母亲和倭黑猩猩母亲基本上是沉默的。

当黑猩猩和倭黑猩猩长到几个月大时，它们便能爬到母亲的后背上，抓着母亲的体毛，由母亲背着它们来回走动。这种情况会持续四年，经过这一阶段，青少年的黑猩猩和倭黑猩猩便能完全独立生活了。

福尔克发现，匠人的婴儿，甚至可能南方古猿的婴儿，都要比现在的巨猿成长得更为艰难。由于身体无助期要长得多，现代人的婴儿也需要比黑猩猩更长的时间来控制自己的姿势和行动——差不多三个月大时能抬头，九个月大时能独自坐立。早期人类祖先的婴儿可能也有类似的身体无助阶段，不过时间可能相对较短。因此，匠人、直立人和海德堡人的母亲需要长时间照顾婴儿，并带着婴儿行动，除非她们能找到别的方法来照顾孩子。

直立行走的姿势以及硕大的体形进一步加重了母亲身上的负担。我们知道，有些匠人已经达到了现代人的身高，而博克斯格罗夫的腿骨和其他骨骼残骸说明，50万年前的原始人往往身材魁梧——6英尺（约1.8米）高，身上有大量肌肉和脂肪。因此，他们的婴儿至少和现代人婴儿一般大，所以在180万年前，带着一个一岁大的婴儿行动与在博克斯格罗夫和今天一样费力。

事实上，甚至可能更疲惫。直立行走的进化可能同时伴随着体毛的减少，最终，我们身上现在只留下几块地方有体毛。体毛的减少可能是为了在开阔的稀树草原上觅食时保持凉爽而产生的另一种生理适应。[10] 早期人类的婴儿可能有抓握反射，但随着父母体毛的减少，这种反射的价值越来越有限。虽然现在的人类婴儿出生时还有抓握反射，但他们并不会发展出独立挂靠在母亲身上的能力。

体毛、火和衣服

然而，我们必须谨慎，因为没有直接证据证明人类的体毛在何时消失。事实上，这个想法本身就是一种错觉，因为我们身上的毛囊密度与同体形的类人猿差不多。我们和黑猩猩的区别在于，我们的体毛又细又短，基本上看不见。白天在炎热的稀树大草原上时，这样的体毛有助于匠人觅食，但不利于晚上保暖。

原始人可能是通过取火或穿衣服来保暖的。事实上，进化生物学家马克·帕格尔（Mark Pagel）和沃尔特·博德默尔（Walter Bodmer）认为，体毛的减少发生在我们的祖先发明了人工方式进行保暖之后。[11]一旦他们有方法保暖，减少体毛就有很大好处——不仅因为白天可以调节体温，还因为浓密的体毛会滋生大量的寄生虫，其中有些会传染疾病。如今所有的灵长类动物都要花大量时间相互梳毛以清理这些寄生虫，而它们本可以用这些时间做其他有用的事情，尤其在社会纽带通过"Hmmmmm"来建立的情况下。

虽然在最近以前，考古研究中都没有对衣服的记载——这可能只不过是一个保护因素——但有证据表明，160万年前原始人在肯尼亚库比福拉的 FxJj50 遗址曾用过火。[12]这是一片高度氧化的土地，地上有散落的石片和兽骨碎片，可以理解为篝火连续烧了好几天。由于骨头上没有烧过的痕迹，烧火非常有可能是用来取暖和威慑食肉动物，而不是用来做饭。因此，我们祖先身上的体毛可能消失于 160 万年前，这样，不仅白天高温胁迫减轻，而且身上的寄生虫也减少了。此时，因为婴儿无法抓握，他们会面临如何带着婴儿行动以及如果不带婴儿，如何照顾孩子的问题。

匠人似乎不太可能开始穿"衣服"——比如兽皮衣、披风或斗篷——从而使婴儿有除体毛外可以抓握的东西。有一项研究很巧妙，通过找出人体虱子进化的时间来追溯衣服的起源——虱子以皮肤为食，并生活在衣服里。马克·斯通金（Mark Stoneking）和他在莱比锡马克斯·普朗克研究所的同事们借助 DNA 对虱子的进化史进行了重建，并推断出人体虱子最早出现于大约 7.5 万年前，偏差最多 4 万年。[13] 他们认为，这一研究将虱子的起源以及穿衣服与现代人联系起来，所以我们所有的祖先和近亲虽然裸露但身上有体毛。而这似乎完全不可能。比如，25 万年前，尼安德特人生活在冰河期的欧洲，不穿衣服基本上活不下去。

我的观点是，北半球的早期人类，比如在博克斯格罗夫屠宰猎物的海德堡人，会穿简单的衣物，最复杂也就是用兽皮包裹。然而，最早的衣服可能不是用来保暖，而是用来抱婴儿的。迪恩·福尔克指出，在绝大多数近现代社会中，婴儿一般放在吊兜中带着行动，她认为这是第一种用兽皮或植物做成的"工具"。我很容易想象到，博克斯格罗夫的原始人也用到了这种工具。但福尔克认为，直立行走出现及体毛消失后，曾有一段时间这种工具还没开始使用，而这段时间非常有可能就是匠人所在的时期。那么，他们如何照顾体形不小又很无助的婴儿呢？

"放下婴儿"

上一章中，我们谈到了一种可能：非哺乳期的女性，尤其是祖母的帮助。但这种照顾主要是对断奶后的婴儿，因为小宝宝最常和母亲待在一起，而且需要定时喂奶。按需求喂奶——在婴儿哭着要东西吃的时候喂奶——在所有传统社会中普遍存在，这需要母亲和婴儿整日整夜的密切接触。现代西方社会认可这种现象的缺席，这是非常奇特的。

第二种可能是，婴儿被"停放"到一个安全的地方，比如树冠上，而母亲在离"停放"点很远的地方觅食，制作工具，求偶以及进行其他活动，可能时间很长。很多小型灵长类动物会使用这种策略，如叶猴。但这在高等灵长类动物中很少见。这并不奇怪，因为这种方式可能会让婴儿伤到自己或使婴儿被猎食者甚至同集群中的其他成员（比如，父亲以外的男性）杀掉。而且，由于婴儿需要频繁喂奶，哺乳的母亲与"停放"点之间的距离会受到限制。总体来说，在非洲稀树草原上，狩猎、采集和觅食的生活方式，再加上激烈的社会竞争和四处觅食的食肉动物，不适合"停放"婴儿的策略——如果家长想要再找到孩子时，孩子还健全地活着的话。

婴儿体形不小，没有生存能力，而且需要喂奶，解决这些问题的第三种方法是在母亲的视线和听觉范围内，频繁地将婴儿

"放下"一小段时间，这与失去了接触可能的"停放"不同。母亲因此能用双手摘水果，屠宰尸体，喝河水或砸石头。当婴儿不在母亲身上时，母亲可以伸手，弯腰，奔跑和舒展身体，或者单纯歇一歇。当她准备好接着行动——可能是去一片新浆果地，或者是使用一块新打制的石片——她可以直接把孩子从地上抱起来，而且每当孩子哭闹时，她也能抱起孩子。

迪恩·福尔克认为，这种"放下"确实存在，而且对"前语言交流"的发展至关重要。因为把婴儿"放下"后，母亲仍然需要和婴儿进行眼神交流，而且要做手势和表情，说话来安抚婴儿，这些代替了婴儿所渴求的身体接触。我们常将儿向言语和操控情绪的韵律性话语联系到一起。福尔克认为，这种韵律性话语是"母亲怀抱的无实体延伸"。在这方面，匠人母亲或海德堡人母亲与现在的智人母亲没什么两样。

摇篮曲的由来

这类话语必不可少，因为人类婴儿和类人猿婴儿一样，不喜欢被"放下"。和笑声一样，现代人类婴儿在啼哭时的呼吸方式也不同于黑猩猩婴儿，表现为短时的呼气和长时的吸气交替进行。到三个月大时，人类婴儿会用不同的哭声来表达不同的情绪，比如愤怒、饥饿或疼痛。现代人类婴儿的哭闹程度与他们独处的程度直接相关。啼哭加强了抓握反射，而这验证了心理学家的观点，即婴儿哭泣的主要原因是为了重建与母亲的身体接触。

　　正如迪恩·福尔克的推测，与现代类人猿和人类一样，早期人类的婴儿可能也不愿意与母亲分开。同理，我们有理由认为，就像现在的我们看到孩子哭时的感觉一样，早期人类母亲也会因婴儿啼哭而揪心。当我们忙于其他，无法抱起宝宝时，我们会用儿向言语的话语和手势来抚慰他们——这种可以快速发出的响亮声音基本可以让婴儿停止哭泣。这种儿向言语的使用，正如福尔克所认为的，是用来弥补直立行走出现后和婴儿吊兜发明前的进化空缺。

　　当婴儿睡着时，"放下"婴儿的时间可能会更长——当过父母的人都知道，这是一段能得到极大放松，而且经常可以进行剧烈活动的时间。福尔克推测，最早的摇篮曲的前身很可能是由第一批直立行走的早期人类演唱的。父母可能在给孩子喂完奶后，会抱着孩子，慢慢抚摸，轻轻摇晃。与现代人类婴儿一样，孩子们会自然地进入梦乡。

　　总体来说，有些母亲在"放下"婴儿后，有通过发声、表情和手势来照顾婴儿的生理学倾向，而这些母亲在自然选择中极大程度地被留了下来，她们的基因以及相关行为得以延续。福尔克认为，儿向言语在进化初期属于前语言，由各种具有旋律感和节奏感的话语组成，这种话语虽然缺乏象征意义但能影响情绪（如第七章所述），而我也将音乐性视作"Hmmmmm"的核心特征。但是，和现代人的儿向言语一样，随着婴儿成熟，儿向言语本身发生着改变。福尔克认为，随着进化，"词语出现在了原始人的前语言旋律中，并为人们惯常使用"。

第一个词: "妈妈"（Mama）还是"哕!"（Yuk!）?

尽管"Hmmmmm"向语言的进化是之后的章节所要讨论的话题，但本章最后对福尔克"放下"婴儿理论的探讨将以她关于第一个词的观点来画上句号，之后我还将提出我心目中可能性更大的理论。

福尔克认为："一个相当于英语词'Mama'的词是早期原始人最早创造的传统词之一，这种观点似乎不无道理。毕竟，使用辅助语言的婴儿日渐长大，他们难道不会像现代人一样，想要给那个让他们感受到最初那份温暖和爱意，为他们唱起安心旋律的脸庞起个名字吗？"[14] 当然，有这种可能，并且我们很容易就能想象到，当婴儿想要喝母乳时，双眼会望向母亲，嘴中发出"Mama"这个词的声音。

除了用舒缓的旋律来安抚婴儿以外，早期人类母亲还可能对婴儿"Hmmmmm"出什么其他内容？"Yuk！"的可能性很大，用以阻止婴儿接触或食用会让他们生病的东西，比如粪便或腐肉。

在现代人类的所有文化中都可以找到"Yuk！"这种表达方式以及与之密切相关的声音，如"eeeurr"，并伴随着皱起鼻子和拉下嘴角的特有面部表情。这就是恶心。从查尔斯·达尔文开始，人们就已将恶心视为一种人类共通的情绪。[15] 人们在看到身体排泄物、腐烂的食物和某些生物特别是蛆时，便会感到恶心。

"Yuk!""eeeurr"和相关的声音是它们所伴随的面部表情的发声结果，而且这也是声音联觉的例子——这些声音是黏糊糊、臭熏熏和嘀嗒嗒的，声音听起来的感觉和看到呕吐、粪便、流血和蛆虫画面的感觉是一样的。

伦敦卫生与热带医学院的瓦莱莉·柯蒂斯（Valerie Curtis）对人们感觉恶心的事物进行了跨文化研究，并总结得出，恶心可以理解为一种为抵御传染病而进化出的机制。[16]有了这种内在机制，我们就不用通过学习才知道，上述任何物品既不应碰触，也不应食用——我们能从其外观和气味中自然而然地判别。事实上，一些教育似乎是必要的，因为现代人类婴儿在两岁到五岁大时，才会产生恶心反应，年龄更小的婴儿很喜欢吃他们在地上发现的东西。因此，所有文化中的父母都会经常对婴儿说"Yuk!"，还会一边做出相应的面部表情，一边把不干净的东西放到孩子够不着的地方。

想象一下非洲稀树草原上宠爱孩子的匠人父母会面临怎样的难题。像FxJj50这样的地方似乎经常被重复使用，剩下的这些腐烂的肉、干涸的血渍、人类和鬣狗的粪便都可能进入你孩子的嘴中。如果你是一位生活在博克斯格罗夫的海德堡人母亲，你会用什么办法防止孩子爬进一只刚宰杀的动物内脏中呢？如果没有"Hmmmmm"交流中的"Yuk！"的话，随着时间的推移，传染病可能不仅会灭绝这些物种，而且会摧毁整个人属。

此处有一点必须说明，目前"Yuk!"观点至少有一种批评的声音，而且我必须对这一声音表示尊重，并不是因为她对人类进化的了解，而是因为她养育孩子的经验，她就是我的妻子苏。她认为"Yumyumyumyumyummm"——父母哄孩子吃东西时发出的声音——在进化上要先于"Yuk!"。但正如我向她解释的那样，"Yumyumyumyumyummm"不是一个词，而是一个完整的短语。这句话最早的含义可能是"小宝贝，来吃这个好吃的"，但是当孩子执拗地不愿张嘴时，父母可以通过改变语调来改变含义。

重回博克斯格罗夫

在早期人类婴儿的需求如何为母婴之间声音和手势互动的发展创造选择压力这一问题上，艾伦·迪萨纳亚克和迪恩·福尔克都提出了很有说服力的观点，这类互动应当具有音乐性。这为研究"Hmmmmm"提供了又一维度，也是现代智人所使用的儿向言语第一阶段的进化前身。

在上面描绘的 50 万年前博克斯格罗夫的生活场景中，母亲给婴儿唱歌只是我希望用来充实屠宰场景的两个"音乐"事件之一。另外一个事件是，一群狩猎者带着一具刚屠宰的尸体来到潟湖边，他们可能会一起唱歌，或者一群女性一起舞蹈，又或者他们在饱餐一顿马肉之后，同唱一首歌。无论具体细节如何，人们都很难否认这一观点，即博克斯格罗夫和比尔钦格斯莱本这样的遗址中会存在某种形式的集体唱歌和跳舞。毕竟，一起创造音乐是如今音乐最迷人的特点之一。但这背后是什么原因呢？

第十四章　一起创造音乐

合作和社会纽带的重要性

贝多芬的《合唱幻想曲》(*Choral Fantasia*)：冬日的寒冰开始消融时的尼安德特人

　　人们为什么喜欢一起创造音乐？无论我们说的是合唱团、管弦乐队、球赛观众、操场上的孩子、教堂集会，还是布须曼人，在这些短暂聚集的正式团体中，成员们都会一起唱歌和跳舞。对一些团体而言，这是他们存在的意义；对另一些团体而言，音乐是补充元素。对一些团体而言，他们创造的音乐是经过精心排练的；对另一些团体而言，音乐是心血来潮，可能是完全即兴的。音乐可能用来敬拜神明，抑或"只为博君一笑"。尽管音乐如此多样，但有一处共同点：音乐创造首先是一项共同活动，不仅是在现代西方世界中，更贯穿了人类文化和历史。

　　当我向我的家人和朋友问及具体原因时，他们欣然答道："因为这是件有趣的事"，"因为这让我心情愉悦"，"因为这有助于建立友谊，增进彼此的感情"，等等。这些回答并不意外。常识和切身经验告诉我们，事实确实如此。但是，常识并不能充分解释问题，而且常常会出错——别忘了地球可不是平的。音乐创造为何以及如何创造出社会纽带？我们的思维和身体为何会进化到从群体音乐创造中感受到快乐？

其他愉悦身心的事——吃饭和性爱——的回报显而易见。在前面几章中，我曾解释过个体的音乐创造为什么会进化为一项愉悦身心的活动：音乐可以用来操纵我们身边的人，传递与自然界相关的信息，向潜在的配偶推销自己，还能促进孩子的认知和情绪发展。但是这些因素都无法解释现代社会中的音乐创造为什么主要是一项群体活动。

为了回答这一问题，本章针对一系列观点进行了讨论，从呱呱叫的青蛙到行进中的士兵，并以西班牙北部距今 35 万年的阿塔普埃卡遗址收尾。我们可以想象，在那里，有一群海德堡人面对着逝者的遗体时，一起唱歌和跳舞。

（还是）和性有关吗？

群体音乐创造包括同步的发声和动作。在自然界中，行为的同步极为罕见。为数不多的几个例子有萤火虫"闪闪发光"、青蛙呱呱叫和招潮蟹同步挥动大螯。[1] 在这几种情况下，原因可能都是性：同步发光、呱呱叫和挥动大螯都是雄性为吸引雌性交配而做出的群体行为。关于雄性为什么会用这种方式进行合作，而不是只看谁发光、呱呱叫或挥舞得"最显眼"，有两种解释。第一种是，比起一个大型群体中的所有雄性单独行动，同步的"信号"可能更难吸引猎食者的注意力。第二种是，同步的"信号"比所有雄性单独展示时"更显眼"，而这可能在与其他多雄群体争夺雌性时很重要。

瑞典厄斯特松德生物音乐学研究所的比约恩·默克（Björn Merker）认同第二种解释，并认为这可能是我们的史前祖先进行同步音乐创造以及我们现在具备音乐能力的原因。默克推测，早期原始人——没有具体到哪一种——有着与现代黑猩猩相似的社会组织，即雌性动物在长大后，会离开自己出生的群体，并为了交配和养育后代加入另一群体。默克认为，在这种情况下，任一群体中的雄性都会有吸引"流动的"雌性的兴趣，因此会将同步的声音展示作为比其他群体中的雄性更胜一筹的方式——尽管我们没有在现代的黑猩猩或其他灵长类动物中发现这种行为。

叫声的响度将直接反映两个因素，这两个因素对雌性选择加入哪个群体都很重要。首先，叫声的响度能反映出集群中雄性的数量，这有助于衡量可利用的资源，比如果树的丰富程度。另外，默克认为，雄性叫声同步的能力是衡量合作程度的标准之一。因此，响亮且同步的叫声不仅可以吸引雌性，还可以威慑意图侵入领地的其他集群。

现代黑猩猩可能无法发出同步的叫声。它们不同于人类，即便接受训练也无法跟随节拍。根据人类学家弗朗斯·德瓦尔（Franz de Waal）对一个圈养集群的观察，倭黑猩猩的表现可能稍好一些："在合唱时，不同个体所发出的断断续续的叫声几乎能完美地同步，以至于一个个体成了另一个个体的'回声'抑或与另一个个体同时发出叫声。他们的叫声节奏平稳，每秒两次。"[2]
如默克所说，这与同时呼叫有很大不同，他将后者形容为真正的
同步，并且是人类音乐才有的特征。

但是，默克认为，这种多雄群体的同步叫声从 600 万年前人
类、倭黑猩猩和黑猩猩的共同祖先所发出的吵闹的合作叫声进化
而来，后者类似于黑猩猩发现丰富的食物时发出的叫声。用他的
话说，"就像黑猩猩在新发现的大果树上发出的喘嘘声将成群的
雄性和雌性吸引过来一样，我们应该能将原始人的展示性叫声想
象为重要的社交聚会，在特定领地群体中的所有成员可能都会兴
奋地参与其中"。[3] 雌性被参与同步唱歌和跳舞的雄性群体吸引，
有机会在雄性个体中选择交配对象——正如杰弗里·米勒和查尔
斯·达尔文的观点。

在第十二章讨论米勒的性选择观点时，我提到，米勒自己
也发现很难用他的音乐起源理论来解释人们一起唱歌和跳舞的倾
向。如果默克的观点对我们最早的原始人祖先——南方古猿和能
人来说可行的话，那么默克就解决了米勒的困境。但我对此有所
怀疑。

默克的观点所存在的问题在于，原始人为了吸引配偶所发出
的同步叫声也会吸引猎食者，就像落单的原始人所发出的远距离
叫声一样。我们知道，生活在非洲稀树草原上的原始人会与食肉
动物争夺尸体，而且经常自己也会变成猎物。而默克认为他们的
同步叫声是为了吸引流浪的雌性和震慑其他集群的雄性。所以，
这种观点的可能性微乎其微，尤其是相对开阔的地形会限制原始
人通过爬树来躲避猎食者。对生活在这种环境中的原始人来说，

可能性更大的策略是保持安静，并且寄希望于觅食的食肉动物从他们身旁走远。

尽管在猎食者存在的环境中，用同步叫声来吸引雌性的方法并不可行，但我们还是可以将默克的观点归纳为建立雄性，尤其是雌性之间的信任，他们需要从事各种相互支持、相互倚仗的行为。

一起载歌载舞

这是对第八章中讲到的长臂猿二重唱最可能的解释。实际上，在现代人中，成员间相互依赖的群体特别倾向于一起创造音乐。威廉·麦克尼尔（William McNeill）在他 1995 年出版的《与时俱进：人类历史上的舞蹈和训练》（*Keeping Together in Time: Dance and Drill in Human History*）一书中整理了相关证据。[4] 正如其书名，这本书讲的主要是有节奏感的身体运动。然而，这符合我对音乐的广义定义，而且麦克尼尔的观点不仅可以解释一起唱歌的行为，还可以解释一起跳舞的行为。

麦克尼尔从他自己 20 世纪 40 年代的军队生活开始讲起，这段经历值得在此复述。他讲到自己如何在 1941 年应征加入美国陆军，并与数以千计的年轻人一起进行基础训练。训练内容包括在尘土飞扬的得克萨斯平原上进行长时间的齐步行进："难以想象我们一小时又一小时地进行毫无用处的训练，齐步行走，听到大声的命令后报数，在烈日下汗流浃背，时不时边行进边喊拍子：Hut！ Hup！ Hip！ Four！"他先解释了起初这些训练看起来是多么没有意义，之后又描述道，过了一段时间，"不知何故，这种训练感觉还不错……我记得那是一种普遍的幸福感，更确切地说，是一种奇怪的个人膨胀感。因为'参与了集体仪式'，感觉自己变大了，比生命更庞大"。麦克尼尔继续解释说，他所有的战友都萌生出了一种情绪高涨的感觉："步伐轻快、步调一致，足以让我们感觉良好，对一同行动感到满足，对这个世界感到满意。"[5]这是麦克尼尔贯穿全书的观点的本质：群体音乐活动创造了令人身心愉悦的团结感，而不仅仅是对这种感觉的反映。

在有些情况下，音乐本身通过有节奏地促进肢体协调，帮助我们完成群体任务。但在大多数情况下，可能是音乐、共同情绪状态的唤醒以及与其他音乐创造者之间的互信诱发了认知协调。麦克尼尔举了很多传统社会中的例子。他提到了人类学家对希腊村民的描述，群体舞蹈让他们感到"轻松、平静又快乐"；他还举了卡拉哈里沙漠布须曼人的例子——"跳舞让我们的内心感到快乐"。

产生这种感觉的原因之一可能是大脑中内啡肽的释放，内啡肽是镇痛的主要化学物质。任何身体活动都能激发内啡肽的分泌，因此，运动不仅能改善身体状况，还能愉悦心情。进化心理学家罗宾·邓巴提出，集体音乐创造会让参与者大脑中的内啡肽激增，从而使他们心情愉悦并对彼此产生好感。[6]这一观点尚未得到正式测试，同时它也引出了一个问题：如果一个人唱歌和跳舞就能实现自我诱导的内啡肽修复，那我们何必还要参与集体音乐创造。其中一个原因可能是，当和其他人一起创造音乐时，内啡肽增加得更为显著。但是我们必须问一个问题，进化为什么要把我们的大脑"设计"成这样：群体活动为何如此重要？

此处我想到了约翰·布莱金的研究，在前面几章中曾有提及。20世纪50年代，他在研究南非文达族时，曾针对集体音乐创造进行过一项极为有意义的研究。他讲到，文达族人演奏集体音乐，不仅仅是为了消磨时间，也不是出于什么"神奇的原因"，比如增加收成，也不是在饿肚子或压力大的时候。事实上，原因恰恰相反：他们在食物充足时，进行集体音乐创造。布莱金认为，当个体能够追求个人利益时，他们才会有这种行为，而这种行为正是为了通过音乐创造中所需的高强度合作来保证为社群利益而共同合作的必要性仍然是群体的主要价值。[7]

麦克尼尔对"边界消失"的概念很感兴趣——通过这种方式，群体音乐创造使得"自我意识模糊，并让共舞的人之间的共同情感增强"。麦克尼尔认为，这种感觉源自我们过去的进化过程，"当我们的祖先在出发去猎杀危险的野生动物和回来后围着篝火跳舞时"。他认为，通过跳舞练习狩猎和提高合作水平的原始人繁殖成功率更高，而且他们的能力可以通过基因传递给后代，并最终在现代社会中通过多种方式发掘出来——尤其是士兵训练。

麦克尼尔形容史前生命围着篝火跳舞，这种说法多少有些简单化。除了提出关于增强群体凝聚力的一般观点以外，他并没有真正回答群体音乐创造为什么会提高繁殖成功率。但他的"边界消失"概念相当重要。要想知道为什么，我们需要更深入地了解合作行为在人类进化中的重要意义。

合作还是背叛？

前面的章节中曾多次提到合作在原始人社会中的重要性：为了抵御猎食者，为了狩猎和觅食，为了照顾幼儿。实际上，我们的祖先可能在所有行为中都会有合作。

虽然我们很容易理解，合作行为，如其在现代社会一样，也普遍存在于早期人类社会，但要解释合作行为的进化和延续却相当困难。达尔文理论用"自私的基因"来告诉我们，要想成功繁育后代，个体都应考虑自己的利益。这或许就是我们在合作时所做的事情：我们向他人提供援助的同时，会期望别人也帮助自己。学者们探索这一问题的经典方式是"囚徒困境"模型——一种简单却极为有效的理解复杂社会情境的途径。[8]

这一模型描述了我们作为个体身处的很多社会情境，它也可以更广泛地应用于群体之间的互动，甚至整个民族国家之间的互动。这一模型让我们专注于合作的核心问题，这反过来将有助于我们认识群体音乐创造行为的内在价值。此模型的命名来源于一个特定场景，我们想象在此场景中有两名遭捕且被指控犯罪的囚犯。两名囚犯甲和乙被分开审讯，并面临同样的条件："如果你认罪，而对方不认罪，你会被判轻刑（比如，一年），但对方会被判重刑（十年）；如果你们都不认罪，你们都被判中等刑期

（两年）；如果你们俩都认罪，你会被判很长的刑期（七年）。"

囚犯们应该怎么做？他们的困境在于，如果甲和乙都认罪，刑期要比沉默时更长——不是两年，而是七年。但如果甲沉默而乙认罪，那么前者刑期甚至更长——十年。

囚徒困境模型是博弈论中的一个例子，而博弈论应用于从经济学到生态学的众多学科的行为分析中。他们的选择通常用抽象的术语"合作"和"背叛"来描述。在上面的场景中，沉默是一种与伙伴的合作，而认罪是一种背叛。如果两个囚犯合作，双方好处最大，但是如果其中一人合作，而另一人背叛，双方损失最大。

如果上述情境只出现一次，而且囚犯之后永不再见，那显然最明智的策略是认罪，因为这可以缩短可能出现的最长刑期。但是，如果两个囚犯曾有过类似经验，而且估计以后可能还会有，他们会很难做出选择。比如，如果囚犯甲这次保持沉默，那么囚犯乙下一次保持沉默的可能性是否更大，从而减少可能的刑期？但是如果囚犯乙已经认罪，导致囚犯甲要服重刑，那么下一次囚犯甲可能会报复，或者至少不太相信伙伴会保持沉默。

囚徒困境模型的有趣之处在于它展现了现实生活情境的本质。确实存在一些情况，我们必须选择是否帮助陌生人，一个以后不会再见面的陌生人。然而，更常见的是，我们必须选择是否帮助那些我们今后肯定会再见面的人——我们的家人、朋友或同事。对这种情况下的每一个人，我们对他们的可信度、忠诚度和助人意愿都会有评估。因此，我们会根据他们过往对待我们（和其他人）的态度来做出决定。[9]

如何抉择？

人们是应该冒着一再被耍的风险，选择一直合作，还是在其他人选择合作时，冒着丧失最佳回报的风险，选择一直背叛？

20 世纪 80 年代初，罗伯特·阿克塞尔罗德（Robert Axelrod）提出了这个问题，并通过最别致的科学方法之一——一场囚徒困境的计算机竞赛找到了答案。他邀请博弈论专家制作出了计算机程序来进行相互对抗，让它们根据之前在游戏中的互动决定合作还是背叛。每一局游戏都有 200 "步" ——合作或背叛的机会——每个程序要与所有其他程序进行对抗，其中包括一个完全随机做决定的程序，它可能会对抗自己。

包括经济学家、心理学家、数学家、社会学家和政治学家在内的团体提交了 14 个程序。有些程序很大方，经常与对手合作——而且经常被利用。有些程序很记仇：如果伙伴曾做出过背叛，它们在余下的游戏中便会一直背叛。其中一种最简单的程序叫作"以牙还牙"，其选择正如其名。在第一次游戏中，"以牙还牙"会试着合作。随后，它会模仿对手上一步的行为；如果对手背叛，那么"以牙还牙"会在下一步中背叛，它也会出于同样的原因选择合作。

有几个和"以牙还牙"对抗的程序在积累了合作的经验后，会偶尔通过背叛来欺骗对手。还有些程序试着"理解"对手，在估算了对手合作和背叛的概率之后做出决定，从而将自己的回报最大化。实际上，有些程序每一步都能打败"以牙还牙"。但当所有的程序相互对抗结束后，"以牙还牙"的成功率最高。对现实生活中的社会情境来说，这个游戏似乎是一个合理的模型，我们必须和很多不同类型的人进行互动——有些人很慷慨，有些人很大度，有些人的行为完全可以预测，有些人则捉摸不透。

当然，从很多方面来说，现实世界都要比囚徒困境复杂很多。所有我们必须从合作和背叛中做出选择的情境都各不相同（就像在阿克塞尔罗德的计算机竞赛中一样）。我们还面临着推断他人是否要合作的问题。我们可能不得不相信他们所说的话，或者他们可能声称他试图合作但犯了错误，或者我们可能误解了他们的意图。

心智理论、自我认同和群体认同

因为现实世界非常"难搞"，所以我们在不停地估量身边的人在各种情况下会如何行动：他们会合作还是背叛？在如今的世界，自物质象征发明以来，我们可以通过穿着特定的服装、戴特定的饰品来缩短决策的过程，因为服装和饰品中藏着与地位、性格及愿意合作的人相关的线索——以校友领带为典型例子，还包括制服、纹章、名牌服装和团队颜色等。但是对尚未使用象征的原始人祖先来说，这种文化支持是不存在的。

很多人类学家认为，在复杂的社会环境中生存所面临的挑战（其中最为重要的是有关合作的决定）促成了心智理论——语言以外最为重要的心理特征。实际上，人们普遍认为，语言的进化依赖于心智理论能力。

我在第八章中介绍了这个概念，讨论了我们在决定如何与另一个人互动时经常进行"读心"。通常这是很容易的，因为他们可能会有明显的行为，穿着特定类型的衣服，或使用身体和／或口头语言来告诉我们，他们是愤怒、悲伤还是快乐，他们是否应该被信任、回避或被利用。在这些情况下，我们根本不需要心智理论，只需要做个优秀的"行为主义者"。但还有些情况，我们确实需要思考他人在想什么，其中包括思考别人认为我们在想什么。

事实上，我们会反思自己的所思所想，审视自己的信仰和欲望，并意识到自己的信仰和欲望与周围人不同，这些都是我们自我意识不可或缺的一部分。而且，我认为这种心理上的自我反省是认识到自己作为独一无二的个体的基础，拥有心智理论等同于拥有意识。因此，当我们处于类似囚徒困境的情境中时，我们会有意识地思考自己的头脑中在想什么以及游戏中其他"玩家"的头脑中可能在想什么。如果我们理解错了，便会在社交上失态，比如因讲了一个不合时宜的笑话而冒犯他人。情况更严重的是，看起来值得信赖的知名二手车推销员，实际上可能会利用我们。

因此，选择与他人合作成了一件难度极高的事情。难度还可能会升级，因为大多数情况下，我们不只是和一个人合作，而是和几个人。我们的原始人祖先肯定也面临同样的情况。想象一下，在 50 万年前冰河期的北欧，几个或一小群原始人早上从营地出发去寻找植物类食物和动物尸体。按照互惠的食物分享原则，他们获得的全部或部分食物会被带回营地，在集群中分食。那些没找到食物的原始人会得到谅解，因为在今后的觅食中，当他们成功寻到食物，而其他人空手而归时，他们就为群体做出了贡献。

在这种情况，以及可能出现的许多其他情况下（如集体狩猎和警告猎食者），每个个体都会陷入与其他个体的囚徒困境：是应该选择合作，带回食物，还是独吞食物，空手而归。选择后者的被称作"搭便车的人"——当其他人都在合作时，他们暗地里背叛，自己得益。

共同创造音乐如何发挥作用？

时至今日，我们仍然面临着人类祖先曾经面临过的困境，即如何确保为了每个人的共同利益而合作，而不是让普遍的背叛造成所有人的损失。

罗伯特·阿克塞尔罗德在 1984 年出版的《合作的进化》（*The Evolution of Cooperation*）一书中讲到了囚徒困境的计算机竞赛，他就如何在现实世界的情境中增进合作这一问题给出了具体的回答。他的两个建议似乎恰好描述了共同音乐创造所达到的效果。第一个是"扩大未来的影响"，意思是说，让将来的互动显得比现在的互动更重要。共同创造音乐似乎是实现这一目的的理想途径，因为这是一种低成本的合作方式。如果我开始唱歌，而你与我的声音同步，这将是一种合作的形式，我将把它视为你愿意在未来与我再次合作。我可能会改变旋律或节奏来测试你是否会追随我，你可能也一样。我们可能还意识到，有一个人拒绝与我们合唱或故意唱另一首歌，而这会被理解成他现在和将来都不愿与我们合作。

阿克塞尔罗德的另一个建议简单来说是，"频繁互动有助于促进稳定的合作"。这也能通过音乐创造来实现。音乐创造不仅"便宜"，而且可以嵌入其他活动。所以，当我在书房写作时，我可能会跟着背景音乐唱歌（唱得很烂）；在家里其他地方做事的妻子可能会加入进来（唱得很好）——这是我们专注于其他任务时的一种低成本互动。我们很容易想象到，稀树草原营地上的原始人或冻原上的早期人类也会处于相同的场景——有些人在宰割尸体，有些人在刮皮或打磨石头，他们边做这些事情，边唱歌，在进行个人活动的同时，相互之间建立起了一种联系。

因此，音乐创造是一种低成本又便捷的互动方式，它可以展现合作的意愿，并因此在有实质性收益时——比如在共享食物或集体狩猎时——增进未来的合作。我们可以将这看作"以牙还牙"策略的第一步，即一直合作，这一步毫无风险，因为如果其他人背叛，也就是说，他们不加入唱歌或跳舞，对我们也没有什么损失。然而，正是因为与共同音乐创作相关的成本和收益非常低，所以搭便车的人可以利用这种情况。他们能轻松加入音乐创造，因为没有什么损失，而只要发现自己能获得短期收益，他们就可以直接背叛。

自我意识

正因如此，麦克尼尔的"边界消失"概念极为重要。先前我曾解释过，人的自我认同与一种感觉密切相关，即觉得自己拥有一套独有的信仰、欲望和感觉。

当人们为参加群体活动——家庭聚餐、开会、足球比赛——而聚到一起时，他们一般有着完全不同的直接体验。我在开会迟到时可能心情很气愤，因为另一个会议超时了；等待我的人当中，有些人因我不在场而沮丧，有些人则很开心；有些人因一天过得很顺利而心情愉快，有些人则闷闷不乐。在这种情况下，我们会有非常深刻的自我意识，在决定说话之前，会迅速动用大脑来评估他人的感受——至少，如果会议要成功，我们是这样做的。

所有的集体活动都以相似的方式开始。当五六个原始人或早期人类一起出发去打猎或觅食时，其中可能有人感到饥饿，有人感到害怕；有人可能想走一条路，而另一些人认为走反方向最好。当每个人以不同的情绪状态开始一项集体活动时，产生冲突、背叛和搭便车的时机便成熟了。

群体中的不同成员所经历的不同情绪反映了不同的精神状态，并直接影响人们如何看待世界，以及对不同行为——包括合作或背叛——的成本和收益的看法。我曾在第七章中解释过，"快乐"的人往往更愿意合作。很多人可能都知道，当每个人都有不同的情绪时，尝试达成共识和开展广泛的合作格外困难。

一起创造音乐在这种情况下会有帮助，因为这种行为将会削弱强烈的自我意识——或者用麦克尼尔的话来说，让"边界消失"。足球比赛的观众、教堂中的唱诗班和游乐场里的孩子们都能体验到这一过程。有些情况下，这一行为得到了一致同意和相互理解，比如日本工厂的员工在开始工作前会唱公司歌。还有些情况，人们被操纵着进行这一行为，比如纳粹集会时的唱歌。

一起创造音乐的人会让他们的思维和身体达到一种共同的情绪状态，自我认同随之消失，与此同时，合作能力增强。实际上，"合作"一词并不完全准确，因为当身份融合时，便没有了"他人"来合作，只有一个集体决定如何行动。

心理学家将被试置于囚徒困境的情境中进行实验，他们研究了实验结果后得出，"参与者们通过将他们视为一个集体或联合体，感受到'我们感'（we-ness），在相同的情境中一起面对相同的问题"，来促进合作。[10]

心理学家将"我们感"更正式地称为"内群体偏好效应"，这是著名期刊《行为与脑科学》（*Behavioral and Brain Sciences*）近期关于人类合作本质的讨论的核心。这场讨论让众多学科的学者们在卷首的文章后做出了评价。心理学教授琳达·卡波雷尔（Linda Caporael）和她的同事们指出，关于人们相互合作的意愿的实验证据不符合人们总是将个人利益最大化的观点。[11]她们准确地将后者归为从进化角度研究人类的学者们的普遍观点，这些学者深受"自私的基因"观点的影响。虽然卡波雷尔和同事并未明说，但这显然是她们打破进化论者观点的一次尝试。

她们认为，群体行为不仅仅是个体为自身回报最大化而展开的行动的总和，而是"以共同的成员身份或社会身份对自我的重新定义为中介"。这一观点得到了众多评论家的强烈支持，不过大多数进化论者也认为这与他们关于人类行为是自然选择的产物的观点相一致。有几位撰稿人注意到了识别发展和维持群体成员身份的机制的重要性，并指出我们应该"留意"能增进群体情感的线索。不仅仅要看，倾听也相当重要，因为共同音乐创造是创造群体认同的主要方法。

爵士音乐家、认知科学家和作家威廉·本宗（William Benzon）是这一观点的支持者，他在 2001 年出版的《贝多芬的砧骨》（*Beethoven's Anvil*）一书中用大量篇幅探讨了这一话题："音乐是一种媒介，个体的大脑借由这一媒介在共同活动中联结起来。"[12]这让我们想到了麦克尼尔的"边界消失"。他当时用这个术语来解释他和其他新兵在长时间有节奏的行进中产生的群体团结感，并将这种感觉总结为群体音乐创造的结果。本宗还提到了演奏音乐的亲身经验，并将演奏的过程描述为音乐家们一起创造共同的声音，而不是相互传递音乐信息。他的解释一言以蔽之，"我们心灵相通了"。

在本宗看来，当人们将声音和动作同步，进入相似的情绪状态，并因此相互协调神经状态时，"联结"随之而生。在和他人一起唱歌，分不清自己和别人的声音时，我们大多数人都会真实地感受到这一过程。

　　神经生物学家沃尔特·弗里曼（Walter Freeman）同样也强烈认同音乐创造作为社会纽带的观点，而且他还引入了自己的脑化学知识。[13] 他认为，在群体音乐创造的过程中，催产素可能会释放到基底前脑，而这一过程通过放松储存先前知识的突触连接，"借助和其他人的共同行为，为获得新认识扫清道路"。[14] 弗里曼将音乐形容为"群体构成的生物技术"。

　　据我所知，这一假说尚未得到充分检验。但是，有动物实验表明，抑制大脑中的催产素会阻碍社会纽带的建立。比如，在雌性草原田鼠的此类实验中，它们仍能与性伴侣进行交配，但无法建立正常的依恋模式。[15] 因此，人们可以很容易想象到，过量的催产素将会产生相反的效果，而群体音乐创造可能确实有助于催产素在大脑中释放。

　　对催产素具体作用的认识不足并不会阻碍我们的研究。音乐为我们创造了一种社会身份，而不仅仅是个人身份，这是我们很多人都亲身体验过的事实。而且我们可能会羡慕别人的经历。20世纪 50 年代，在对文达族进行了研究之后，约翰·布莱金对比了文达族社会中的成长经历和自己在公立学校的经历："当我看到年轻的文达人在集体舞蹈中强健身体、发展友谊和感受性时，我不禁为我浪费在橄榄球场和拳击场上的数百个下午而后悔。我生长的环境教会了我竞争，而不是合作，即使音乐也是作为一种竞争存在，而不是共同经历。"[16]

35 万年前的阿塔普埃卡

集体音乐创造可以建立社会纽带和群体认同，这一观点便是我本章开篇谈到的"常识性"认识。现在，我们能明白为何如此，以及为什么音乐创造对我们最早的祖先南方古猿和最早的人属来说如此重要，后者生活在庞大而复杂的社会群体中，为食物和交配进行着激烈的竞争。要想蓬勃地发展，与人合作和赢得竞争同等重要。我们的原始人祖先面临着类似于囚徒困境的情况。社会生活艰难又费力，而且总有被人耍的风险。此外，原始人缺乏语言和物质象征来帮助解决这一社会困境，即信任谁和利用谁。

在决定是否要和群体内的其他成员合作之前，原始人会频繁而细致地观察他们可能的意图、信仰、欲望和感受。但在有些情况下，直接相信对方更高效，尤其是需要尽快做决定时。因此，那些抑制自我认同，转而通过带有丰富情绪和音乐内容的共同的"Hmmmmm"发声和动作来构建群体认同的个体能得到更好的发展。

集体音乐创造通过彰显合作意愿和创造达到"边界消失"/"我们感"/"联合"/"内群体偏好"的共同情绪状态，从而促进合作行为。随着匠人的进化和完全的直立行走，"Hmmmmm"获得了额外的音乐性，而"Hmmmmm"的进一步选择压力产生于传递自然界信息、争夺配偶和照顾婴儿的需要。随着早期人类在北半球定居，开始狩猎大型猎物和应对更新世剧烈的环境变化，合作的需求愈发强烈。因此，集体的"Hmmmmm"音乐创造在早期人类社会中变得普遍。

为了圆满结束本章，我们要看一看一处会发生这种情况的地方——西班牙北部的阿塔普埃卡，距今35万年。[17]这是一座到处都是洞穴和裂缝的石灰岩山脉，其中一个洞穴被考古学家称为骨头坑。这个名字很恰当，因为这个坑里装满了距今至少30万年的海德堡人的骨骼。此处用"装满"一词是认真的：自1976年第一批标本发现以来，浅浅的一小片土地中就已出土了2000多件标本。这些骨骼代表着至少32个原始人，而这可能只是骨头坑的一小部分。

没有迹象表明这里是食肉动物的巢穴，人骨只是它们爱吃的食物。这里肯定有洞熊的骨头，但是它们可能来自意外摔死在这里的动物，因为骨头坑位于近46英尺（约14米）深的竖井底部。这种解释不适用于人类的骨头，因为它们的数量很大。鉴于骨头保存相当完好，随其他地方的泥沙冲刷到坑里的可能性也极小。实际上，我们能从中找到骨架中的所有骨头，包括一些最为细小易碎的骨头，这说明完整的尸体被有意扔入坑中。阿塔普埃卡发掘的三位负责人之一，胡安·路易斯·阿苏瓦加（Juan Luis Arsuaga）称骨头坑为人类丧葬行为的第一份证据。

一个关键问题在于这些尸体是如何积聚起来的。是每年都有一两个海德堡人死去，一点一点地累积，还是庞大的尸体数量意味着某种灾难性事件？解答这一问题的方法之一是从尸体的年龄分布入手。阿苏瓦加和他的同事已经能够确定他们所发现的个体的死亡年龄，或者至少能将他们归入相应年龄段中。在这32个人中，只有一个孩子，死亡年龄在四五岁左右。我们很难评断骨头坑中没有孩子的事实是否意义重大——虽然儿童的骨骼格外脆弱。骨头坑保存完好，人们或许可以从中发现更多儿童骨骼。

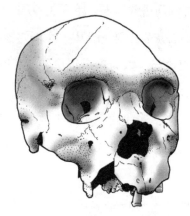

图13　发现于阿塔普埃卡骨头坑中
接近完整的海德堡人头骨（距今35万年）

骨头坑中大部分骨骼来自年轻人——任一群落中最健康、最壮硕的年轻人。这些骨骼可能历经几代缓慢地积聚起来；当阿塔普埃卡附近有人死去时，尸体会被有意放到这个坑里。但因为这些尸体的保存状态、密度和常见骨关节很相似，所以阿苏瓦加和同事认为，可能性更大的情况是，骨头坑中的原始人死于同一时间或者间隔很短。[18]

有一种可能是，社群受到了疾病，某种类似于中世纪欧洲瘟疫的流行病的侵袭。但这种传染病通常需要大量人密集地生活在不卫生的环境中，而这对于此时生活在西班牙北部的早期人类狩猎采集者来说，似乎不可能。而且，这种传染病往往主要影响极为年轻和极为年长的原始人，他们刚好不在骨头坑的人骨年龄段内。

还有一种可能。阿苏瓦加认为，生活在阿塔普埃卡的原始人可能遭遇了造成饥荒的生态灾难，比如持续性干旱或严冬。[19]年长的和年幼的可能已经死了，而群体中活下来的年轻人在阿塔普埃卡附近避难。随着生态灾难的持续，一两年的时间内这里逐渐累积起了 32 具尸体。

这些观点都只是推测——我的贡献是补充一种推测，基于本书提到的理论和数据。我的推测很简单，即尸体被同时或在几年内陆续扔到骨头坑中，而集体唱歌和跳舞的声音在洞穴附近回响。

对活下来的原始人来说，处置这些尸体会是一件非常沉痛的事情。而且，他们基本上不需要用唱歌和跳舞来营造共同的情绪状态，因为他们都认识死者，也明白失去群体中的年轻人对自身生存的影响。但这会是巩固和确定社会纽带，并达成未来合作的承诺的时刻。集体的"Hmmmmm"歌唱和舞蹈会达到这一目的：35 万年前在阿塔普埃卡的山洞中哭泣的原始人用声音和动作来表达悲伤，并让"边界消失"。

第十五章　恋爱中的尼安德特人

尼安德特人的"Hmmmmm"交流

由曼努埃尔·德·法雅（Manuel de Falla）创作，帕布罗·卡萨尔斯（Pablo Casals）演奏的西班牙民歌《娜娜》（*Nana*）：阿马德洞穴中的尼安德特人埋葬了一个婴儿

大多数人类学家倾向于将尼安德特人的大脑和他们的语言能力等同起来。这一观点不无道理：脑容量较小的匠人和海德堡人生活在复杂的社会群体中，适应了时刻变化着的环境，并展现出了制造工具的能力，那么新陈代谢旺盛的灰质还能用来做什么呢？但是我们必须戒除这种惯性思维。虽然生活在欧洲和西南亚的尼安德特人有着现代人的脑容量，但是其行为方式与现代人大相径庭，是一种没有语言的行为方式——我将在下面论证这一观点。所以，尼安德特人用这么大的脑容量来做什么呢？

本书已经给出了答案：尼安德特人将大脑用在了复杂的交流系统上，即具有整体性、操控性、音乐性、模仿性和多模式的"Hmmmmm"交流。虽然他们的直系祖先和近亲，比如匠人和海德堡人，也用这种方式交流，但尼安德特人把这种交流系统运用

到了极致。他们的交流系统成为前几章所讨论的加强交流的选择压力的产物。尼安德特人使用了一种加强版的"Hmmmmm"式交流，事实证明这一交流系统发展得相当成功：他们因此在冰河期欧洲剧烈变化的环境中生活了 25 万年，并实现了前所未有的文化成就。他们是"歌唱的尼安德特人"，虽然他们的歌声里没有歌词。他们也是有着强烈情绪的生物：快乐的尼安德特人、悲伤的尼安德特人、愤怒的尼安德特人、反感的尼安德特人、嫉妒的尼安德特人、内疚的尼安德特人、悲痛的尼安德特人和坠入爱河的尼安德特人。这些情绪之所以存在，是因为他们的生活方式需要明智的决策和广泛的社会合作。所以现在是时候来看一下尼安德特人本身，重新认识他们的行为和社会了。

尼安德特人的进化

尼安德特人于 25 万年前出现在欧洲，活过了冰河期的后半段，在 3 万年前之后不久灭绝。[1]遗传证据表明，在 50 万年前到 30 万年前，智人和尼安德特人拥有共同的祖先，之后智人在非洲开始了单独进化。4 万年前，智人迁徙到了欧洲，这可能是尼安德特人灭绝的原因。共同祖先的身份尚不确定，因为 100 万年前到 25 万年前的化石记录破解难度极大。[2]

海德堡人是匠人的后裔，是最受认同的共同祖先人选。但有些人类学家认为，这一"物种"只不过是身份和完整性尚不确定能否归为一类的各种化石碎片标本的总称。典型例子是来自 TD6 遗址的标本。这一遗址和骨头坑一样，都位于西班牙的阿塔普埃卡，但它可以追溯到 80 万年前，而且这里的化石是欧洲已知最早的人属化石。[3] 发掘者们用这些标本定义了一种原本未知的物种——先驱人，他们认为先驱人不仅是最早占领欧洲的原始人，而且是现代人和尼安德特人的共同祖先。但很少有人类学家接受这一说法，而是更愿意将这里的标本归为海德堡人。

剑桥大学的人类学家罗伯特·富利（Robert Foley）和玛尔塔·拉尔（Marta Lahr）为研究尼安德特人的进化提供了另一种观点。他们认为尼安德特人和现代人的共同祖先是从非洲的海德堡人进化而来的一个物种，他们将其称为赫尔梅人。[4] 由于尼安德特人和最早的现代人制作石器的方式惊人的相似——他们都使用了勒瓦娄哇技术，这一技术下文将详述——富利和拉尔认为，这一技术一定是由一个共同的祖先发明的，因为独立发明的可能性很小。由于勒瓦娄哇技术在 30 万年前以后才出现，所以这可能是两个物种最早分离进化的时间。在这种情况下，一群赫尔梅人分散到欧洲，并在那里进化成了尼安德特人，而另一群赫尔梅人留在了非洲，并进化成了现代人。

但谁知道呢？ 10 万年前的化石记录少之又少，以至于可以从中想象出多种进化场景。我们可以肯定的是：（1）尼安德特人和现代人在 50 万年前到 30 万年前有一个共同的祖先；（2）尼安德特人进化于欧洲，现代人进化于非洲；（3）现代人从非洲向外扩散，占领了全世界，而尼安德特人在 3 万年前就灭绝了。

尼安德特人的大脑、身体和生活方式

现代人的脑容量介于 1200 cm³ 和 1700 cm³ 之间，平均约为 1350 cm³。⁵ 160 万年前，纳里奥科托姆男孩（匠人）的脑容量约为 880 cm³，如果这个男孩能活到成年，脑容量将达到 909 cm³。到 100 万年前，平均脑容量仅增大到约 1000 cm³。这一数据反映了一段进化稳定期，而这段稳定期似乎又持续了 50 万年。由于在阿塔普埃卡 TD6 遗址中发现的欧洲最早人类标本过于零碎，我们无法推算出其脑容量大小，但是出土于骨头坑的两个保存完好的约 30 万年前的海德堡人标本脑容量分别为 1225 cm³ 和 1390 cm³。尼安德特人的脑容量还要更大，女性平均为 1300 cm³，男性平均为 1600 cm³。

脑容量的大小只有在和体形对比时才有意义。无论智力如何变化，动物的体形越大，脑容量越大。因此，人类学家通过脑重和总体重之间的数学关系来对比一组具有亲缘关系的物种的脑容量，然后评估任何特定动物的脑容量在多大程度上超出了按照其体形预估的脑容量。比如，如果我们将哺乳动物看作一个整体，骨头坑的海德堡人标本的脑容量是根据其体形预估的脑容量的 3.1 到 3.9 倍。我们把这个数值叫作脑化指数或 EQ。智人的 EQ 值为 5.3，这一数值在已知物种中——无论是现存的还是已灭绝的物种——是最大的。⁶

虽然已知最大的脑容量来自阿马德洞穴的一个尼安德特人——1750 cm³——但尼安德特人比智人体重更大，因为他们骨骼更厚，肌肉更多。因此，他们的 EQ 值较小——4.8。4.8 与 5.3 的差距并不能理解为认知能力的差距，而且我们必须认识到，智人之间和尼安德特人之间的脑容量都有很大差距。（心理学家一直没能发现现代人的脑容量和智力之间存在任何关联，因此在我们的物种中——有些人认为在任何物种中——脑容量更大并不会让你更聪明。）尼安德特人的 EQ 值虽然比智人低，但令人印象深刻。他们的大脑新陈代谢旺盛，只有在强大的选择压力下才能进化到如此程度。正如上文所解释的——而且本章下面也将继续讨论——其主要的选择压力是为了增进交流。

尼安德特人有一套独特的身体特征，这些特征在 12.5 万年前以后格外鲜明。与现代人相比，他们身材粗壮，胳膊和腿相对较短。尼安德特人有着桶形的巨大胸部和结实的肌肉，这从他们骨骼上的肌痕可以明显看出。他们还有着高挺的大鼻子和后掠的脸颊，没有构成人类下巴的下颌骨

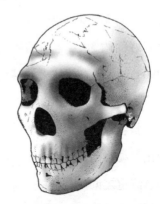

图 14 尼安德特人的头骨
（距今 4.5 万年的阿马德一号标本）

底部隆起的骨头。总的来说，这些身体结构特征与从生活在寒冷环境中的现代人身上所发现的特征相似：这类构造代表为了最大限度减少身体热量损失的生理适应性。[7]

正如我们可以从尼安德特人的骨骼残骸中深入了解尼安德

特人的身体一样，考古学家们从洞穴和露天聚居地的遗迹中探索尼安德特人的生活方式。[8]尼安德特人和他们的祖先一样，都是狩猎者，猎物主要是欧洲冰河期的大型哺乳动物。他们可能会觅食，只要有机会，植物采集可能也很重要。我们从尼安德特人洞穴中厚厚的灰烬沉积物和临时搭造的火炉中可以了解到，尼安德特人掌握了如何用火，不过我们还未发现用石头建造的火炉。

他们的洞穴中经常密集地堆积着很多丢弃的石器和兽骨碎片，这说明他们密集地聚居生活。洞穴提供了重要的庇护场所，尤其是在冰河期的冬天。我们没有尼安德特人搭建任何草屋的证据。洞穴也是他们开展社会生活的关键场所。尼安德特人可能生活在规模相对较小、关系亲密的群落中，和他们的祖先没有很大不同。与4万年前之后追随他们来到欧洲的现代人相比，他们的群体中没有社会分化的迹象，没有专门的经济角色，没有人群聚集的场所，没有贸易关系，也没有远距离的礼物交换。和匠人一样，[9]尼安德特人很可能非常了解群体中其他所有成员的生活史、社会关系和日常活动，并且很少和"陌生人"接触。

我们可以明显看到，尼安德特人在石器技术上有一种文化传递模式，鉴于他们的社会亲密关系，这点不足为奇。每一代人都几乎完整地复制了上一代人使用的制造技术。他们的技术需要高超的技巧，这不仅体现在他们的手斧制造上，也体现在他们使用考古学家所称的勒瓦娄哇技术上。勒瓦娄哇技术是一种制造预定形状和大小的石片的技术。

这项技术包括仔细地将石头结核打磨成一个凸面。通过除掉石头结核一端的小碎屑形成一个敲击平面，瞄准后巧妙地一击即可除去一大块石片。这是这项技术最基本的操作。还有一些不同的操作，有些可以去掉一块结核的很多石片，有些可以制作出细长的薄片。[10] 最常用的操作之一是制作一种尖头薄片，这种石片无须再作改进即可接在矛杆上。

尼安德特人在用长矛狩猎时，可能需要靠近猎物。我们从尼安德特人的肢体构造中可以了解到，他们的生活对身体要求很高，而且他们经常受伤。由于尼安德特人的化石数量众多，并且有些化石保存完好，所以我们对尼安德特人的肢体构造的了解比任何其他史前人类都要多。这最有可能是因为尼安德特人会埋葬死者，或者至少是部分死者。虽然这种埋葬行为的动机尚不清楚，但幸运的结果是，尸体不会被四处觅食的食肉动物发现。

其中有一具骨架意义重大，即卡巴拉一号标本，1983 年发现于以色列的卡巴拉洞穴中，此标本可追溯到大约 6.3 万年前。[11] 埋葬于洞中的是一位成年男性。除腿骨被洞穴中的酸性土壤破坏以外，骨架完好无损。这一标本让我们首次看到了尼安德特人完整的肋骨、椎骨和骨盆。没有发现颅骨，如果头部部分暴露在外，可能是被食肉动物带走了，或者头部可能被提前除去了。

发声和听觉能力：尼安德特人有语言吗？

卡巴拉的安葬也为人类学家提供了第一块尼安德特人的舌骨——实际上，这也是所有史前人类的第一块舌骨。舌骨附着在喉部的软骨上，用于固定说话所必需的肌肉。卡巴拉发现的舌骨与现代人的舌骨形状相同，并被用来论证尼安德特人的声道本质上也和你我拥有的声道相同。[12] 二者肯定不是完全一样的，面部形态的不同可能会产生鼻音。前面有观点称，尼安德特人的喉部在咽喉中的位置较高，与现代人的婴儿或黑猩猩类似，现在这一观点已被彻底推翻。

这一观点最初由菲利普·利伯曼（Phillip Lieberman）和埃德·克雷林（Ed Crelin）在 1971 年依据圣沙拜尔的尼安德特人标本提出。[13] 这一观点多年来影响力很大，但它被推翻不仅是因为卡巴拉的发现，还因为人们现在认为圣沙拜尔的标本过于扭曲，不够完整，无法被可靠地重建。因此，尽管尼安德特人的声道可能无法产生与现代人范围完全相同的声音，但如果尼安德特人的大脑中有语言的神经回路，他们的声音范围肯定足够多样，从而让他们能说出话来。

还有两个解剖学证据可以支撑尼安德特人具备与现代人相当的声音能力的观点。首先是舌下神经管的尺寸，舌下神经管上有着从大脑到舌头的神经。现代人的舌下神经管比黑猩猩和大猩猩更宽，这说明说话所必需的复杂运动控制需要更多的神经供应。舌下神经管部分保留在颅骨化石的头盖骨底部。杜克大学的理查德·凯（Richard Kay）和他的同事测量了各种标本的舌下神经管的宽度，他们发现南方古猿非洲种和能人标本的舌下神经管属于黑猩猩和大猩猩的尺寸范围，而尼安德特人标本的舌下神经管大小与现代人相当。[14]

我们可以从化石残骸中测量到的另一个神经通道是胸椎，控制膈肌和呼吸的神经从胸椎通过。罗汉普顿大学的安妮·麦克拉伦（Anne MacLarnon）和格温·休伊特（Gwen Hewitt）对各种现存灵长类动物、现代人以及原始人和早期人类的化石样本的胸椎尺寸进行了测量。他们发现胸椎的进化史与舌下神经管相似：南方古猿和匠人的胸椎尺寸接近非洲类人猿，而尼安德特人的胸椎更大，与智人相当。[15]麦克拉伦和休伊特考虑了直立行走、跑步呼吸或者避免噎食所造成的尺寸增大，但否定了这些解释。他们的结论是，穿过胸椎的神经数量增加是为了加强说话时对呼吸的控制。尼安德特人具备现代语言所需的呼吸控制水平。

舌下神经管和胸椎的证据表明，尼安德特人对舌头和呼吸的运动控制能力与现代人相似。对声音的感知可能也是如此。我在第九章中谈到，对早期原始人化石 Stw 151 的内耳骨骼的研究表明，与现代人相比，他对高频声音更敏感。伊格纳西奥·马丁内斯（Ignacio Martinez）和他的同事对骨头坑的五个海德堡人头骨进行了类似研究，结果表明，到 30 万年前时，他们的声音感知能力已经达到了我们现在的水平。[16]因为海德堡人非常有可能是尼安德特人的直系祖先，我们可以得出结论，尼安德特人的听觉能力也接近于现代人。

不同于更早时期与声音交流相关的解剖结构发展——如喉部位置下移——尼安德特人对舌头和呼吸的运动控制的提高，以及与现代人相当的听觉能力，最有可能是专为声音交流的进化而选择的。

是否正如进行上述研究的学者所想，这种声音交流意味着语言呢？这确实是对尼安德特人所取得的文化成就的一种省事的解释。我们一定不要忘了，尼安德特人活了 20 多万年，经历了重大气候变化。[17] 要想活下来，他们需要在狩猎和采集方面进行广泛的合作，这反过来又需要对社会关系进行精心培育和维护。这种关系对技术传统的延续也很重要。很少有现代的燧石工匠能模仿尼安德特人的技术来制造工具，但他们的技术精准而连贯地代代相传。如果他们没有口语，却在狩猎、社交和制造工具上取得如此成就，这似乎不太寻常。确实太难以置信了。

虽然语言的进化可以方便地解释尼安德特人的大脑、声道、听觉能力以及对舌头和呼吸的运动控制能力，但是有大量证据表明，语言还没有在人属的这一谱系中进化出来。因此，我们必须用一种高级的"Hmmmmm"交流来解释这些解剖结构的发展和文化成就。

在关于尼安德特人的考古记载中，有三处特征为高级的"Hmmmmm"而非语言提供了颇具说服力的证据。第一条证据已经讲过：尼安德特人生活在规模相对较小、社会关系亲密的群落中。正如我在讨论匠人时所说，在尼安德特人群体中，成员们会相互分享关于社会世界和当地环境的知识和经验，并且抱有一个共同目的。有了加强版的"Hmmmmm"交流，对那种只能由组合式语言产生的新奇话语的需求将是有限的，甚至可能根本没有。简单来说，他们频繁使用固定的话语，或者通过改变广受认同的"Hmmmmm"话语中语调、节奏、音高、旋律和伴随的手势来进行表达，除此以外，他们没什么需要说的。

用以论证高级的"Hmmmmm"交流，而非组合式语言的另外两条证据需要进一步探讨：象征性手工制品的缺乏和强大的文化稳定性的长期存在。

象征性手工制品的缺乏

象征性手工制品指那些被塑造或装饰过的手工制品，它们的含义与外形的关系是完全随机的。艺术品是典型例子，尤其是那些非具象的艺术品。考古学家面临的问题是，现代狩猎采集者——一般来说是现代人——经常将象征性的含义赋予完全未经修饰的物品和自然景观。我们无法肯定尼安德特人是否做过同样的事。但是，鉴于尼安德特人缺乏经过有意修饰且没有实用价值或其他非象征性作用的物品，我们应当慎之又慎。

尽管对有些人来说，这点稍有争议，但象征性的手工制品和口语之间的联系很简单：如果尼安德特人能使用词语——具有象征意义的离散话语——那么他们也能赋予物品象征意义。

具有象征意义的物品为社交互动提供了无价的帮助。我们一直都在使用这类物品，完全被它们包围着。而尼安德特人生活在最具挑战性的环境中，并且常常处于生存的边缘，他们有能力生产象征性的物品，却在 20 多万年的时间里没有发现或选择运用这种能力，这（对我来说）不可思议。象征性物品的缺失必然意味着象征性思维以及象征性语言的缺失。按照定义，没有这些东西，就没有语言。

尼安德特人和他们的直系祖先制作的有些物品被认为具有象

征意义。但这类物品数量稀少，性质多样，真实性极低。所以，坦白来说，用它们来论证象征性思维和语言——正如有些学者所为——令人匪夷所思。

比如，所谓的贝雷哈特·拉姆（Berekhat Ram）雕像。[18] 这是一块不到 3 厘米的火山石，发现于以色列一处距今 25 万年的矿床遗址。有些人认为这块石头被有意雕刻成了有头部、胸部和手臂的女性形态。包括我在内的一些人认为，石头和女性形态之间的任何相似之处完全是巧合：就像有时候我们在白云或月亮中看到人脸一样——这是主观感受。对这块石头的微观研究有力地证明了确实有石刀改造的痕迹，但极有可能是出于完全实用的目的，可能是做成楔子来支撑砧骨。切口还有可能是在磨钝锋利的燧石片时形成的，从而使其便于儿童使用，或者用于需要钝刃的任务，比如刮掉兽皮上的脂肪。

另一个备受争议的手工制品是比尔钦格斯莱本遗址中切开的骨头碎片。迪特里希·马尼亚认为这上面的标记是象征性代码的一部分。[19] 虽然这应该是海德堡人而不是尼安德特人所为，但如果马尼亚的观点能得以验证，这就说明尼安德特人作为海德堡人的可能后代，也能制作出具有象征性的手工制品。然而，几条划痕成不了象征性符号。另一种可能性更大的解释是，比尔钦格斯莱本的划痕是在割草或切肉的过程中用骨头做支撑时产生的，甚至可能是在用骨头来敲打节奏时产生的。

有些人并不赞同尼安德特人缺乏象征性思想的观点，他们认为，由于尼安德特人生活的年代久远，所以象征性的手工制品很难保存下来，即便有，也很少。[20] 然而，时间并不是物品保存的唯一决定因素。除了保存完好的墓葬以外，还有许多保存极好的尼安德特人遗址，这些遗址为我们提供了成千上万的手工制品和骨骼。然而，在这些地方只能找到几块带有刮痕的骨头和石头。

论证象征主义存在的另一更具挑战性的观点是，尼安德特人可能有人体彩绘。在几个尼安德特人遗址中发现了含有矿物二氧化锰的石头结核，而这些石头结核曾被刮擦过。[21] 粉末状的二氧化锰可以与水或其他液体（如血液和树液）混合，从而制成黑色涂料，正如 4 万年前智人到达欧洲后曾用涂料粉刷过洞穴墙壁。很多加工过的二氧化锰结核标本来自尼安德特人曾聚居的佩什德拉泽洞穴，弗朗西斯科·德里科（Francesco D'Errico）在波尔多的实验室中对这些标本进行了研究。他认为，尼安德特人可能使用了大量二氧化锰颜料，而很多遗址"遗漏"了这一证据，仅仅是因为发掘者们并没有想到会发现它们。

由于尼安德特人没有在洞壁或手工制品上留下颜料的使用痕迹，可能性最大的解释便是人体彩绘。这不一定意味着象征性形象的创造。我们能猜想到，因为尼安德特人进化于高纬度地区，所以他们有着白色的皮肤，而且我们知道他们狩猎大型猎物。颜料完全有可能只是用来伪装他们的身体。另外，或者说除此之外，颜料可能用来化妆——作为性吸引的手段，突出外表的某个方面。

如果尼安德特人使用颜料的目的与象征有关，那么我应该可以在他们的遗址见到更多种类的颜料，尤其是用来制作红色颜料的赭石结核。这是非洲南部现代人最早的象征性活动中的主要颜色（我将在下一章中介绍），而且红色比黑色更能唤起情绪——

正如进化心理学家尼古拉斯·汉弗莱（Nicholas Humphrey）曾写道，红色是"大自然的色彩货币"。[22]

强大的文化稳定性

反对尼安德特人拥有语言的第二个主要论据是他们文化的强大稳定性。实际上，他们制造的工具和采用的生活方式，在大约25万年前与3万年前灭绝时没有什么两样。我们从对自身经历以及对人类历史的反思中认识到，语言是一种改变的力量：我们可以用语言交流思想，从而改进技术，并引入新的生活方式。事实上，很多心理学家、哲学家和语言学家认为，语言不仅是思想交流的媒介，也是复杂思想本身的媒介——这是我在《思维的史前史》一书中所论证的观点，下一章我将进一步论证。因此，如果尼安德特人具备语言能力，他们的文化怎么能如此稳定，如此有限呢？这显然是不可能的。

认为尼安德特人的文化具有稳定性，并不是无视他们令人赞叹的文化多样性，也不是否定他们行为的复杂性。尼安德特人不仅会制作手斧和勒瓦娄哇石片，还会用各种其他技术来制作石器，并且明显能灵活使用可用的原材料。[23]他们有高超的敲击技巧，而且我们必须假设，他们还会用骨头、木头和其他植物材料来制作工具，即使这些工具并没有留存下来。但是，在尼安德特人存在的整个时期，创新的缺乏是令人震惊的。他们仅依靠从经过反复测试的一套工具制作方法中进行选择。

正如象征性的缺乏，这一特点也有其重要性——因为尼安德特人徘徊于生存的边缘，我将在下面详述。如果说过去有一群人需要发明弓箭、针线和储存食物的方法等，他们便是尼安德特人。但所有这些只有使用语言的现代人做到了，他们之后还发明了农业、城镇、文明、帝国和工业。相比之下，尼安德特人表现出了巨大的文化稳定性，所以我们现在所研究的仍然是一个具有整体性交流而非组合性交流的物种。

查特佩戎问题

尼安德特人文化的唯一重大变化似乎发生于他们在欧洲生存的末期——3.5万年前到3万年前。人们在位于法国的几个尼安德特人聚居地中发现了骨骼和牙齿垂饰，这表明他们产生了新行为——现代人的这类行为中含有象征性思考。这些物品是所谓的查特佩戎工业的一部分，而查特佩戎工业似乎融合了尼安德特人制造石器的传统技术和欧洲第一批现代人的代表性技术。[24]大多数考古学家认为，尼安德特人在他们的环境中见到了这些新来者，并尝试着模仿制作他们使用的石头工具以及他们佩戴的珠子和垂饰，尽管他们或许并不知道这些物品具有的象征性含义。还有些人认为，尼安德特人起初没有这些工具和身体饰品，他们在20多万年之后才终于开始使用这些物品，并且紧接着，现代人带着几乎一模一样的一套手工制品来到了欧洲。

过去几年，学术期刊曾用不少篇幅对这些观点展开了激烈的讨论，但没有找到问题的答案。弗朗西斯科·德里科是独立发明理论的主要支持者，他对法国洞穴中的相关测年和地层证据进行了细致研究，以确定何者发生得更早：是尼安德特人的垂饰还是现代人在欧洲的出现。他认为是前者，但考古证据可能无法给出足够的细节对这两种情况进行区分。对许多考古学家——包括我在内——来说，尼安德特人碰巧在戴着珠子的现代人出现之前开始佩戴珠子的观点过于天马行空，难以置信。

所以，我的观点是，欧洲最后的尼安德特人在模仿使用象征的现代人，而且并不明白象征的作用。毕竟，模仿是尼安德特人文化的核心，是他们制作工具的传统代代相传的主要途径。我们不应感到奇怪，尼安德特人模仿了新来的黑皮肤的现代人的行为——或许还把皮肤涂成了他们的肤色——即便尼安德特人并不明白珠子等物品被赋予了随机的含义。

尼安德特人的思维

我们完全找不到证据来证明尼安德特人具备语言能力，接下来必须了解一下尼安德特人的思维，并研究一下他们对"Hmmmmm"的使用。尼安德特人自 1856 年被发现以来，便引来了诸多争议。究其原因，一方面，他们似乎很现代，像我们一样，另一方面，他们与较早出现的、脑容量小很多的人属似乎并无不同。他们看起来如此现代化——如此聪明——因为他们能制造复杂的石器，猎取大型猎物，并在北半球的严酷环境中存活了20多万年。反过来，他们看起来如此"原始"——不够机智——因为他们的技术停滞不前，他们缺乏象征性思维，并且没有语言。

我第一次尝试解决这一悖论是在1996年出版的《思维的史前史》一书中。[25] 根据进化心理学和发展心理学的理论，我认为，尼安德特人有"特定领域"的智力。"特定领域"是指他们具备非常现代的思维方式以及有关自然界、物质材料和社会互动的知识储备，但无法在这些"领域"之间建立联系。举例来说，他们有着与现代人一样复杂的制作手工制品的技能，而且毫无疑问，他们也有复杂的社会关系，并且这些关系必须不断地监控、操纵和维护。但他们不能用制作手工制品的技能来调解社会关系，就像我们一直通过挑选穿着的衣服和佩戴的珠宝来调解社会关系，现代狩猎采集者通过选择珠子和垂坠来这么做一样。

另一个例子是狩猎技术。虽然尼安德特人一定对动物行为有着广泛而细致的了解，但他们设计不出专门的狩猎武器，因为他们无法将技术和自然历史融合成一种"思想"。哈特穆特·蒂梅和罗宾·丹内尔曾强调舍宁根的长矛如同标枪。尽管我们相信尼安德特人拥有类似的武器和燧石尖的长矛，但这两类工具的复杂程度无法和现代狩猎采集者所使用的多部件长矛相提并论。目前没有证据表明尼安德特人创造了特定类型的狩猎武器，用于在不同的情况下瞄准不同的动物。

这种特定领域的智力一定程度上解释了尼安德特人的大脑：

他们的神经回路在数量和复杂程度上和我们相当，因此能制造工具、社交和与自然界互动。他们所欠缺的是在这些领域之间建立起联系的额外神经回路，而这可能不需要多少附加能力。考古学家托马斯·温（Thomas Wynn）和心理学家弗雷德里克·库利奇（Frederick Coolidge）的合作团队认为，这些回路与工作记忆有关。他们的观点是，尼安德特人主动注意各种信息的能力不如现代人。[26] 不论工作记忆的增强是否起关键作用，现代人拥有的额外神经回路促成了我所说的"认知流动性"。本质上来说，这是隐喻的能力，而隐喻是艺术、科学和宗教的基础——这些行为没有出现在尼安德特人的考古记载中。

在我 1996 年出版的书中，我认为尼安德特人具有特定领域的思维，而非认知流动性思维。这种观点虽然有助于解释尼安德特人的行为和他们留下的考古记录，但并不能完全解释他们庞大的脑容量。要解决这一问题，我们需要了解他们的交流行为和情感生活——我先前的书所忽略的话题。当然，这一遗漏正是本书所尝试弥补的；尼安德特人可能没有语言，但他们有"Hmmmmm"。

正 "Hmmmmm" 着的尼安德特人

在前面几章中，我曾讨论过类似音乐的发声的几种功能，并认为匠人、能人和海德堡人会在他们的交流系统中不同程度地发挥这些功能。能人很有可能运用发声和肢体动作来表达和诱导情绪，而且其表达方式远超任何现代非人灵长类动物。但由于相对接近于类人猿的声道和有限的肌肉控制，与现代人相比，能人的表达方式受到了很大限制。随着直立行走的进化，发声和动作都得到了很大进步，后来的人属物种因此能够做出大量模拟行为，以便进行有关自然界和情绪状态的交流。在匠人和海德堡人中，唱歌可能是一种吸引配偶的方式，也是一种在一定程度上受到性选择影响的行为。当婴儿被"放下"时，唱歌也是一种安抚婴儿的方式，有助于促进孩子发展情感和习得成人的交流系统。最后，因为合作在早期人类社会中必不可少，所以唱歌和跳舞极有可能用于建立个人和群体之间的社会联系。

因为尼安德特人的体形更加庞大，生活的环境更具挑战性，婴儿格外累赘，而且他们更依赖于合作，所以，他们进化出了类似音乐的交流系统，而且这一交流系统比以往任何人属物种的交流系统都要复杂。

我们过于强调尼安德特人与智人相比所欠缺的东西——象征性物品、文化转变、语言和认知流动性等——以至于我们忘记了他们的独立进化长达50万年。随着额外神经回路的形成，通过高级的"Hmmmmm"来交流复杂的情绪——不光是快乐和难过，还有焦虑、羞耻和内疚——以及通过标志性的手势、舞蹈、拟声词、声音模仿和声音联觉来传递关于自然界的广泛而详细的信息的选择压力，使得大脑进一步增大并改变了其内部结构。我们必须还要回想起前面章节中关于绝对音感的证据和阐释。尼安德特人没有发展语言，但很有可能维持了绝对音感。而且我们必须假设他们的这种能力是与生俱来的，而与早期人属和现代人相比，绝对音感提高了他们的音乐能力。

尼安德特人比以往的人属物种拥有更多的整体性短语，这些短语的语义复杂度更高，使用情境更具体、范围更广。我认为，其中有些短语也可能互相组合，形成简单的叙述。而且，尼安德特人的音乐性使得每个整体性话语的含义比以往更为细微，从而产生了特殊的情绪效果。但是，无论尼安德特人的"Hmmmmm"交流系统有多么复杂，它仍然是一种相对固定的话语，促成了思想的保守和文化的停滞。

对尼安德特人大脑和交流系统的这种理解让我们能从新的角度来审视一些重要的化石发现和考古遗址。我们能从中大致了解分布在冰河期的欧洲和近东的尼安德特人群落，他们相互之间相对但不完全分隔地生活。成员之间的一些接触和交流对于保持基因生存力，甚至可能人口生存力来说至关重要。但我们应该能想象到，每个群体都在发展自己的"Hmmmmm"。虽然不同的版本有非常多的相同之处，但有些内容对其他群体的成员来说可能相对难以理解。在对其交流系统有所理解后，我们能对尼安德特人的生活方式有比以往更全面的认识。

生存的挣扎

通过研究尼安德特人的骨骼残骸，人类学家证实了他们生活的世界相当之艰苦。死亡率的轻微上升或生育率的下降就能轻易让他们的群落骤缩，甚至消失。[27] 可能很少有尼安德特人能活到35 岁以上，他们的群落只能勉强存活下来。[28] 从他们骨骼中可以看出的疾病和创伤的高发率证实了这一结论。尼安德特人生活很艰难，一般活得不长，而且常常要忍受巨大的痛苦。在圣沙拜尔发现的所谓的"老人"去世时不到40 岁，他的颅骨、颌骨、脊柱、臀部和足部都有退行性关节疾病，肋骨有骨折，大量牙齿脱落，并伴有脓肿。很多骨骼残骸显现出了类似的疾病和骨折的证据。[29]

有些骨骼呈现出了一定的愈合，足以表明存在社会关怀。典型例子是沙尼达尔一号标本，沙尼达尔是位于伊拉克的一个洞穴。这一洞穴中发掘出了一批特别重要的尼安德特人遗骸。[30] 这个标本上有头部受伤和身体右侧大面积挤压的证据。他的伤可能由坠落的岩石造成，至少有一只眼睛失明，身体有感染和部分瘫痪。但是，他继续活了好几年，如果没有得到切实的照顾，他基本上活不下来——有人给他带食物和水，帮他取暖，给予情感上的支持，或许还带给他药用植物。

我认为，"音乐疗法"极有可能用于缓解压力、加快康复和促进运动协调的恢复。我们在第七章中看到，这种疗法非常有效果。而且我可以很容易地想象到，尼安德特人唱着轻柔的歌来安抚那些心情沮丧，忍受着疼痛的人，并会敲打着节奏来帮助那些受伤或残疾的人运动。

我们永远无法知道，这种无论是否包括音乐疗法的关怀，只是出于爱和尊重，还是因为即便是残疾人，也能为群体做出实际贡献，比如在很少发生但情况严峻的环境中求生的知识。但我们可以肯定的是，即使尼安德特人群体在冰河期的环境中挣扎求生，他们也有时间和精力来照顾生病和受伤的人。

在冰河期，做决定是生死攸关的事。尼安德特人的生活中充满了抉择——从狩猎什么动物，在什么地方狩猎，和谁狩猎，用什么工具等，到和谁交配以及是否要照顾群体中的伤者。男性要决定是否给女性和婴儿提供食物。为肯定是自己孩子的婴儿提供食物和保护，或许比较容易。难以抉择的是父亲身份不明的婴儿，甚至是父亲已经去世或受伤的婴儿。

正如第七章中所谈，为了能理性地做决定，人类思维不仅需要具备做判断和处理大量信息的能力，还需要具备感受情绪的能力。如果感受不到快乐、悲伤、愤怒、兴奋、焦虑或自信，就无法做出"最优"选择。由于做出正确的决定对尼安德特人来说至关重要，所以他们肯定是高度情绪化的，并且会通过话语、姿势和手势来表达情绪。

这就是为什么与先前的其他物种相比，合作——共享信息和资源，狩猎时团结协作，关心彼此的幸福——在尼安德特人的生存中更为重要。无论是现代人、尼安德特人还是其他人种，都不可能永远认为创造超越个人身份的社会身份更重要。因此，音乐可能必不可少。现代人就是如此：他们在逆境中创造音乐。这种音乐能加强社会联系，促进相互间的扶持。我毫不怀疑尼安德特人也有完全相同的行为。因此，对没有语言、没有象征、用"Hmmmmm"进行交流并且生活在欧洲冰河期的群体来说，集体唱歌和跳舞会很普遍。

模拟和狩猎

尼安德特人的洞穴中传出了一阵"Hmmmmm"声，可能是狩猎者们计划着去打猎，或者他们带着猎物回来了。我们对这一点的最佳观察来自位于法国多尔多涅地区的康贝·格林纳尔洞穴。[31]

在 11.5 万年前到 5 万年前，这个洞穴被尼安德特人用作聚居地，形成了 55 个不同的文化层。20 世纪 50 年代和 60 年代，伟大的法国考古学家弗朗索瓦·博尔德（François Bordes）进行了发掘，复原了大量石器和兽骨。他发现的花粉和沉积物样本为我们提供了上一个冰河期气候变化的相关信息。博尔德于 1981 年逝世，当时他的考古成果尚未完全发表，但几位考古学家已经对他发现的材料进行了研究。要想试着了解尼安德特人，这一遗址便是核心所在。

宾夕法尼亚大学博物馆的美国考古学家菲利普·蔡斯（Phillip Chase）对康贝·格林纳尔的兽骨展开了最为细致的研究，他按物种对它们进行了划分，确认了存在的是哪部分骨骼，并检查了骨骼上是否有石器留下的砍痕。每个文化层都以四个物种为主：马、马鹿、驯鹿和牛。蔡斯确定了这些动物是打猎还是觅食得到的：在后种情况下，带回洞穴的是特定类型的骨头，而且上面没有切掉大块肉的宰割痕迹。

　　他的研究结果表明，马鹿和驯鹿都是打猎得到的。在所有的文化层中，单个动物的数量很少，这些动物似乎是在洞穴附近逐一盯上的。另一方面，马骨和牛骨中含有大量的头骨和颌骨。这说明这类动物是从食肉动物的猎物中找到的，因为头部通常是唯一留下的身体部位，而头部对人类来说极有营养，因为人类不同于食肉动物，他们可以敲开头骨，取出脑子和舌头。

　　因此，我们看到的画面是尼安德特人中的猎人从康贝·格林纳尔出发寻找猎物，就像我们想象中海德堡人在舍宁根狩猎一样。尚不确定尼安德特人是否也有像标枪一样的木矛，他们肯定会用石头尖来制造刺入式的短矛。他们所搜寻到的动物种类部分取决于狩猎的时机。在 11.5 万年前到 10 万年前，即尼安德特人聚居此地的较早阶段，气候相对温暖，洞穴被林地包围，所以这些文化层中的动物以马鹿为主。到了后期，天气越来越冷，越来越干燥，林地被开阔的冻原取代，只有在有遮蔽的山谷中，树木才能存活下来。因此，驯鹿的骨头更为常见。

　　无论尼安德特人寻觅的是动物还是动物尸体，在林地还是冻原狩猎，使用长矛还是叉，从康贝·格林纳尔出发的尼安德特人会进行规划，并"询问"最近狩猎时的发现。要做到这一点，标志性的手势、模拟、声音模仿、拟声词和声音联觉都会用到——而且，正如前面的章节所讲，尼安德特人使用的交流方式极有可能比他们的祖先还要复杂。

　　康贝·格林纳尔的证据表明，动物是被逐一盯上的。驯鹿、马鹿、野牛和马的出现频率，按照 11.5 万年前到 5 万年前的环境变化顺序发生着可预测的变化，所以尼安德特人很可能只是抓住了他们在洞穴附近能找到的任何东西。然而，人们在其他地方发现了大规模屠杀的证据，这说明与从康贝·格林纳尔推断的结果相比，尼安德特人还有更高程度的规划和合作。证据来自几处"户外场所"，发掘者从中发现了密集的兽骨和石器，这些地点可能是宰杀场所。

最不同寻常的例子是比利牛斯山脚下的莫朗。[32] 在这里的一个河边陡坡附近，发掘出了大量野牛骨骼。可能是尼安德特人将一小群野牛逼下了陡坡，野牛因此摔死在陡坡下。做成这件事需要几个，甚至很多猎人一起合作驱赶动物。莫朗的屠杀似乎发生在尼安德特人存在于欧洲的末期，可能在大约 5 万年前。

时间更早一些，大约 12.5 万年前，在泽西海峡群岛的拉科特也发现了类似狩猎技术的应用。[33] 在 20 世纪 70 年代的发掘中，人们在悬崖脚下的山洞里发现了成堆的猛犸和犀牛的骨骼。这些动物很可能也是被逼下悬崖摔死，之后被在基地等待的尼安德特人宰杀。尼安德特人将挑选好的动物身体部位拖到洞里，免得被四处觅食的食肉动物发现。

通过埋伏或坠崖进行大规模屠杀的例子还有很多，但莫朗和拉科特的例子足以证明我的观点：有时，尼安德特人的狩猎需要群体的广泛合作。当然，这不该让我们感到诧异，但它确实强调了一点：为了制订和执行计划并实现互利共赢，通过模拟进行交流肯定相当重要。

石器和交配模式

除狩猎以外，信息交流在尼安德特人生活的很多方面都很有必要。其中，我们有直接证据证明的便是制作石器。这些证据不仅告诉了我们技术如何可靠地代代相传，还体现了交配模式自匠人和海德堡人时代起发生的改变，其中暗含了"Hmmmmm"的使用。

我们在第十二章中讨论过，海德堡人制造的一种重要工具是梨形、卵圆形或尖头的石斧，而石斧的诸多特征表明，它是一种向异性展示的手段。我的假设是，男性制作这种手工制品，是为了向女性展示他们基因的质量；女性想要"好基因"，但在资源供给上不需要男性的投入，因为女性互助家族网为怀孕期和哺乳期的女性提供了支持。

虽然一些尼安德特人仍然在制作手斧，但到 25 万年前时，手斧已经成为技术清单中的有限元素。相反，石片工具占主导。大约同一时期，非洲也发生了类似的技术转变。我认为，这两种情况都可以用男女关系的重大转变来解释。[34]

与更早一些的人属物种相比，尼安德特人体形和脑容量的增长会使怀孕的女性对能量的需求增大，也会让新生儿在更长的时间内更加无助。我们还知道，由于尼安德特人寿命相对较短，很少有人能活过 35 岁，所以很少有"祖母"能为怀孕期和哺乳期的女儿提供支持。我认为，最终结果是，女性现在需要根据智力和体力以外的品质来选择交配对象，因此不再仅凭男性制作的石器和体格来做出评判。

随着冰河期带来的挑战增多，女性现在需要男性提供资源和基因。她们需要男性为自己和后代获取和分享食物，以及提供庇护所、衣物、火和冰河期生活的其他必需品。她们需要值得托付的可靠男性，这些特征再也无法通过展示精美的石器来体现。制造石器可能有助于屠宰猎物，但对狩猎的帮助有限。因此，有吸引力的工具变成了高效的狩猎武器——顶端有石尖的木矛。吸引女性的是那些能"把咸猪肉带回家"的男性，或者至少是在冰河期有适应能力的男性。

这些社会和技术转变的结果是尼安德特人中的男性可能不再为吸引女性而唱歌和跳舞。尽管他们的音乐能力会部分因为人类进化更早阶段的影响而延续下去，但不再受性选择影响。相反，他们会用唱歌和跳舞来彰显和巩固配对关系。之后，便会有……

更多的婴儿

1999 年 9 月，我非常激动地和艾瑞拉·霍弗斯（Erella Hovers）一起参观了以色列的阿马德洞穴。20 世纪 90 年代初，艾瑞拉曾在这里发掘出了几具尼安德特人的遗骸以及许多手工制品和兽骨碎片。[35] 这个洞穴位于一个景色十分壮观的干谷中。入口处的高大天然石柱映入眼帘，我便知道我们快到了，因为这幅画面我曾在很多照片中见到过。在洞中，艾瑞拉向我展示了一个尼安德特人小婴儿的骨架，是在岩壁上的一个凹槽里挖掘出来的。她确信婴儿是埋葬于此的。

这具骨架是一个 10 个月大的婴儿，生活在 6 万到 5 万年前，在学术文献中被称作阿马德七号。它被发现时是朝右手边侧躺，只有部分骨骼保存了下来。头盖骨被击碎，面部骨骼受损过于严重，以至于难以重建，大部分长骨、骨盆和肩骨也都是碎裂的。但椎骨和肋骨保存较好，指骨和趾骨都处于正确的解剖位置。

尼安德特人的婴儿死亡率很高——这从骨骼记录中可以明显看出——这不足为怪。然而，虽然现在有大量关于死亡率和埋葬方式的研究，但尼安德特人照顾婴儿的方式却很少被讨论。当然，这也不足为怪，因为研究绝不仅仅只靠推测。但是，我在前面几章中谈到的给婴儿唱歌的理论观点和数据可以为推测提供支撑。因此，我认为，我们可以肯定，尼安德特人父母使用类似音乐的发声、肢体语言、手势和类似舞蹈的动作来和婴儿交流——方式与现代人没什么两样，而且要比他们的祖先更发达。

因为很少有成年人能活到 35 岁以上，祖母应该很稀缺，所以母亲不得不独自照顾婴儿——或者至少在年长的孩子、自己的兄弟姐妹，可能还有孩子父亲的帮助下。即便有这些帮助，尼安德特人的婴儿肯定不仅经常会被"放下"，而且还可能成为孤儿，所以他们可能需要有人经常给他们唱歌，从而心情能变得愉悦。

与现代人父母相比，尼安德特人父母在与后代交流上承受更大压力的另一原因是孩子的发育速度。关于牙齿生长的微观研究表明，尼安德特人儿童的成长速度比现代人更快。[36] 因此，他们习得交流系统的时间相对较短，而习得交流系统意味着学习大量的整体性短语、手势和肢体语言，并逐渐体会情绪表达的细微差别。因此，从婴儿出生的那一刻起，尼安德特人的成人和婴儿之间的"Hmmmmm"交流便不止一层价值。

尼安德特人的埋葬

无论尼安德特人生命的终点来得有多快，"Hmmmmm"在他们的整个生命周期都很普遍。尼安德特人在面对成人的死亡、埋葬和哀悼时，与面对婴儿的死亡一样沉痛，因为一个年轻的单身成人的死亡很容易给整个群体带来灾难。埋葬比例相对较高的是年轻男性——群体中最强壮的成员，他们负责狩猎大型猎物，并且在严酷的冬日，他们从冰冻的尸体中觅食可能对群体生存来说至关重要。实际上，或许正是这些个体在整个群体中的经济价值才让他们在死后受到了特殊待遇。

因此，我们应该可以设想，6.3万年前卡巴拉洞中的人们，用和35万年前阿塔普埃卡人相同的方式在年轻人的墓葬前表达沉痛哀悼。无论是哪种情况，社会群体需要团结一心和抒发共同的情绪，这可能催生了挽歌。

但是，我们应该回想起约翰·布莱金在文达族的经历——如上一章中所述。他指出，很多时候，正是在富足的时候，群体认同通过集体音乐创造——利己行为的好时机——得以加强。因此，不仅在尼安德特人群体中有伤亡时，而且在他们生活中有"好日子"时，尼安德特人都会进行集体"Hmmmmm"音乐创造。

表演的空间

"Hmmmmm"交流应该还包括类似跳舞的表演，这或许可以解释尼安德特人考古记载中的一个有趣现象。当尼安德特人聚居的洞穴被全部或大部分发掘完时，他们所留下的残骸通常集中在一片有限的区域内。

剑桥大学的考古学家保罗·梅拉斯（Paul Mellars）对尼安德特人考古学有着极为细致而广泛的了解，他在研究法国的几个洞穴时谈到了这种现象，[37]特别是在多尔多涅的格罗特·沃弗雷洞穴、尼斯附近的拉扎雷洞穴和朗格多克地区的莱斯·卡纳莱特洞穴。

梅拉斯为上述每种案例都给出了两种可能的解释："空闲"区域是用来睡觉的，或者洞穴中生活的群体体形非常小。当然，还有第三个原因：空闲的区域是用来表演的。一个或好几个尼安德特人可能会做手势，模仿，唱歌或跳舞，而其他人则蹲在洞壁旁制作工具，进行其他活动，或者一起唱起歌来，以此来肯定相互之间的社会纽带，并将自己的信息融入"Hmmmmm"的对话。

在第十一章讲到比尔钦格斯莱本遗址时，我曾提到用石块和大型骨骼分隔出的空间可能是表演区。我们在法国南部的布吕尼凯勒洞穴中发现，尼安德特人可能也有类似的区域。[38] 从洞口往里几百米处，有一个由钟乳石和石笋搭成的四边形结构，长 5 米，宽 4 米，内有一根 47600 年前的烧焦的熊骨，这可以证明这个结构是由尼安德特人建造的。

要建造和使用这样的结构，尼安德特人一定会使用点燃的火把或火堆，不然洞内会漆黑一片，因为此处距离洞口很远。这一构造的用途还不得而知。除该结构和烧焦的骨头外，没有其他人类存在过的痕迹。我猜测，这里是"Hmmmmm"中唱歌和跳舞的地方。周围的洞壁很有趣，因为尽管这里的保存条件很理想，但洞壁上没有任何绘画、雕刻或任何形式的痕迹。冰河期洞穴艺术研究的元老让·克洛特斯（Jean Clottes）认为这一特征意义重大。他考察过很多洞穴，比任何人（无论是活着的，还是去世的）都更了解洞穴绘画，他认为布吕尼凯勒的洞壁是绘画的理想环境。欧洲的现代人没有发现这个洞穴，而尼安德特人发现了此处。克洛特斯认为，没有壁画是尼安德特人没有——实际上是不能——进行这一活动的确凿证据。[39]

（可能）不是笛子

我们不必到布吕尼凯勒或其他尼安德特人曾居住过的洞穴中，就能知道他们的歌声和舞蹈在墙壁间回荡。我猜测，尼安德特人会利用洞穴的回响，以及火光照在洞壁上的影子，使得歌舞更有戏剧效果。他们可能还会用指甲划过石笋制造出高亢的响声，用力地锤打石头和燧石片，吹响号角和贝壳并敲打猛犸象的头骨。所有这些都不会留下音乐创造行为的考古痕迹。实际上，现代狩猎采集者制作的很多乐器也是如此，他们主要用容易腐烂的兽皮和植物材料，或者是稍加打磨的骨头和贝壳来制作乐器。如果在考古现场发现这些材料，考古学家不太可能将其解释为乐器。

虽然证据不够充足，但我能想象到，尼安德特人除了有自己的声音，以及拍手、拍大腿和跺脚以外，还会用自然物品的声音加以补充。但是，他们是否会有目地改造这些物品，从而增强其固有的音乐属性这一点争议比较大。我认为尼安德特人所具备的"特定领域"的思维会极大限制他们有目地改造自然物品的能力。比方说，要把一块骨头变成一根笛子，尼安德特人需要选取自然历史领域中的一个物品，出于在社会领域中应用的目的对其进行改造，这个过程需要极强的认知流动性。我推测，考虑到他们的普遍智力，他们能用未经打磨的棍子在地上敲出节奏，但不能把骨头改造成笛子——这是他们难以企及的认知。所以，当一支尼安德特人的骨笛于1996年大张旗鼓地公开时，我很自然地开始担心我的理论的准确性。

1996年，斯洛文尼亚科学与艺术研究院的伊万·特克（Ivan Turk）在斯洛文尼亚的迪维·巴布洞穴中发现了一支"笛子"。[40] 客观来说，这支"笛子"是一只一两岁大的熊的股骨碎片，长11.36厘米，上面穿了两个完整的圆孔，骨头两端的碎裂程度说明上面可能还有其他孔洞。这支"笛子"在距今5万年到3.5万年的一层洞穴沉积物中发现，位置靠近特克所说的壁炉，只可能是由尼安德特人制成。很自然地，记者们迫不及待地将其当作了尼安德特人制作乐器的确凿证据。学界还没有对这支"笛子"进行批判性评价，它就登上了《纽约时报》的封面——于是，它就成了并将永远都是一个"媒体事实"。

图15　迪维·巴布洞穴1号"笛子"，长约114毫米

这是一支笛子吗？伊万·特克和他的同事们认为答案是肯定的，他们根据对复制品的演奏，发表了一份关于其音乐性的广泛研究报告。其他研究者们并没有如此肯定。弗朗西斯科·德里科指出，洞中的骨骼基本上都来自洞熊，可能是死于熊洞中的熊自然累积而成的。他还举了几个食肉动物啃咬过的骨骼自然累积的相似例子，骨头上留下了和迪维·巴布洞穴中的骨头差不多完全一样的圆孔。[41]德里科对这些骨头和"笛子"进行了微观研究。显微镜下圆孔周围的凹痕和刻痕证明这些孔由食肉动物的犬齿造成，而非石器，此二者留下的痕迹截然不同。而且，正对圆孔的骨骼表面上有清晰的牙印，这表明了食肉动物的颌骨咬住骨骼的方式[42]——至于是哪种食肉动物，德里科认为很可能是洞熊自己。

这支"笛子"在斯洛文尼亚国家博物馆展出。2004年11月，我去参观了这支"笛子"，并和博物馆馆长彼得·特克（Peter

Turk)（与发掘迪维·巴布洞穴的伊万·特克毫无关系）探讨了它是不是一支真正的笛子。从表面来看，确实很像一支笛子。彼得对弗朗西斯科的很多批评提出了质疑，并认为"笛子"可能在丢失或被遗弃后被咬过。但我并没有被说服。我的结论是，骨头与笛子的相似之处只是巧合。所以，我们缺少证据来证明尼安德特人能制作乐器。我自己的理论观点说明他们不太可能会制作乐器，不过我猜测未经打磨的木棍、贝壳、石头和兽皮可能在他们的音乐创作过程中发挥了某种作用。

小结：一场和尼安德特人的散步

尝试去理解尼安德特人"Hmmmmm"着的世界非常有挑战性，因为我们的想象力有局限，猜测在所难免，而且猜测依赖的证据有限。而且，我认为，与尼安德特人相比，所有现代人的音乐能力都相对有限。这部分是因为尼安德特人为"Hmmmmm"的音乐性进化出了神经网络，而智人没有；部分是因为语言的进化抑制了我们从和尼安德特人的共同祖先那里继承的音乐能力。

但是，有时我们会有强烈的音乐体验，这可能会捕捉到一些对尼安德特人来说很平常的丰富内容——或许是一首我们觉得旋律和节奏极为动人或鼓舞人心的歌曲。我的亲身经历是在第一次看芭蕾舞剧时，我突然注意到人体可以通过动作来表达情绪和讲述故事。芭蕾舞演员是在舞台上表演，而很少有人一年会看一次以上；但冰河期的尼安德特人每天都会在洞里映着火光看成员跳舞。

其他经验也可能提醒我们，我们对周围类似音乐的声音是多么"不敏感"。所以，在本章结尾，我想再次引用艾迪的老师形容和他散步的那段话，艾迪是第三章讲过的音乐特才：

> 我发现，与艾迪散步是一场声音全景图中的探险。他的手摩挲着金属门，门格格作响；他敲打着每根灯柱，如果发出的声音好听，他会说出对应的音高；他停下来去听车载音响传来的声音；他望着天空追踪飞机和直升机；他会模仿鸟儿的啁啾声；他向我指着路上隆隆行进着的卡车。我们走进了一间小商店，我都没注意到收音机在放歌，但他对我说："那个人在唱西班牙语歌。"凡是声音，艾迪都能觉察到；通过声音，艾迪能觉察到的不只声音。

艾迪在和老师散步时，已经发展出了一些语言技能，他在早些时候完全不具备这些能力。在这方面，他和尼安德特人有一些基本的相似之处——语言能力欠缺，但音乐能力很发达。所以，这段话或许可以帮助我们想象尼安德特人走在冰河期的环境中时会听到什么，会作何反应。这将会是另一幅声音全景图：大自然的旋律和节奏。因为语言的进化，这些声音在智人听来变得模糊不清。

第十六章　语言的起源

智人的诞生和"Hmmmmm"的分割

妮娜·西蒙（Nina Simone）唱着《感觉不错》（*Feeling Good*）：
布隆伯斯洞穴的智人戴着贝壳串珠，身上涂着颜料，感觉不错

当尼安德特人在欧洲狩猎，用"Hmmmmm"交流时，人属的另一物种正在非洲进化，并在大约 20 万年前进化成了智人。这是当今地球上唯一活着的人属物种。在其短暂的存在时间里，智人已经从狩猎采集者转变为城市银行家，从占领欧洲到探索其他星球，从不到一万人扩大到六十多亿人。大多数人类学家将智人的瞩目成就归功于语言，并且认为这是人属其他物种所不具备的能力。

从前面的章节中可以看出，我认同他们的观点。本章将要探讨从"Hmmmmm"向语言的进化及其对人类思维和行为的深远影响。我们必须先从智人的起源入手。

智人的进化

任何关于现代人起源的观点一定都是暂时的，因为新的化石和人类遗传学的新证据都可能会改变我们当前的认识。过去十年间出版的很多书时效性都很短，它们都因新发现而过时。然而，越来越多的人意识到，关于智人起源的最新描绘可能会得以延续，因为化石和遗传证据现在已经趋于一致。

2003 年，一项重要的化石发现在顶级科学期刊《自然》上发表：在埃塞俄比亚的赫托发现了三个不完整的颅骨，距今 16 万年至 15.4 万年。[1] 六年前，由加利福尼亚大学伯克利分校的蒂姆·怀特（Tim White）率领的美国和埃塞俄比亚的人类学家团队已经在一堆碎片中发现了颅骨。他们花了三年时间仔细清理，并将碎片重新拼成了颅骨，之后又花了三年时间进行全面分析，并将其与世界上另外 6000 个颅骨进行对比，最终发表了结果——这可不会有什么差错！

怀特和他的同事发现了两个男人和一个孩子的部分颅骨。最完整的颅骨符合智人颅骨的典型特征，包括平坦的面部、分开的眉脊和 $1450cm^3$ 的颅容量——略高于现代人的平均水平。它还具备一些和时间更久远的非洲化石——匠人化石——相关的"原始"特征，比如突出的眉毛。怀特和同事决定将这些新化石界定为长者智人（*Homo sapiens idaltu*）——最后一个单词在当地阿法

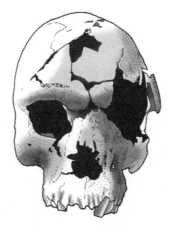

图 16　发现于埃塞俄比亚中阿瓦什的成年智人颅骨
（距今 16 万到 15.4 万年）

尔语中的意思是"长者"。这个单词似乎没什么必要，因为古人类学家普遍认为这些颅骨属于智人，是我们这个物种最早的化石遗迹之一。

在刚公开时，赫托化石是已知最古老的智人标本。但在 2005 年，这一殊荣落到了同样发现于埃塞俄比亚的另外两个颅骨化石上。这两个化石由理查德·利基于 1967 年发现，被称作奥莫一号和奥莫二号标本。人们之前认为它们所属的年代是 13 万年前；通过使用基于氩的放射性衰变的新测年技术，这一时间被修订为19.5 万年前。[2]

在赫托和奥莫发现的化石是非洲一组化石的一部分，这组化石属于 50 万年前到 10 万年前，其中一些被归为赫尔梅人，[3] 罗伯特·富利和玛尔塔·拉尔认为这一人种是尼安德特人和现代人的共同祖先。按照古人类学家莎莉·麦克布里雅蒂（Sally McBrearty）和艾莉森·布鲁克斯（Alison Brooks）的说法，非洲赫尔梅人标本兼具智人和早期原始人（包括距今 200 万年的鲁道夫人和匠人）的特征。赫托的新发现和对奥莫标本的重新测年说明，根据我们看到的形态多样性，有些时间更近的赫尔梅人标本应重新划定为智人。还有一种观点是，在 50 万年前到 10 万年前，可能存活着几种不同的人属物种，但只有一种物种活到了现在。

虽然对化石有不同的理解，但古人类学家们一致认为，非洲的化石记录向我们展现了 200 万年前脑容量约 650cm^3 的最早人属向脑容量约 1500cm^3、EQ 值为 5.3 的智人的逐渐进化。非洲的化石记录呈现了持续的变化，这与欧洲发现的化石截然不同。在欧洲的化石记录中，尼安德特人与现代人之间鲜明的不同之处说明，后者是欧洲大陆的新来者。

在发现赫托标本和对奥莫标本重新测年之前，非洲最早的智人化石标本来自南非的克莱西斯河口，距今约 10 万年。[4] 但是，众所周知，智人诞生的时间一定更早。1987 年，一篇重要文章在《自然》上发表之后，遗传学家们开始对世界各地的现代人的 DNA 进行对比，从而估算我们这个物种出现的最早时间。由于基因突变的发生频率具有规律，所以遗传学家可以通过测量不同种群个体之间的基因差异程度来测算智人出现的时间。[5]

非专业人士很难理解相关技术细节，但这种研究人类进化的遗传学方法产生了革命性的影响。这一研究方法证明了所有现代人都起源于非洲，而尼安德特人走到了进化的尽头。[6] 不同的研究团队采用了不同的研究方法，在智人诞生的精确时间上得出了不同的结果，不过在 1987 年之后，得出的时间都早于克莱西斯河口的化石标本。

2000 年，乌普萨拉大学的马克斯·英格曼（Max Ingman）和他的同事在《自然》期刊上发表了一项新遗传学研究。这项研究采用了最先进的技术，对全世界不同人群中 53 个个体的线粒体 DNA 进行了对比，并得出结论，他们最晚在 17 万年前（±5 万年）拥有一个共同的祖先。[7] 三年后，同一本期刊宣布发现了时间相差无几的赫托头骨，不久后，奥莫标本的重新测年发表。

语言基因的进化

由于语言能力是智人的生物属性，是我们物种的基因组中所固有的，我们应该可以得出结论，语言能力也在 17 万年前进化出现。近期另一项遗传学研究为这一观点提供了支持证据，尽管其结果要比关于智人本身的研究更具争议性。

这项研究的对象是一个庞大的多代现代家庭，学界将其称作 KE 家族。[8]20 世纪 90 年代，有人曾对他们进行过研究。这个家族中的部分成员在使用特定的语法上存在障碍，包括用转折词来标记时态。比如，他们很难判断出 "the boys played football yesterday" 语法正确，而 "the boys play football yesterday" 语法不正确。

KE 家族中患病的成员进行其他任务也有很大难度，尤其是舌头和唇部精细的口面部运动，这让他们的部分言语很难理解。考虑到他们的多种问题，语言学家们一直在争论 KE 家族的语言障碍是源于一般的认知缺陷还是语言系统的特定问题。后者似乎是最有可能的，因为非语言问题似乎不够严重和一致，不能证实这一说法，即 KE 家族智力低下或记忆力差，从而影响了他们的语言能力。

2001 年，遗传学家们发现了一种特殊基因，这种基因的失常影响了 KE 家族中接近一半的人。[9] 这种基因被称为 FOXP2 基因，似乎在开启和关闭其他基因方面发挥着关键的作用，其中部分基因对大脑中语言神经回路的发育至关重要。令人惊讶的是，FOXP2 基因并非人类所独有——人们在很多物种中发现了几乎完全一样的 FOXP2 基因。实际上，构成老鼠和人类 FOXP2 基因的 700 个氨基酸只有三处不同。这三处不同可能就是关键所在，因为 KE 家族的案例说明，当人类的 FOXP2 基因失常时，他们会出现严重的语言缺陷。

虽然这一基因的发现及其对语言的重要性意义重大，但第二年出现了一项更为卓著的发现。莱比锡马克斯·普朗克进化人类学研究所的沃尔夫冈·埃纳尔（Wolfgang Enard）率领另一支遗传学家团队，对黑猩猩、大猩猩和猴子的 FOXP2 基因展开了研究。他们发现，这些动物只有两种氨基酸与我们不同。[10] 而且，他们认为，这两种形成智人 FOXP2 基因的氨基酸变化对语言和言语至关重要。根据他们在《自然》期刊上的说法，他们估计现代人的这一基因固定下来的时间是（按照随机突变后的自然选择），"在人类历史的过去 20 万年，也就是说，伴随或紧随着解剖学意义上的现代人的出现"。[11]

FOXP2 不是语法基因，更不是语言基因。在语言能力产生的过程中，一定有众多基因参与，而且其中很多基因可能在个体发育的过程中起着多重作用。尽管如此，对 KE 家族和 FOXP2 基因的研究为人类语言的遗传学基础提供了有力证据，并且可能对解释 20 万年前智人的诞生不可或缺。那么，我们能否从这一时期的非洲考古记录中找到以语言为媒介的行为证据——那些在欧洲尼安德特人身上完全找不到的证据？

象征行为的起源

我们目前所知的非洲最早的具象艺术是纳米比亚阿波罗 11 号洞穴中的石板绘画。[12] 石板上画着真实和虚构的动物。这些石板曾经可能是洞壁的一部分，也可能一直是"可携带的"石板。它们何时出现争议性很大。通过放射性碳定年法对它们所在的考古层测算得出的时间不早于 2.8 万年前。但是，石板上方的鸵鸟蛋壳碎片可追溯至 5.9 万年前，这个时间和与石板一同发现的打制石器的时间更吻合。所以，放射性碳定年的结果可能被更晚出现的物质污染了。

即便蛋壳的时间准确，但这一时间与 20 万年前语言诞生的时间不相匹配——如果我们假定组合式语言所需的指称象征能力也会以视觉形式表现出来。根据南非布隆伯斯洞穴中雕刻过的赭石碎片，这种能力一定能追溯至 7 万年前。这一洞穴位于南非南端海拔 35 米、岩石遍布的海岸线上，南非博物馆的克里斯托弗·亨希尔伍德（Christopher Henshilwood）自 1991 年开始对其进行发掘。几年后，他向世人证明了布隆伯斯洞穴是目前已知对认识现代思维和行为的起源——言下之意，语言的起源——最为重要的考古遗址。[13]

最受瞩目的是两个小型的长方形标本，亨希尔伍德将其称为"页岩状赭石"。两个标本都只有几厘米长，上面刻着相似的交叉线状图案。这些图案与欧洲的遗址（如比尔钦格斯莱本）发现的骨骼上的划痕图案大相径庭。这些图案很有秩序，排除了偶然产生的可能性。而且，由于同样的图案重复出现在两块不同的手工制品上，所以上面的印痕是一种象征代码。

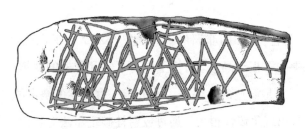

图 17　布隆伯斯洞穴中雕刻过的赭石页岩（距今 7 万年）
这一标本是 SAM-AA 8938，长 75.8 毫米，宽 34.8 毫米，厚 4.7 毫米

从考古记载来看，布隆伯斯洞穴中 7 万年前的雕刻毫无疑问是非洲乃至全世界最早的象征。洞穴中发现了 8000 多块赭石，其中很多都有使用过的痕迹，可能用于人体彩绘，或装饰有机材料制成的物品——后者未能保存下来。除此之外，亨希尔伍德在布隆伯斯洞穴中还发现了贝壳串珠，在 7 万年前，人们佩戴着的这些串珠可能具有象征意义。[14] 但这一日期仍有可能比人类语言的可能起源晚十多万年。那么，在非洲还有没有其他早期象征的

迹象呢?

　　在回答这一问题之前，我们必须清楚，人们对非洲在 20 万年前到 5 万年前这段关键时期的考古认识远不如欧洲。在欧洲，已经有数百个尼安德特人遗址得到了充分发掘，而整个非洲得到充分发掘的遗址仅有几个。因此，虽然我们可以肯定欧洲的尼安德特人没有制造出物质象征，但对非洲的早期人类，我们必须加倍谨慎。有一句考古名言一定适用于这片土地："没找到证据，不代表没有证据。"实际上，重要证据可能还在布隆伯斯洞穴尚未发掘的地层里。而且，有力的间接证据表明，早期智人在 10 万年前甚至可能更早的时间便已经开始制造和使用象征了。

　　证据来自距今至少 12.5 万年的考古沉积物中的大量赭石。在南非开普敦海岸的克莱西斯河口洞穴，发现了 180 多块赭石。[15] 发掘者们将一些石头称作"铅笔"，有些石头很明显有刮擦颜料粉末的痕迹。类似发现出自同样位于南非的边境洞穴。这个洞穴中埋葬了一个智人婴儿，其出现时间极有可能是在 10 万年前左右。骨骼染上了赭石的颜色，考古学家同时还发现了一个穿孔的贝壳，并认为这是一个垂饰。在南非的弗罗里斯巴德遗址，可能用于研磨赭石的石板可以追溯至 12 万年前。

　　由于在阿波罗 11 号洞穴发掘以前，考古记载中没有经过装饰的洞壁或人工制品，所以考古学家们认为赭石最早是用于身体装饰——史前化妆品。而这是否应被界定为象征性存在着很大争议：红色颜料可能只是用来吸引注意力或放大身体的特定部位，比如嘴唇、臀部和胸部，因此其本身缺乏象征意义。相反，人体彩绘本身可能包含象征，或许类似于布隆伯斯洞穴中的两块赭石碎片。而且，我们必须记得，这两件具有明确象征意义的手工制品是在 8000 多块赭石中发现的。因此，在赭石含量丰富的克莱西斯河口、边境洞穴和其他 10 万年前或更早的遗址中没有发现雕刻过的石块，可能只是因为没找到或未能好好留存下来。[16]

有人认为，早期智人使用的红色颜料具有象征性；有人认为，欧洲尼安德特人使用的黑色颜料具有象征性。我更赞同前一种观点，不仅因为人们发现红色颜料的使用量要大很多，还因其颜色——红色。经证明，红色对人类而言有特殊意义，因为红色会引起一系列生理反应，包括心率和大脑活动的变化，而且红色在所有社会的颜色系统中都占有特殊地位。当大脑损伤影响色觉时，红色对损伤的抵抗最强，并且恢复最快。

1976 年，进化心理学家尼古拉斯·汉弗莱发表了一篇题为《大自然的颜色货币》（"The colour currency of nature"）的精彩短文，探讨并解释了红色的重要性。此处引用他的话：

> 红色的伞菌、红色的瓢虫和红色的罂粟花都是危险的食物，但红色的西红柿、红色的草莓和红色的苹果对人类有益。一只好斗的猴子张大的嘴巴，具有威胁性，但一只性感雌猴的红屁股，很有吸引力。一个男人或女人通红的脸颊，可能代表着愤怒，但同样也可能代表着愉快。因此，红色本身只对观看者起到提醒作用，让他做好准备接收可能很重要的信息。我们只有界定了红色出现的环境，才能理解信息的内容。[17]

汉弗莱认为，红色作为一种信号颜色的模糊性是难题之所在，他将红色称为"大自然的颜色货币"。所以，红色的赭石被选为人类历史上的第一个象征，这或许也不足为怪。

语言如何进化？

回忆一下，"Hmmmmm"代表着整体性、操控性、多模式、音乐性和模仿性。这是非洲智人的直系祖先使用的交流系统，其进化程度没有欧洲尼安德特人的交流系统那么高。我们需要了解非洲智人祖先使用的"Hmmmmm"如何为语言的进化打下基础。而要想了解透彻，我们可以从语言学家艾莉森·雷的研究入手，[18]并用我自己的"Hmmmmm"概念来阐释她的观点。之后，我们再看一看西蒙·柯比的发现，西蒙是一位用计算机模型来研究语言进化的语言学家。[19]

我的"Hmmmmm"理论很大程度上借鉴了雷关于语言前身的观点，她提出，前智人的话语具有整体性和操控性，而不具有组合性和指称性。她的观点与德里克·比克顿截然相反。后者认为原始语是没有语法的词语，这一观点在第十章受到了质疑。在前面谈到匠人、海德堡人和尼安德特人的交流系统时，我借用了雷的另一概念，并将这一概念与手势和音乐性的重要性相结合，发展出了"Hmmmmm"理论。那么"Hmmmmm"如何成为语言的进化前身？

雷用"分割"这一术语来形容人类开始将整体的短语分解成

独立的单元的过程，其中每个单元都有自己的指称意义，并能与其他话语中的单元组合，从而形成无限的新话语。组合性由此而生，这一特点使语言比任何其他交流系统强大百倍。

雷认为，分割可能始于发现整体话语的语音片段和相关的对象或事件之间的偶然关联。这种关联一被发现，就可能通过指称的方式被用来创造具有组合性的新短语。她以下面的假设为例：如果在具有整体性和操纵性的原始语中，有一个短语叫 tebima，含义是"把那个给她"，还有一个短语 kumapi，含义是"和她分了这个"。有人可能会发现，两个短语中有一个共同的语音片段 ma，而"她"是两个短语在含义上的共通点。因此，这个人可能会得出结论，ma 可以用来指称"女性"。我们要注意，在具有整体性和操纵性的原始语中，ma 没有任何指称含义，因为 tebima 和 kumapi 都没有组合性——它们是随机的语音序列，碰巧有一个相同的音。

对雷的观点持反对意见的语言学家——比如德里克·比克顿和玛吉·托勒曼——对分割的可行性进行了反驳，但他们的反驳并不充分。[20] 比如，托勒曼认为，偶然关联产生的可能性微乎其微，但有计算机模拟表明，偶然关联很容易出现——如下文所述——雷本人解释了分割过程如何可能得到"近似匹配"的支持。托勒曼还认为，整体性话语不可能包含能分割的多个语音串，因为语音串太短。但是只需要分析猴子、类人猿和鸟类等的冗长的整体短语，我们便能明白，人类祖先的那些短语历经数千年的进化，可能已经达到了相当的长度，并且数量猛增，从而实现了最大程度的语义具体化。类似地，还有观点认为，雷的分割理论必须假定离散片段早先存在，而这否定了整体性话语的概念，但这一观点也毫无依据。整体性话语可能是多音节的，但按照定义它们具有整体性，没有一个音节或音节组映射到话语的离散复杂含义中。

当雷对整体性原始语的描述由更复杂的观点，即我所提出的"Hmmmmm"所取代时，这些反驳都遭到了进一步否定，雷分割理论的可行性也得到了提升。

拟声词、声音模仿和声音联觉的出现在整体话语的语音片段和世界上的某些实体之间创造出了非随机的关联，特别是有特殊叫声的物种、含有特殊声音的环境和身体反应——在前面章节中，我提到了"Yuk！"的例子。与雷在例子中提到的完全偶然的关联相比，这些非随机的关联能大大提高特定语音片段指称相关实体并作为词语存在的可能性。手势和肢体语言的使用会进一步增强这种可能性，尤其是当话语的语音片段和指向某个实体的手势固定地组合出现时。一旦出现了一些词，其他词便会通过雷所说的分割相继出现。

"Hmmmmm"的音乐性也会加快这一过程，因为音高和节奏会突出特定的语音片段，从而增大了其被视为具有自己的意义的离散实体的可能性。在第六章，我曾讲过婴儿的语言习得也是同样的道理：儿向言语的韵律放大有助于婴儿拆分他们所听到的音流，从而分辨出单个的词和短语。同理，在"Hmmmmm"交流中，重复的短语会进一步加强分割的进化过程，就像对婴儿重复说话和现代音乐中重复的副歌用于达到情绪及其他效果一样。而且，"Hmmmmm"的音乐性也能保证整体性话语足够长，为分割的过程提供原材料。这样的话语一定由片段组成，没有任何预设的组成词。它们可能来源于我在第八章中描述的口腔音姿——嘴唇、舌尖、舌体、舌根、软腭和喉部的物理运动，这些运动创造了任一话语的语音片段——无论是整体性还是组合性话语。

进一步论证分割过程的证据来自使用计算机模型模拟语言的进化过程。

模拟语言的进化

爱丁堡大学的西蒙·柯比是最早运用计算机模拟模型来研究语言进化的几位语言学家之一。[21] 他在自己的程序中创建了一群智能体——模拟人，模拟人之间用语言符号串来相互交流。模拟人分为多代，每个新的"学习智能体"通过向已有的"说话智能体"学习来习得自己的语言。通过这种方式，柯比的模拟能探索人类语言最受瞩目的特征之一：儿童如何通过只听父母、兄弟姐妹和其他语言使用者说话来习得语言。

模拟之初，柯比给每个说话智能体一种"随机的语言"，也就是说，它们能为每个含义生成随机的符号串。因为每个符号串的结构与所要传达的特定含义之间不存在任何对应，所以这是一种具有整体性的语言。随着模拟进行，学习智能体开始接触说话智能体的样本，并通过这种方式习得自己的语言。因为它们所听到的只是任一说话智能体的话语样本，所以它们的语言与其他任何个体都不同。因此，柯比形容这种语言系统不稳定：代内与代间的变化度很高。

随着模拟深入，柯比发现，语言系统的有些内容逐渐稳定下来，一代又一代忠实地传递。之所以出现这种情况，是因为柯比有效模拟出了雷所推测的人类进化中可能出现的过程：一个学习智能体误以为它从说话智能体那里推断出了某种形式的非随机行为（这说明符号串和含义之间的关联反复出现），并运用这种关联形成自己的话语——现在这些关联变成了真正的非随机关联。柯比将这一过程称为"概括"。其他学习智能体将会习得符号串与含义之间相同的关联，并在智能体间传播，从而形成柯比所说的"稳定的口袋"。最终，整个语言系统将会稳定下来，并形成一种单一的组合式语言。

借助这一研究，柯比颠覆了乔姆斯基的刺激贫乏论。乔姆斯基认为，只靠听父母和兄弟姐妹说话，儿童是不可能学会语言的。他认为，从出生到三岁熟练掌握语言这段时间，任务过于复杂。所以，他认为婴儿天生具备各种语言能力，这些能力以"普遍语法"的形式存在。但柯比的模拟表明，学习语言可能没有乔姆斯基认为的那么困难。或者说，学习过程本身能产生语法结构。因此，如果有"普遍语法"这种东西，它可能是通过代与代之间的"学习瓶颈"实现文化传播的产物，而不是生物进化过程中自然选择的结果。"刺激贫乏"成了语言习得的创造性力量，而不是制约因素。

当然，柯比的研究只是现实生活的极简版。不真实的初始条件——每个说话者完全随机且不同的语言，以及不真实的语言习得过程——缺少与儿向言语对应的计算机，可能会对结果产生不良影响。但是这种不可避免的简化非常有可能是限制，而非加快了组合性的产生。而且，如果柯比是从"Hmmmmm"而非一种随机的语言开始，某种形式的语法结构早就已经出现，最明显的便是递归。

正如我在第二章中所讲，乔姆斯基及其同事们认为递归是语法最重要的特征，是所有动物交流系统中唯一完全缺失的属性。[22]递归是短句互相嵌套的方式，类似于从句中套从句，其关键作用在于用有限的元素生成无限的表达。然而，递归在"Hmmmmm"中已经出现了——至少如果我在前几章的论点被接受的话。因此，随着"Hmmmmm"中分割的出现，重新组合新发现的词语的规则也已出现，并可以由此实现向使用语法的组合式语言的转变。另一项重要的发展可能是"发现"如何使用连词——比如"但是""和""或"——来组合新词。

为什么语言在 20 万年前以后才进化出来？

雷和柯比共同帮助我们了解了整体性短语如何进化为组合式语言。但是，这也给我们带来了一个意想不到的问题：为什么这种情况只发生在 20 万年前以后的非洲？如我所言，如果匠人在 180 万年前就发展出了一种"Hmmmmm"交流方式，就像 50 万年前的海德堡人和 25 万年前的尼安德特人一样，那么为什么语言一直以整体形式出现，未曾被分割？

有两种可能，一种与社会生活有关，一种与人类生物学有关。关于第一种可能，我们首先应该注意到，柯比发现，当学习智能体听说话智能体讲话足够多时，它们能学会符号串和含义之间的每一种关联，在这种模拟中，整体性语言会保持稳定。换言之，语言没有学习瓶颈，因此不需要概括。因此，智人以外的人属物种的社会安排可能符合这种情况，婴儿高强度且持续地接触有限数量说"Hmmmmm"的人，最终习得"Hmmmmm"中的所有话语，并不需要进行概括。

前面几章讲到的原始人和早期人类社群，无论是能人还是尼安德特人，确实都很可能属于这种情况。他们生活在社会关系密切的群体中，并对与"Hmmmmm"相对的，只有组合式语言才能产生的新话语需求有限——甚至可能根本没有。而且，与自己所属群体以外的其他群体中的成员进行交流的需求和机会都非常少。不过，有些关于个体行动的交流对维持人口生存和基因生存至关重要——但在这种情况下，不需要说太多。

可能是在非洲最早的智人社群中，专门的经济角色和社会地位才开始出现，人们也开始与其他社群进行贸易和交流，"和陌生人说话"才成为社会生活中重要而普遍的一方面。与社会关系密切、没有差异的早期人类群体相比，这种发展会产生交流更多信息的压力。在这种情况下，人们才会像柯比对模拟的描述那样，有概括的需求和以高于"Hmmmmm"语言能力的速度和种类持续产生新话语的需求。[23]

关于智人出现的非洲考古记载说明，这种社会发展的确存在。[24] 当然，问题在于我们所面对的是因还是果。可能有人认为，经济专门化和群体间的交流关系的发展是组合式语言的结果，这种语言使必要的交流成为可能。我的观点则是，这是二者之间的强烈反馈——它们相互"引导"，从而使社会和交流发生急剧变化。

这种发展的开端可能是一次偶然的基因突变——这是随着现代人的出现，"Hmmmmm"中的分割只在非洲出现的第二个可能原因。这种突变可能产生了一种识别整体性话语中语音片段的新能力。此处，我们应回忆一下发展心理学家珍妮·萨弗兰的研究。她发现，婴儿能从他们所听到的连续音流中提取统计规律，从而发现离散词语——第六章中曾有介绍。如果只有智人具备统计学习的能力或其他相关能力，其他人属物种不具备呢？自然，他们不可能识别整体性话语中的语音片段，因此也没办法迈出发展组合式语言的第一步。

我们已经看到，语言的某些方面依赖于特定基因 FOXP2，其现代人类版本似乎在 20 万年前之后不久出现在非洲。分割过程或许取决于这一基因目前尚未发现的特征。实际上，FOXP2 基因存在缺陷的 KE 家族不仅使用语法有障碍，而且很难理解复杂句子以及判断诸如"blonterstaping"这样的字母序列是不是真词。[25] 这些障碍似乎反映了对听起来是整体性话语的内容进行分割的问题。因此，也许只有通过 FOXP2 基因的偶然突变产生现代人的 FOXP2 基因，分割才得以实现。或许在差不多同一时间，其他基因突变使得整体性短语向组合式语言转变——也许是因为通用统计学习能力的出现。

语言：从补充到主导"Hmmmmm"

如果我们接受上述有关整体性短语向组合式语言进化的观点，那最初的话语可能有着和比克顿式的原始语一样的缺点：对于社区的其他成员来说，这些话语的含义可能是非常模糊的，甚至是完全无法理解的。但与比克顿的理论相比，一个重要区别在于，通过分割过程从整体性短语转变而来的组合式话语最初只是作为"Hmmmmm"交流系统的补充。而且，从"Hmmmmm"向组合式语言的转变需要几千年的时间，整体性的话语为逐步采用由语法规则构成的词语和新话语提供了文化支架。而且，对说话者来说，第一批词语最初可能是一种促进他们自己思考和规划的途径，而不是一种交流的手段——现有的"Hmmmmm"系统继续承担这一职能。

我们所有人偶尔都会自言自语，尤其是在进行复杂的任务时。孩子比成人更经常这样做，他们所谓的"私语"已经被看作是认知发育的重要组成部分。20世纪90年代，伊利诺伊州立大学的心理学教授劳拉·伯克（Laura Berk）进行了相关研究。研究表明，在解决问题尤其是涉及复杂肢体动作的问题时，自言自语有助于问题的成功解决。[26]她发现，在学系鞋带或做数学题时做出口头评论的孩子比默不作声的孩子学得更快。自我导向的言语虽然不会完全消失，但会随着孩子长大渐渐减少，并被大家都使用的无声的内部言语取代——思考，而不是说话。

私语的认知影响的基础是我们之后探讨语言和思维之间的关系时将考虑的问题。此处，我们只需注意，自言自语能产生有益的认知结果，我认为语言形成的过程尤其符合这一情况。第一批被分割的短语虽然可能和比克顿式的原始语一样语义模糊，而且在个体传递信息时作用有限，但能极大地帮助使用它们的个体进行思考。我认为，自言自语的人在解决问题和规划上有显著优势。私语可能对组合式语言向足够复杂化的方向发展至关重要，从而使其成为信息交流的有意义的载体。

这样，组合式语言成为"Hmmmmm"的补充，并因其更有效的信息传递，最终成为交流的主要形式。"Hmmmmm"所能产生的短语数量有限，而有了组合式语言，人们可以表达无限多的事情。婴儿和儿童的大脑将以一种新方式发育，结果之一是大多数人丧失了绝对音感，音乐能力下降。

我们应该能想到，分割出现后，语法规则以"Hmmmmm"留下的规则为基础发生了快速进化。这样的规则会以柯比所描述的方式通过文化传播的过程进化，也可能通过自然选择导致基于基因的神经网络的出现，从而使语法结构更加复杂。这种"先词语，后语法"符合比克顿所提出的语言进化理论——所以我们可以看出，他的观点不一定是错误的，只是时间顺序错了，而且需要整体原始语预先存在才可行。无可置疑的是，组合式语言的出现对人类的思维和行为产生了深远影响。所以，我们现在必须回到非洲的考古记载。

非洲的行为发展

莎莉·麦克布里雅蒂和艾莉森·布鲁克斯是两位顶尖的非洲考古学专家，分别就职于康涅狄格大学和乔治·华盛顿大学。2000 年，她们发表了一篇关于 20 万年前到 4 万年前的非洲考古学的综述。这是一篇卓越的学术研究，是一整期《人类进化杂志》（*Journal of Human Evolution*）的内容。[27] 她们的目的是证明考古记载为早于 10 万年前的非洲现代人行为——言下之意，即语言的起源——提供了确凿的证据。

情况确实如此。非洲的考古记载说明人类的行为逐渐转变，这与组合式语言慢慢取代"Hmmmmm"的过程完全一致。主要标志与大约 4 万年前欧洲的情况类似，当时智人超越并取代了尼安德特人。在后种情况中，以语言为媒介的现代行为突然出现，并且有一系列表现：视觉符号、骨骼工具、身体装饰、埋葬仪式、增多的狩猎行为、远距离交流以及营地结构。同样的行为也出现在了非洲，但是从大约 20 万年前开始逐渐出现的。

布隆伯斯洞穴是记录了这些发展过程的重要遗址之一。我们已经发现，7 万年前这里就出现了颜料和符号。在当代，它提供了有史以来最早的骨尖状器，显示了新工具在新活动中的使用。在布隆伯斯洞穴还发现了"司蒂尔贝"细石尖状器，这些工具仅存在于开普敦地区。这些工具制造难度非常大，而且，它们和贝壳串珠一样，非常可能具有社会意义，甚至象征意义。

　　另一个体现行为发展的重要遗址是克莱西斯河口，这里出土了 8 万年前到 7.2 万年前的骨制品、尖状细石器和精心打磨的燧石片，考古学家将这些物品称为细石器。[28] 但奇怪的是，这些工具似乎消失在了之后的考古记录中，在之后两万年的时间里恢复到更传统的普通石片，直到大约 5 万年前发生永久性变化。[29]

　　这种临时"闪现"出更复杂的、以语言为媒介的行为的印象，在非洲其他地方也有发现，这些考古记录与尼安德特人的记录相似，在很长一段时间内都非常稳定。比如，人们在刚果民主共和国的卡坦达发现了 9 万年前的骨制鱼叉，但在之后 6 万年的考古记载中没有任何相似物品。[30] 在赞比亚的蒙布瓦洞穴中发现了至少 10 万年前的石砌炉灶。[31] 这正是欧洲尼安德特人所没有的那种炉灶，狩猎采集者会坐在这些炉灶旁互相交谈。但是，除蒙布瓦和克莱西斯河口以外，这种炉灶在非洲完全无迹可寻。

　　总而言之，在长达至少 25 万年的工具制造传统的延续过程中，非洲偶尔会出现新行为，这些行为很容易让考古学家将其与使用语言的现代人相联系。从以"Hmmmmm"为主的交流系统向组合式语言的转变，很可能经历了数万年时间。有些社群可能依赖"Hmmmmm"的时间更长，有些能熟练使用语言的个体可能还没将知识传给后代，便已离世，而且他们的整体规模可能比较小，人们生活在分散的群体中，从而抑制了新想法的文化传播。[32] 当然，非洲很多地方的考古发掘相对欠缺。实际上，与欧洲密集勘探的河谷和洞穴相比，非洲的广阔区域依然是考古处女地。

达到人口阈值

直到 5 万年前以后，很多新行为才成为人类行为的永久特征。人们曾认为，这一时间应当是在语言和现代行为最初出现的时候。那时，非洲的考古证据还未广为人知，基因研究和化石发现尚未证实现代人出现于 19.5 万年前，FOXP2 基因对语言的重要性尚未揭示。但是，在考古记载中，5 万年前仍然标志着一场巨变。

现在的解释是，在完全借助组合式语言进行交流后，智人达到了人口阈值。在人口足够密集的情况下，文化传播让群体中的新行为得以"固定"，当特定个体死亡或地方群体灭绝时，行为不会因此而消失。

5 万年前到 4 万年前这段时间的重要意义以及达到人口阈值的可能性被一项遗传学研究证实——遗传学证据和考古学证据逐渐重合的又一例证。事实上，这一证据来自马克斯·英格曼和他同事的同一项研究，该研究提出智人的基因起源于大约 17 万年前，如上文所述。[33] 他们发现非洲人的 DNA 与非洲以外的所有人的 DNA 存在显著差异，这只可能是因为非洲以外的人口快速增长后，二者在 5 万年前之后出现了分化。

因此，这一时间似乎不仅代表着非洲的人口和文化的阈值，还标志着现代人向欧洲和亚洲的扩散。这并不是智人第一次走出非洲，因为大约 10 万年前就已有人这么做了。[34] 这一点从以色列斯虎尔和卡夫泽洞穴的骨骼和考古遗迹中可以看出——其中包含墓葬、串珠和颜料。但是遗传和化石证据都表明，这批"走出非洲"的早期智人群体并没有影响现代基因库。斯虎尔和卡夫泽的证据之所以非同寻常，是因为象征性行为的明显存在和与尼安德特人非常接近的石器技术，而尼安德特人在现代人出现前和出现后都栖居于同一区域。正是技术上的相似性让罗伯特·富利和马尔塔·拉尔认为尼安德特人和现代人在 30 万年前拥有时间相对较近的共同祖先——赫尔梅人。于我而言，这种相似性的意义在于，它说明卡夫泽和斯虎尔的现代人既使用了组合式语言，也还在使用"Hmmmmm"，并且尚未达到完全的认知流动性。

澳大利亚最早的智人（可能距今 6 万年前）是否也是同样的情况尚不清楚。但显而易见的是，5 万年前以后，人类开始从非洲大规模向外扩散，现代社群因此出现在了全球各地。

这一大规模迁徙导致了尼安德特人的灭绝，以及 1.2 万年前印度尼西亚佛罗勒斯人的最终消失。实际上，尼安德特人不太可能真的被入侵的智人猎杀，他们只是由于现代人优越的狩猎、采集和整体生存能力而无法在欧洲的地貌中竞争资源。这些高超技能产生的原因在于，与"Hmmmmm"相比，组合式语言不仅提供了更好的信息交流手段——无限的话语范围，而且让新的思维方式成为可能。因此，在本章结尾，我们有必要研究一下语言的认知影响。

认知流动性的起源

接下来，我们可以再度回到《思维的史前史》的核心问题。[35]
我认为，智人的思维与所有其他原始人的思维有着根本的不同，
无论是赫尔梅人这样的直系祖先，还是像尼安德特人这样的近
亲。智人有着之前提到的"特定领域"思维方式，这种思维方式
适应性很强，因为每种智能都是经过自然选择而形成的，能够为
解决相关领域中的问题提供合适的思维方式和知识。我认为主要
有三种智能：管理原始人所生活的复杂社会世界的社会智能；了
解动物、植物、天气、季节以及对狩猎采集生活至关重要的自然
界中其他领域的博物智能；制作复杂手工制品，尤其是石器的技
术智能。

我曾解释过，智人的思维也是以多元智能为基础，但它还
有一个特征：认知流动性。这一术语指的是将不同智能的思维方
式和知识储存整合，从而产生特定领域思维中未曾有过的想法的
能力。比如，尼安德特人或非洲的前智人无法将关于狮子的知识
（属于博物智能）和关于人类思维的知识（属于社会智能）结合
起来，从而想象出一种具有人类思维、狮子外形的生物——一种
在所有现代人头脑中都存在的拟人化思维。

所以，认知流动性如何产生？在《思维的史前史》中，我认
为认知流动性是语言的结果：口语和想象的话语是思想和信息从

一种智能向另一种智能流动的管道。无论是过去还是现在，我都对此观点深信不疑。但因为缺乏心灵哲学方面的必要专业知识，我无法给出严密的论证。幸运的是，我现在有马里兰大学杰出的哲学教授彼得·卡拉瑟斯（Peter Carruthers）的论据，可以准确地解释语言确实带来了人类思维本质的这种变化。

当我在阐释考古证据，得出语言产生认知流动性的结论时，彼得·卡拉瑟斯在语言学、神经科学和心理学的基础上，通过哲学论证得出了完全相同的结论。谈到他最近的贡献，2002 年，他在知名期刊《行为与脑科学》上发表了一篇题为《语言的认知功能》（"The cognitive functions of language"）的重要文章，对语言如何实现认知功能做出了解释。[36] 虽然卡拉瑟斯使用的术语与我稍有不同——我的"智能"对应他的"认识模块"，我的"认知流动性"对应他的"模块间的整合"——但他认为，我们头脑中创造的"想象的句子"使一个模块 / 智能的输出与一个或多个其他模块 / 智能的输出相结合，从而产生新的意识思维。他认为，认知上的流动思维是通过头脑中一种被描述为"逻辑形式"（Logical Form/LG）的语言表述在无意识中发生的。"逻辑形式"这一概念最早是诺姆·乔姆斯基用来形容语言和认知之间的界面的。有些语言表征仍然是逻辑形式，但有些语言表征成了我们头脑中想象的句子。

为了完善自己的观点，卡拉瑟斯格外强调句法这一组合式语言的重要组成部分。句法促成了形容词和短语的多重嵌套，即本书中经常提到的递归现象。所以，卡拉瑟斯认为，句法可以让由一种认知模块 / 智能产生的一个想象的句子嵌入另一个产生于不同模块/智能的想象的句子。因此，一个单一的想象句子将被创造出来，这一过程会产生一种跨模块的或认知流动的思维——没有组合式语言，便没有这种思维。

因此，通过分割，"Hmmmmm"进化为组合式语言，组合式语言反过来改变了人类思维的本质，并让我们这一物种走上了一条通向全球殖民的道路，最终结束了200多万年前第一个人属物种出现后一直使用的狩猎和采集的生活方式。差不多在1万年前，在最后一个冰河期结束时，全球有几处地方诞生了农业，并产生了第一批城镇和早期文明——这是我在《冰河之后》一书中讲述的一段非凡的变迁史。但我们仍有一个问题需要解决："Hmmmmm"发生了什么？

第十七章　谜题得到了解释，但并未减弱

现代人的迁徙、与上帝交流和"Hmmmmm"的残留

舒伯特的 C 大调弦乐五重奏（*String Quintet in C Major*）：探寻关于共同祖先历史的模糊记忆

　　在语言进化形成后，音乐从残留的"Hmmmmm"交流中产生。具有组合性和指称性的语言完全承担了信息交流的功能，于是"Hmmmmm"则成为负责情绪表达和塑造群体认同等任务的交流系统——在这类任务中，语言相对来说作用不大。实际上，在摆脱了传输和处理信息的功能后，"Hmmmmm"可以专门从事这些工作，并最终能够演变成我们现在称之为音乐的交流系统。随着使用语言的现代人发明了复杂的乐器，人体的能力也得到了拓展，日渐复杂，这为音乐增添了更多新的可能性。随着宗教信仰的出现，音乐成为与神交流的主要方式。我在写作此书的过程中体会到，从古至今我们一直在用音乐来探索进化的历史——已经遗失的"Hmmmmm"交流——无论是舒伯特的作曲，还是迈尔斯·戴维斯的即兴演奏，抑或是孩童们在游乐场里的拍手玩闹。

现代人的扩散和音乐考古学

5万年前以后不久，现代人扩散到了旧世界各个地方，并在2万年前以后进入了新世界，拥有了语言、音乐和认知流动性——在这些方面，他们与大约10万年前第一批冒险进入近东的智人

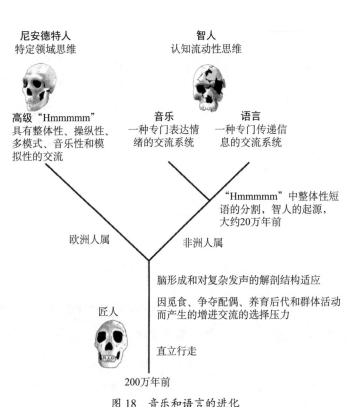

尼安德特人
特定领域思维

智人
认知流动性思维

高级"Hmmmmm"
具有整体性、操纵性、多模式、音乐性和模拟性的交流

音乐
一种专门表达情绪的交流系统

语言
一种专门传递信息的交流系统

"Hmmmmm"中整体性短语的分割，智人的起源，大约20万年前

欧洲人属

非洲人属

脑形成和对复杂发声的解剖结构适应

因觅食、争夺配偶、养育后代和群体活动而产生的增进交流的选择压力

匠人

直立行走

200万年前

图 18 音乐和语言的进化

形成了对比，后者以斯虎尔和卡夫泽的洞穴中的智人为代表。这些"现代人"使用的交流系统仍然部分依赖于"Hmmmmm"，语言和音乐尚未完全分化，思维方式仅达到了有限的认知流动性。因此，正如他们制造的石器所表明的，他们的有些思想和行为类似于完全进行"Hmmmmm"式交流且具有特定领域认知的尼安德特人。

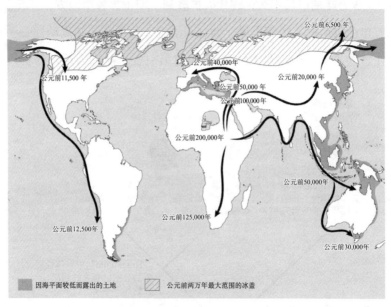

图 19　智人迁徙可能的时间和路线
（20 万年前智人在东非诞生后）

5 万年前以后不久到达近东并在之后进入欧洲的现代人与他们截然不同。这在欧洲发现的洞穴壁画、雕刻、墓葬、石器和骨器中体现得最为明显，所有这些都是象征思维在 7 万年前的布隆伯斯洞穴中首次出现的证据。面对这些新来者，尼安德特人通过模仿他们的行为加以回应。而且，他们自己可能已经开始通过对"Hmmmmm"的分割来发展组合式语言。但时间成了他们的敌人。

尼安德特人的数量骤减，他们很容易受气候波动影响，而冰河期后期的气候波动经常极为剧烈。尼安德特人于2.8万年前灭绝，佛罗勒斯人于1.2万年前灭绝，在早期原始人和早期人类社群中存在了两百多万年的"Hmmmmm"交流系统也最终灭绝。

欧洲现代人类考古记载中最突出的特征之一是乐器的存在。虽然我认同，尼安德特人和其他早期人类可能会用天然或稍加打磨的材料来制造声音——相互敲棍子或敲地面，吹芦苇，在空中旋转动物纤维或植物纤维的绳子——但我认为他们并不会制造乐器。制造乐器需要具备认知流动性的头脑，这正是盖森科略斯特勒洞穴的居住者们制造出了目前已知世界上最早乐器——3.6万年前的骨笛——的原因。[1]

盖森科略斯特勒洞穴位于德国南部，是目前已知最早的欧洲现代人遗址之一。骨笛虽然已成为碎片，但与迪维·巴布洞穴发现的尼安德特人的所谓笛子完全不同。这些骨笛由大型鸟的翼骨制成，经辨认，保存最好的标本所用材料来自天鹅。每支骨笛上至少有三个形状良好的指孔，第二孔与第三孔之间的间距比第一孔与第二孔之间的间距更大。盖森科略斯特勒的笛子表面上有直线切口，有人认为，这是为了表明所有权或具有某些象征含义。

比利牛斯山山脚的伊斯蒂里特洞穴出土了一件更大的鸟骨乐器，这里也是欧洲冰河期遗址中出土艺术品数量最多的遗址。自1921年首次发现以来，这里已经出土了二十多件管状标本。时间最早的可追溯至 3.5 万年前，和盖森科略斯特勒的骨笛一样，这些标本都表现出了非常复杂的制作工艺。

最近，弗朗西斯科·德里科和格雷厄姆·劳森（Graham Lawson）对几件 2.7 万年前至 2 万年前的标本进行了微观研究和声学检测。这几支骨笛虽然制作时间可能相隔几千年，但有着极大的相似性。它们都是由秃鹫的翼骨制成的，四个指孔分列两排。吹口的边缘不够坚硬，因此不能对着吹，一定要放到嘴中吹奏，骨笛内也可能会插入一根芦苇。实际上，这些乐器不是笛，而是管。指孔经过细致的加工位于浅凹面中，从而保证了完全密合，而且指孔相对于管的轴线稍微倾斜排列。这些特征在管乐器的历史记载中很常见，乐器常常从吹口的一角吹奏，而不是对着吹口正中，这样嘴唇能够通过压力与吹口形成稳固的接合。

图 20　德国南部盖森科略斯特勒的骨管（大约 120 毫米）
（距今 3.6 万年，目前已知世界上最早的乐器）

我们应该能推想到，制作这些管乐器的冰河期现代人也制造了各种其他工具。我们当然知道，他们在一些洞穴中利用了自然形成的东西，因为考古发现石笋上有颜料，并有敲打过的清晰痕迹。[2] 在有些洞穴中，壁画似乎是在能产生特别声音的洞室中画的。所以，虽然我们现在怀着崇敬之心，静静地观赏洞穴中的壁画，但曾几何时，这里可能回响着管乐声、石笋敲击声、歌声和舞蹈声。

技术、专业知识和精英论

盖森科略斯特勒和伊斯蒂里特的骨管用石器制作而成。技术的进步推动了新乐器的出现。所有这些都是为了用物质文化来拓展人的声音和身体的音乐能力，这既反映出对起源于"Hmmmmm"的音乐创造的热情，也体现了打破人类与技术世界之间的障碍所需的认知流动性。

民族音乐学家布鲁诺·内特尔在 1983 年的一篇论文中思考了技术进步的影响：

> 陶器的发明增添了定音鼓和陶制打击乐器，金属制品的发展让铜锣成为可能。现代工业技术为高度标准化的乐器提供了机会。乐器之外，复杂建筑的发展带来了剧院和音乐厅，电子设备让表演能够精准地再现和固定地重复。这样的例子成百上千。[3]

如今，技术仍然改变着音乐的本质和传播方式——我们现在肯定还要考虑互联网的影响。

这些技术的发展既促进了音乐的普及，也催生了音乐精英论。它们创造了一个音乐无处不在的世界——在第二章中曾讲到过。我们在机场会听到音乐，购物时、手机铃声响起时会听到音乐，无论何时打开收音机，我们都会听到音乐。但是，正如约翰·布莱金所说，技术的发展也让音乐更加复杂，并产生了排斥。[4] 当被定义为音乐性的技术水平得到提高时，一些人会被贴上音痴的标签，音乐的本质会被定义为服务于新兴音乐精英的需求。在西方，这个精英阶层是由那些有财力学习复杂乐器——如钢琴和小提琴——并参加古典音乐会的人形成的，他们错误地认为这种类型的活动就是音乐，而不仅仅是一种音乐活动。而"音乐令人诧异的受欢迎程度"可能不符合他们的喜好。这个短语是作曲家康斯坦特·兰伯特（Constant Lambert）1934 年出版的一本书中的章节标题，书中有一句很有名的话："现在的时代是一个生产过剩的时代，音乐创作从未如此之多，重要的音乐体验从未如此之少。"[5]

约翰·布莱金终生研究民族音乐学，他因此鄙视这种精英主义的音乐概念，后者为音乐能力设定了武断的标准，抑制了大众对音乐创作的参与。他认为，如果我们能在不知不觉中用音乐交流，世界将会更美好。[6] 我同意这一观点——让"Hmmmmm"回来吧！

音乐的宗教功能及其他功能

虽然我缺乏证据，也怀疑是否能找到任何证据，但我相信，盖森科略斯特勒的管乐器所演奏的音乐以及冰河期有壁画的洞穴中的歌声具有宗教功能。如我在第二章中所说，用音乐与超自然力量交流可能是所有有史料记载的人类社会和当今人类社会的普遍特征。[7]为什么会这样呢？

要回答这个问题，我们首先要知道，关于超自然存在的想法是语言为人类思维提供了认知流动性的"自然"结果，我在《思维的史前史》一书中曾做过详细探讨。打个比方，如果把熟悉的人类特征和熟悉的动物特征相结合，人们就能想象出一个半人半动物的实体，比如3.3万年前德国霍伦斯敦－史塔德洞穴中的狮子人雕像。同理，如果把熟悉的人类特征和熟悉的物体特征相结合，人们就能创造出可以永生（就像岩石）、可以水上行走（就像漂浮的树枝）或隐形（就像我们呼吸的空气）的存在。

关于超自然存在的想法是宗教的本质。[8]但是，当这些存在不能被看到时——也许除了在幻觉中——人们应该如何与它们交流？问题不仅在于人们无法看到也无法听到它们，也因为它们仍然是定义模糊的实体，与人类思维中已进化出的类别毫无关联——如"人""动物"或只是"生物"。另一方面，超自然存在通常被认为具有读心能力——它们知道我们和他人的所思所想。人类学家帕斯卡尔·博耶（Pascal Boyer）将这些存在形容为"完全战略性的智慧体"。[9]因此，由于语言的主要作用是信息传递，所以人们没有必要用语言和它们交流。但是，音乐是理想的媒介。

在语言进化成现代人的主要交流系统后，人们面临用音乐与谁交流的问题。音乐毕竟是"Hmmmmm"的派生物，而"Hmmmmm"本身作为一种交流方式进化而来，所以交流的功能不会被轻易抛弃。现代人身上仍然保留了用音乐交流的冲动，时至今日仍然如此。那么，音乐如何实现这一功能呢？如今，用语言和他人交流比用音乐效果更好——前语言期的婴儿除外。但在现代人的头脑中，现在有了另一种他们可以并且应该与之交流的实体——超自然存在。因此，人类用音乐进行交流的倾向集中在了超自然存在上——无论是通过萨满的鼓声还是巴赫的音乐作品。

音乐对宗教也起着辅助作用。关于超自然存在的想法是不自然的，因为它们与我们对世界高度进化的、特定领域的认识相矛盾。[10] 因此，这些想法很难在我们的头脑中维持，也很难传播给他人——比如，试着给别人解释圣三位一体的概念，或者听别人给你解释圣三位一体。宗教研究教授马修·戴（Matthew Day）最近写道，"与神接触的难题之一是……神从未存在过"。[11] 因此，我们不仅很难知道如何与他们交流，也很难知道如何看待他们。

在先前的研究中，我曾提出，现代人通过使用提供"认知锚"的物质象征来弥补这一点。[12] 无论超自然存在是以具象的方式化无形为有形——就像我们认为的霍伦斯敦－史塔德洞穴的狮子人雕像那样——还是通过像基督教十字架这样的抽象方式，这些物质象征都有助于将人们所信仰的宗教实体和想法概念化，并分享它们。就像乐器延伸了人类的声道和身体一样，这些物体成了人类思维的延伸。

我先前对这一问题的讨论只关注了物质，但音乐也可以是认知的锚，是思维的延伸。一个社群既可以通过佩戴相同的象征符号，也可以通过创造相同的音乐来分享非语言的共同宗教理念。

通过这种方式，音乐有助于维持和操纵思维中关于超自然存在的想法。这些想法如果没有了音乐和物质象征的支持，很难让人思考和分享——转瞬即逝的想法除外。马修·戴认为："和宗教传统有关的各种仪式、音乐、遗迹、经文、雕像和建筑不再仅仅被视为认知蛋糕上的人种学装饰。它们不再是装饰着背后真实认知过程的薄薄文化'包装纸'，而开始变得像是宗教思想相关机制的核心组成部分。"[13]

娱乐和歌曲的重要性

当然，与超自然存在交流和形成宗教思想并不是音乐的唯一功能。它们都不能脱离音乐的其他作用，因为宗教活动也经常用于建立社会联系、表达情绪和治病，这些活动都借助于音乐。实际上，音乐已经发展到可以满足各种不同的功能，并呈现出了极大的文化多样性。因为语言能更好地实现信息传递，所以音乐创造进化为已不被它的前身的原始功能所需要的一种特征，社会开始用各种不同的方式来使用音乐。因此，我们发现，在人类社会内部和不同社会之间，音乐的创作方式和作用存在极大文化多样性。

作用之一便是单纯的娱乐。"Hmmmmm"的进化史保证了人脑向享受旋律和节奏的方向进化，而在语言取代"Hmmmmm"之前，旋律和节奏是交流的主要特征。在这方面，音乐与食物和性非常相像。我们这些生活在富足西方世界的人所享用的食物和性都超过了生理需求。我们已经进化到享受这两种行为，而且经常只是为了娱乐才会做，尽管它们也延续了建立社会纽带的作用。音乐也是如此：在某些情况下，音乐仍然具备一些在"Hmmmmm"中至关重要的适应性价值——尤其是塑造群体认同——但我们也喜欢创作音乐和随心所欲地追求音乐。

此处我们必须注意到歌曲的重要性——音乐和语言的结合。我们可以将歌曲看作由"Hmmmmm"的两大产物重组而成的一个交流系统。但音乐和语言这两大产物在经过一段时间的独立进化，并达到进化完全状态时，才重组到了一起。因此，歌曲得益于一种比"Hmmmmm"更高级的信息传递方式，即歌词形式的组合式语言，再加上通过音乐进行一定程度的情绪表达——情绪表达只凭组合式语言无法实现。而且，音乐通常由乐器产生，而乐器作为人体在物质形式上的延伸，本身就是认知流动性的产物。这是"Hmmmmm"分割的又一结果。

回到大脑内

接下来我们应该再度回到大脑内部，因为神经元的发放和化学物质的传递是我们能享受音乐的原因。如第五章所述，伊莎贝拉·佩雷茨提到了一些病例：NS 丧失了辨别词语的能力，但可以辨别旋律；在 HJ 听来，音乐如同难听的噪声；患有先天性失乐症的莫妮卡的案例证明了大脑中的音乐和语言系统由一系列离散模块组成。佩雷茨的观点如图 5 所示，与我在本书中提出的进化史完全吻合。

总体来说，用进化的方法来研究思维让人预料到思维可能具有模块化结构。按照我提出的进化史，我们应该能料到，音高和时间组织，如佩雷茨所说，具有一定程度的独立性，因为后者进化时间相对较晚，与和直立行走相关的神经系统变化和生理变化有关。同理，佩雷茨发现先天性失乐症的根源在于感受不到音调的变化，我们也不应对此感到诧异，因为从进化的角度来看，这可能是大脑音乐系统中最古老的特征。

按照我提出的进化史，我们还能料到，大脑中音乐系统和语言系统共用部分模块，因为现在我们知道它们都产生于同一个系统。反过来，音乐系统和语言系统各自拥有独立的模块也反映出 20 多万年的独立进化过程。与音高组织相关的模块过去曾是"Hmmmmm"交流的核心，但现在仅用于音乐系统（声调语言可能除外）；其他"Hmmmmm"模块现在可能仅用于语言系统——比如，与语法相关的模块。这一进化史解释了脑损伤为何会只影响音乐系统（第四章），或只影响语言系统（第三章），又或者，当共用模块受损时，两个系统都受到影响。

当然，按照如今的心理结构来重建进化史难度极大，甚至根本不可能，因为任何人大脑中的神经网络都是发育史和进化史的共同产物（第六章）。事实上，有些人会认为大脑发育的环境是影响神经回路的主要决定性因素。现在，语言是主要的声音交流系统，婴儿在这样的文化中出生和成长，这会影响他们大脑中神经网络的形成。尽管如此，父母遗传给我们的基因来自进化史，而且一定会引导神经网络的发育——这种引导的程度依旧是心理学家们热议的话题。我个人的观点是，我们在研究神经网络的发育时，应给予进化和文化同等的重视。我所期待的是进化史和大脑结构之间的广泛相容性——事实似乎确实如此。

音乐和语言中残留的"Hmmmmm"

音乐显然保留了很多"Hmmmmm"的特征，有些特征显而易见，比如对情绪的影响和整体性，而有些特征需要思考片刻。比如，我们能明显感受到，尽管听到的是器乐声而不是人声音乐，我们也会将音乐当作一个虚拟的人，并赋予音乐一种情绪状态——有时是一种性格和目的。我们现在也很清楚，为什么很多音乐的结构就像音乐内的一场对话，以及为什么我们经常直觉地认为，一首音乐应当有一层含义，即使我们体会不到具体含义是什么。

语言中也残留着"Hmmmmm"的痕迹，能体现出"Hmmmmm"的影响。最明显的可能是婴儿的语言习得。

19世纪末以来，科学家们一直在争论人类进化经历的阶段与胎儿或婴儿发育经历的阶段之间是否存在对应关系。对这一观点最有力的论证被称作重演，即"个体发育是系统发育的短暂而快速的重演"。这一理论由恩斯特·黑克尔（Ernst Haeckel）于

1866 年提出，无论它是否有价值，我关注的是关于语言发展的一个更普遍的问题。[14]毫无疑问，这一问题就是儿向言语的最早阶段（如第六章所述）是否有可能类似于早期人类对婴儿使用的"Hmmmmm"，因为在这两种情况下婴儿都缺乏语言能力，但需要对情绪发展的支持。

如果二者存在相似之处——我深信是这样的——那么当我们听到母亲、父亲、兄弟姐妹和其他人对婴儿"说话"时，我们所听到的是否可能是现在世界上最接近"Hmmmmm"的声音？现代儿向言语会使用词语，并搭配"ooohs"和"aaahs"，但这些词对婴儿来说毫无意义，只是为了让婴儿听到有趣的声音串。除了内容，使用儿向言语的语境可能也与过去的交流系统非常相像。生活在偏远地区的智人母亲也会唱歌给婴儿听，逗孩子笑，让孩子跳舞，阳光下的非洲匠人母亲和洞穴中的冰河期尼安德特人母亲也是如此。无论是哪一种情况，母亲在婴儿离开怀抱时都会给予安抚，并让他们能够学习交流和表达情绪。

儿向言语和古老的"Hmmmmm"之间的相似度在婴儿一两岁时开始降低，这时他们开始分割声音串，习得组合式语言的词汇和语法。这本身反映了"Hmmmmm"分化成音乐和语言两个独立系统的进化过程。对现代婴儿来说，这也是绝对音感被相对音感取代的阶段，这种发展有助于语言的学习，但会抑制音乐的学习——有高强度音乐体验和 / 或拥有绝对音感的遗传倾向的人除外。

如果儿向言语是"Hmmmmm"留下的其中一个特征，那另一个特征则是说话时不由自主地做手势。如我在第二章中的解释，手势和肢体动作常常用来传递信息，补充我们所讲的话。听者／观者可能完全意识不到他所接收的某些信息来自手势，而不是听到的词语。不由自主的手势延续了"Hmmmmm"的主要特征——它们具有整体性，并且常常还有操纵性和模仿性。如果我们没有进化／发展出语言，我们从这类手势中推断信息的效率会更高，而我们成长的文化会将手势视为主要交流方式，而不仅是进化过程留下的奇特痕迹。

"Hmmmmm"留下的最重要特征在语言本身之中。其中一方面是拟声词、声音模仿和声音联觉的存在，这在当今仍然以传统方式生活、"接近自然"的人们的语言中最为明显。另一方面是节奏的应用，节奏让对话流畅地进行。

然而，也许最重要的是，凡是有可能，我们都会倾向于使用整体性话语。虽然语言的创造力一定来自组合性——词语和语法的结合，但大量日常交流都是借助整体性话语——或常用的说法"程式化短语"——进行。这是艾莉森·雷 2002 年出版的《程式化语言和词汇》（*Formulaic Language and the Lexicon*）一书的主要观点，这本书对我的思考影响极大。她将程式化短语描述为"以多词汇单元的形式预先存储以便快速检索，无须使用语法规则"。[15] 在本书第二章中，我以习语为例，如"驴唇不对马嘴"和"挂羊头卖狗肉"，而雷提到了更多例子，通常是用于问候或命令的短语："你好，最近怎么样？""走路留心""勿踏草坪""抱歉""你好大的胆子"。[16]

有些人对雷关于程式化短语的流行和性质的观点提出了批评，因为大多数短语确实符合语法规则，而且明显由词构成。[17]

因此，这些短语依赖事先存在的组合式语言。这确实没错，但抓错了重点。尽管我们有组合式语言，但只要在合适的场合，我们都倾向于使用程式化短语／整体性话语。通常是在一再出现的社交场合中——比如问候朋友（"你好，最近怎么样？"）和坐下来吃饭（"吃好喝好"）——尤其是和那些我们已经有很多共同知识和经验的人在一起时，比如和关系亲密的家庭成员。有人可能会说，我们用这种程式化短语只是为了在想要说点什么时省点事，不必想着按语法规则将词语组合起来。但在我看来，程式化短语在日常交流中的频率反映了数百万年仅以整体性短语为基础的语言进化史。我们只是改不掉这个习惯。

最后，我们应该回忆一下第二章中讲到的一种声音表达形式——印度咒语，它既不能被定义为音乐，也不能被定义为语言，但却表现出两者的特征。哲学家弗朗兹·斯塔尔（Franz Staal）对咒语进行了广泛的研究，并得出结论：这些冗长的言语行为没有任何意义或语法结构，并且因其音乐性而不同于语言。由于是以相对固定的表达方式代代相传，所以咒语可能比儿向言语更接近人类祖先的"Hmmmmm"。[18]

尾声

1973 年，约翰·布莱金出版了《人的音乐性》一书。此书以约翰·丹茨（John Danz）在华盛顿大学做的报告为基础。对布莱金而言，这本书获得了出乎意料的成功。此书由费伯-费伯出版社出版，并被翻译为多种语言。据布莱金后来一位同事说，这本书"基于薄弱的证据，有时甚至完全没有证据，对人类与生俱来的音乐能力做出了大胆而笼统的论断"。[19]

约翰·布莱金对世界各地的社会如何创造和使用音乐进行了深入的了解。然而，他没有给出本书整理和阐释的证据——考古和化石记录，关于猴子和类人猿的证据，关于儿童发育的证据和关于大脑内部情况的证据。我的结论与约翰·布莱金在《人的音乐性》一书中的结论一样，即"看起来，音乐能力中最重要的能力与其他文化能力不同，是学不来的。这种能力潜藏于人的体内，等待挖掘和开发，就像基本的语言规则一样"。[20]

我提出的进化史对音乐和语言之间为何存在如此深刻的相似性以及不同点做出了解释，如第二章所示。我也解释了进化史如何影响了大脑中的音乐系统和语言系统的组成（第三章至第五章），我们如何与婴儿交流（第六章）以及音乐对情绪的影响（第七章）。我也展示了如何用进化的方法来解释频繁的集体音乐创造（第十四章）。

尽管如此，语言仍不足以解释音乐的本质，也永远无法减少它对我们的身心的神秘影响。[21] 所以，我最后的总结将是一句请求：请听一听音乐。听着音乐，想一想自己的进化史，想一想自己的基因如何一代代相传，并将一条完整的线索引向我们最早的共同原始人祖先。这种进化遗传便是你喜欢音乐的原因——无论你的音乐品味如何。

所以，听一听巴赫的《C大调前奏曲》，想象南方古猿从树顶的巢穴中醒来；听一听戴夫·布鲁贝克的《不对称舞曲》，想象匠人踩着脚、拍着手、跳动着、转着圈；听一听维瓦尔第的《降 B 大调小号和管弦乐队协奏曲》，想象海德堡人向别人炫耀自己做的手斧，之后让赫比·汉考克的《西瓜人》帮你想象一群海德堡人庆祝狩猎成功，再听一听迈尔斯·戴维斯的《泛蓝调调》，想象他们饱餐一顿后，在树下乘凉休息。或者就去听一听母亲给婴儿唱歌，想象匠人也在做着同样的事情。下一次听唱诗班表演时，闭上眼睛，忽略歌词，让过去的形象浮现在脑海中：可能是阿塔普埃卡的栖居者们在处理逝者的尸体，或者春天到来，康贝·格林纳尔的尼安德特人看着河面上冰雪消融。

听完之后，去创作自己的音乐，解放出体内尚存的所有这些原始人祖先的力量。

注　释

第一章　音乐之谜

1. 2004 年 12 月 26 日下午四点半左右，英国广播公司广播三台的 "大家的三台"（3 For All）节目主持人布莱恩·凯（Brian Kay）向听众介绍并播放了舒伯特的《C 大调弦乐五重奏》。有一位听众留言说，音乐的柔板乐章堪称 "天籁"。在此，我特别感谢那位匿名听众和布莱恩·凯。当时，节礼日的聚会结束后，我正在开车回家的路上，想着怎么重写本书的开篇。

2. 有关巴黎语言学学会的历史沿革和最近活动，可关注其网站 http://www.slp-paris.com。

3. 比如，可参见阿尔比布（2005 年），比克顿（1990 年，1995 年），赫尔福德（Hurford）等（1998 年），奈特等（2000 年），雷（2002 年 b），克里斯滕森和柯比（2003 年）。

4. 参见达尔文（1871 年），布莱金（1973 年）。此处适合引用布莱金的这句话："世界上的音乐如此之多，我们有理由认为，音乐就像语言和宗教，是人类独有的特质。作曲和演奏相关的重要生理和认知过程甚至可以通过基因遗传给后代，因此，基本上所有人身上都有这类基因。"（布莱金，1973 年，第 7 页）注意到这一点的还有威廉·本宗的《贝多芬的砧骨》（2001 年）以及沃林（Wallin）等人（2000 年）合编的一本书。在考古学家们研究思维进化的过程中，提到人类祖先的音乐和情绪能力的研究有：吉布森（Gibson）和英戈尔德（Ingold）（1993 年），伦弗鲁（Renfrew）和祖布罗（Zubrow）（1994 年），梅拉斯和吉布森（1996 年），诺布尔（Noble）和戴维森（Davidson）（1996 年）以及诺埃尔（Nowell）（2001 年）。

5. 托马斯（1995 年）在其关于法国启蒙运动的一本书中，详细讨论了音乐和语言之间的关系。这本书的内容恰如其名：《音乐及语言的起源》。

6. 叶斯柏森（1983 年【1895 年】，第 365 页）。我十分感谢艾莉森·雷，她向我介绍了叶斯柏森的观点及此处引用的话。

7. 比如，莫滕·克里斯滕森和西蒙·柯比是当今最杰出的两位语言学家。2003 年，他们合编了《语言的进化》（*Language Evolution*）一书，称此书为"语言进化方面最全面翔实的著作"，各章的撰稿人为"各领域的重要人物"（克里斯滕森和柯比，2003 年，第 7 章）。但全书十七章，没有一章讲到音乐。若确有某章讲过，我向该章的撰稿人道歉。如果是这样，那想必也只是顺嘴一提。因为我研读了全书，未发现任何相关内容。

8. 当然，此处是对复杂情况的简单概括。语言非常适合传递某些类型的信息，比如有关社会关系的信息，但并不便于传递另一些类型的信息，比如怎样打结。一些语言学家认为传递信息可能不是语言的主要功能，他们更愿意强调语言在形成概念和创新思维方面的作用。卡拉瑟斯（2002 年）对语言的认知功能进行了研究。

9. 此为设问。显而易见，音乐的功能多种多样，本书也将从不同方面对此进行介绍。梅里亚姆（Merriam）（1964 年）总结了音乐的十大功能：情绪表达、审美享受、娱乐、交流、符号象征、身体反应、强制实行社区和社会规范、确认社会制度和宗教仪式、加强文化稳定性和延续性以及促进社会融合（引自内特尔，1993 年，149 页）。

10. 平克和布鲁姆（Bloom）（1995 年）极具说服力地论证了语言能力在自然选择的过程中逐步进化。杰肯道夫（1999 年）根据简单语言规则和语法规则的循序出现，提出了语言进化可能经历的阶段。然而，比克顿认为语言进化仅有两个阶段：第一阶段原始语形成，第二阶段原始语历经一次剧变后彻底转变为现代语言。

11. 原始语的两种观点也被叫作"综合型"（synthetic）（即"组合性"）和"分析型"（analytic）（即"整体性"）。托勒曼（2007 年）分别对两者的特点进行了分析，他强烈赞同综合型，反对分析型。

12. 比克顿写作了大量有关语言进化的书和文章，使他的观点难以被简单地总结。他的主要作品可参见比克顿（1990 年，1995 年，1998 年，2000 年，2003 年）和卡尔文、比克顿（2000 年）。

13. 杰肯道夫的主要作品包括《语言的基础》（*Foundations of Language*, 2000 年）和《调性音乐的生成理论》（*A Generative Theory of Tonal Music*）（勒达尔和杰肯道夫，1983 年）。杰肯道夫（1999 年）提出原始语中可能存在简单的规则。

14. 艾莉森·雷的研究将在之后的章节中进行探讨。她在此方面的主要作品有雷（1998 年，2000 年，2002 年 a）。支持原始语整体论的另一重要学者是迈克尔·阿尔比布（2002 年，2003 年，出版中）。与雷（1998 年，2000 年）的观点类似，他也认为，原始人话语由一连串随机排列的声音而非词语组成，他使用了"分离"（fractionation）这一术语来描述声音变为词语的过程。不同之处在于，雷认为整个进化依赖于发声，而阿尔比布认为整体性的原始语通过使用手势发展起来，并与镜像神经元的存在有关（里佐拉蒂和阿尔比布，1998 年）。

15. 严格来讲，唐纳德并不是一位进化心理学家，但他（1991 年）在研究认知进化的过程中对音乐能力有所关注。

16. 我也并非断然否定平克（1997 年，第 529 页～539 页）的观点，他的观点很有说服力，部分是合理的，即音乐能力的发展依赖于一系列起初出于其他原因而进化的心理机制。与平克不同的是，我认为，这些机制的背后有一种因自然选择和 / 或性选择而产生的音乐能力。平克具体说明了可能有助于音乐能力形成的人类思维的五个方面：语言、听觉、场景分析、情感需求以及生境选择和运动控制。最后一方面便是我们钟爱节奏的原因，我们的肢体运动——走路、跑步、剁肉和刨坑—— 伴着节奏进行效率最高。

17. 平克 (1997 年，528 页)。

18. 克罗斯（1999 年；也可参见克罗斯，2001 年）。他借鉴了我之前有关认知流动性的重要性的观点（米森，1996 年），并提出音乐可能是认知流动性产生的途径。"我认为，原始音乐行为或许因其跨领域性和目的不确定性在整体发展中发挥着功能性作用，言外之意，也影响了认知进化。"（克罗斯，1999 年，第 25 页）

19. 近年来，学界再度燃起了研究音乐进化及其与语言之间的关系的兴趣。尼尔斯·沃林在 1991 年出版了《生物音乐学》（*Biomusicology*），这本书的出现为近来研究兴趣的复苏打下了重要基础。这本书整合了沃林对音乐的生物学基础的研究，涵盖人类大脑、生理学、听觉和发声系统等方面。1997 年，沃林和他的两位同事在佛罗伦萨组织召开了主题为"音乐的起源"的会议，相关会议记录于 2000 年出版（沃林，2000 年）。

这本合集中来自语言学、人类学、心理学、动物学和音乐学领域的三十多位学者协作完成，不仅巧妙回应了平克，也提醒了那些像我一样在人类思维研究中忽略了音乐的研究者。

尽管《音乐的起源》可能揭露了人类进化研究中对音乐的忽视，但填补空缺并非易事。这本跨学科论文集也犯了整编合集的通病，每位作者都是从其高度专业的独特视角来审视音乐的起源，同一本书中不同专家的观点往往互相矛盾。这本集子最终没有对音乐如何进化、音乐与语言以及人类思维其他方面的关系给出统一的结论。实际上，在《音乐的起源》一书中，人类进化所占篇幅相对较少，书中讲的主要是动物发声及相关的理论推想，而且化石和考古证据有限。此外，合集中关于音乐起源的材料非常匮乏，在其出版后，出现了许多相关材料——尤其是关于音乐在大脑中的生物学基础。合集作者，以及所有研究音乐或进化的学者似乎都没有意识到一个在我看来显而易见的事实：尼安德特人尺寸不小的大脑所进行的交流更接近音乐，而不是语言。

20. 托尔伯特（2001 年）极大程度上吸取了唐纳德有关拟态的观点。

21. 班南（1997 年）。尽管（据我所知）瓦尼苏特（Vaneech-outte）和斯戈伊思（Skoyles）并非音乐学家，但他们（1998 年）也认为，在进化中歌唱先于语言。

22. 邓巴（2004 年）。

23. 布莱金写道："'音乐性'话语本质上是非言语的，尽管很多情况下词语会影响其结构。而且，用言语语言分析非言语语言，存在曲解证据的风险。因此，严格来说，'音乐'是不可知的真相，音乐话语属于形而上学的范畴。"这段话摘自布莱金题为"音乐、文化和经验"的论文，这篇论文最初于 1984 年发表在《南非音乐学杂志》上。我所读的版本来自拜伦（Byron，1995 年）整编的合集，拜伦称这篇论文涵盖了"布莱金后期最精炼、最具说服力、最全面的理论观点"。

24. 当然，语言和音乐多样性的形成部分受人类思维进化的影响，因为思维的进化会影响人类个体——无论有意还是无意——在运用音乐和语言元素时所做的选择。也有说法称，多样性或许可以为研究起源提供线索。伊利诺伊大学的布鲁诺·内特尔称得上是当今最著名的民族音乐学家，他曾写道："研究音乐的起源唯一有点靠谱的线索便是我们现在所知的浩如烟海的现当代音乐。"（内特尔，1983 年，第 171 页）这点我并不赞同：尽管了解音乐的本质，尤其是其多样性至关重要，但现代音乐是在第一支音乐出现后，历经十多万年进化后的产物——起码这是我个人的看法。在此方面我赞同布莱金（1973年，第55页）的观点。有些人通过研究当代人的音乐来认识音乐的起源，布莱金将此种行为称为"无用功"。正如我们不应该指望通过研究当今语言的多样性来探究语言的起源，我们也不应在音乐方面这么做——尽管布莱金在此方面的观点略显极端："世界音乐史的推想完全是浪费精力。"（布莱金，1973年，第56页）事实上，我的观点之一是音乐相对不受限制：人类自从进化出创作音乐的能力之后，便出于不同的原因用各种方式进行表现。虽然我经常引用布鲁诺·内特尔对世界各地不同音乐的认识，但是我在研究音乐的起源时使用的"靠谱线索"与他不同：人脑、婴儿发育、情绪心理学和非人灵长类动物的交流系统。当然，还有考古学和化石证据，本书第二部分将谈到这些内容。

25. 鸟类和鲸的鸣叫声与人类的音乐之间存在共同点，至少有一个共同点还没在任何其他动物的叫声中发现，即便是和我们亲缘关系最近的非洲类人猿。生物学家彼得·马勒（Peter Marler）（2000年）将此共同点称为"可习得性"（learnability）。在了解这一共同点之前，我们先来看一下人类音乐和动物叫声的另一特点。

音位编码（phonocoding）是对无意义的声音元素的有序组合（马勒，2000年）。这是大多数动物叫声的本质：构成黑猩猩的喘嘘声和夜莺的啼叫声的单个声音元素并没有意义。我们目前认识到，将这些元素组合成长段的鸣唱或鸣叫也没有象征意义。即使是最复杂、最精妙的鸟鸣也不过是想传达这只鸟的存在，以及这只鸟是否可以交配或准备好守卫地盘。在这方面，音乐和鸟鸣有极大的相似性，因为乐句中的单个音符和音符组合的顺序都没有象征意义。但是音乐和动物叫声都能表达情绪，唤起同类的共鸣。

并非所有动物的叫声都没有意义。一些非人灵长类动物和鸟类在遇到危险或发现食物时会发出叫声，这类叫声具有象征意义。常引用的例子是黑长尾猴（切尼和赛法特，1990年），第八章会讲到。在面对蛇、猛禽和猎豹时，黑长尾猴会发出不同的警戒叫声。猴子们听到叫声后，采取恰当的方法应对。比如，听到猎豹的警戒声后，它们会爬到树上，听到蛇的警戒声后，它们会站在地上四处张望。这类叫声与人类语言中的词语类似。但是，如马勒所解释的，它们作为不可分割的整体出现。这些声音既不能拆分成有意义的元素，也不能像人类使用词语那样，将元素整合起来创造新的含义。动物也不能像孩子学会语言中的词语那样习得叫声。

虽然动物的鸣叫/鸣唱可能符合音位编码的特征，因此与人类的音乐存在很大联系，但"可习得性"这一特点在动物世界更为少见。如果有这种能力，动物就能向其他个体学习新的声音元素和短语，自然而然可以创造新短语。可习得性是人类音乐和语言的重要特点，但在动物界极为少见，与人类亲缘关系最近的非洲类人猿也不具备这一特征。第八章中的进一步研究发现，黑猩猩和大猩猩的叫声是天生的。每个个体可能有自己的特定类型的叫声变体，但这些叫声在其一生中都是固定的（参见约翰·三谷对类人猿叫声的总结，1996 年）。最具"乐感"的灵长类动物长臂猿也是如此。他们能唱很久，而且常常是雌雄二重唱，以此来宣示地盘、进行社交。但小长臂猿不必专门学习唱歌，他们一生都无法对自己的歌声作改进——从生物学角度来说，长臂猿的叫声自出生起便已定型（盖斯曼，2000 年）。

鸣禽与之大不相同，学习在其鸣声发展过程中起了至关重要的作用（斯莱特，2000 年）。鹦鹉和蜂鸟也是如此，说明鸟类的"可习得性"至少经历过三次独立进化。会鸣唱的主要是雄鸟，目的只是吸引配偶以及阻止其他鸟儿进入其领地。年幼的雄鸟会向成年鸟学习一系列鸣唱。这些歌曲会被拆分成更短的短句，之后再重组成一套新曲目。有些鸟类习得的鸣唱数量有限，也有一些鸟类，如鹪鹩，一生似乎能学会无穷无尽的变奏——成千上万的鸣唱，但所有的叫声都在传达同一个意思："我是一只年轻的雄鸟。"

这种声音学习和创造性输出与人类的语言和音乐相像，有限的词语 / 音符可以用来创造无限的话语 / 乐句。另一个相似点是，鸣禽有一段敏感期，在这段时期内学习鸣唱格外容易，这通常是在孵化之后几个月。幼童在学习语言时也有这样的敏感期，如果孩子在进入青春期前没有习得语言——可能因为社会剥夺或疾病——那么之后只有付出极大的努力才能学会，而且永远达不到高流畅度。习得音乐技能是否有同等的敏感期尚不清楚。

我们也须谨慎，避免过度解读鸟类鸣唱和人类语言/音乐之间的相似点，因为它们之间也有很大的区别。鸣禽仅能学习自己所属种类的鸟鸣，尽管它们能从周围环境中听到许多不同种类的鸟叫声，这些声音在人耳听来差距不大。相比之下，孩子可在敏感期学会他所接触的任何一门语言——父母说英语的孩子如果被说汉语的家庭收养，能够轻松学会说汉语，中国孩子被说英语的家庭收养也能轻易学会英语，即便这两种语言听起来差别很大。

作曲家和音乐学家弗朗索瓦－伯纳德·马什（Francois-Bernard Mache，2000 年）认为，鸟鸣与人类音乐之间存在着远比音位编码和可习得性更深的联系。他认为，人类音乐的一些共同特征出现在鸟鸣中是很有意义的。他以东欧和西亚音乐系统中的 aksak 节奏型为例。这种节奏的单位拍数并非没有规则，常常两拍或三拍一组。马什认为，红腿石鸡和红嘴弯嘴犀鸟的鸣声中也有这种节奏。

其他鸟类的鸣声音调平稳精确，这符合音乐的特点，但不符合语言的特点，尽管声调语言——比如汉语中声调的使用——可能有类似特征。马什提到了栗背翡翠，这种鸟的音调上下波动，音与音之间间隔极短。而歌鹟鹩的鸣声正如其名，音阶基本上像歌声一样完美。其他鸟类不仅能将音阶中各种音一一唱出，而且会确立"旋律优美的目标，创作出如许多杰出的人类音乐作品一样动听的音乐，它们的歌声听起来和人类音乐非常相像，甚至会被误认为人类音乐"（马什，2000 年，第 477 页）。更广泛地说，鸟鸣中有许多重复部分，这也是人类音乐的重要特征，如副歌、押韵、对称和重奏。

人类音乐与鸟鸣的共同点，要比与非人灵长类动物，或者说与其他任何动物的叫声之间的共同点多得多。但是有一个例外：鲸。康奈尔大学的凯瑟琳·佩恩（Katharine Payne）（2000 年）过去十五年间一直在倾听和分析座头鲸的叫声，她和同事一共记录下了生活在北太平洋和北大西洋的鲸长达三十多年的叫声。研究发现，它们的叫声与人类音乐惊人的相似。鲸歌由长段结构复杂的模进组成，可重复几小时不间断，往往没有停顿，即便"歌手"浮出水面。鲸歌有一种层级结构：音符组合成乐句，乐句构成主题，一首鲸歌有 10 个以上的主题；歌曲自身连接起来，形成循环。

凯瑟琳·佩恩和同事发现，虽然不同族群的鲸歌结构类似，但是内容不同。她将鲸歌比作一门人类语言的多种方言。她还发现了更为有趣的现象，这也是鲸歌更接近人类音乐，而不是更接近语言的特点，即一个族群的鲸歌随时间变化的方式。

每一只鲸通过修改乐句、主题以及主题之间的衔接方式，不断改进自己的鲸歌。但是，一个族群似乎能一致确定哪部分维持原样，哪部分可以修改。鲸歌的改变不是由一只鲸所决定的，族群中每只鲸都对鲸歌做出相同程度的改变。但是，倾听和学习必然在鲸歌进化中极为关键。佩恩认为，这个过程最好理解为类似于人类音乐的即兴创作。这种变化一定比语言的变化更快，一个种群的鲸歌进化十年，可能会发生天翻地覆的变化，以至于人们不再能认出它与早期版本的关系。

我们如何解释音乐、鸟鸣和鲸歌之间的相同点呢？如果我们发现黑猩猩的叫声与人类音乐之间存在这些相同点，我们或许会迫不及待地将其归结于我们与黑猩猩的共同祖先———一种生活在大约 600 万年前的猿类生物。但是鸟、鲸和人类的共同祖先生活在远古，这中间已经进化出了很多没有一点鸣叫 / 音乐能力的物种，因此这种解释是行不通的。此外，鸟类、人类和鲸唱歌的生理机制不同。哺乳动物唱歌借助喉部，而鸟类使用鸣管唱歌，鸣管是由从两肺伸出的支管组成的一根气管。

鸟鸣和鲸歌之间的相同点用趋同进化更容易解释：自然选择和 / 或性选择驱使发声器官和神经网络向同一个方向进化，从而形成了兼具音位编码和可习得性的交际系统。马克·豪泽是研究动物交流系统的权威，他认为这类趋同进化说明"脊椎动物的大脑在习得大量难学的词语发音时存在重大局限性。这种局限性可能迫使自然选择在遇到相似的问题时，重复使用同一种解决方法"（豪泽等，2002 年，第 157 页）。

平克（1997 年）可能更希望我们相信，人类音乐中的音位编码和可习得性出于不同的原因而出现——从与之截然不同的其他已进化出的能力中偶然衍生出来，其特点恰巧与鲸歌和鸟鸣的主要特征相匹配。音乐的可习得性可能来自语言所需的可得性，但这个派生物却不太可能完全丢弃了语言中的语法和象征。一个更有说服力、更简洁的观点是，人类的音乐能力也被进化塑造为一种表达和诱发情绪的手段，并与鸟鸣和鲸歌的特性趋于一致。这种塑造在多大程度上独立于语言的塑造，可以通过深入研究人的大脑来进一步探讨。

第二章　不只是芝士蛋糕？

1. 豪泽等人（2002 年，第 1569 页）认为，语言进化领域的许多"激辩"都源于未能分清作为交流系统的语言和系统背后的运算过程。

2. 有关给予听音乐和创作音乐同等重视这点，我借鉴的是约翰·布莱金 1973 年出版的《人的音乐性》一书中的观点。

3. 内特尔（1983 年，第 24 页）。想搞懂这个问题的读者可以参考布鲁诺·内特尔 1983 年出版的合集《民族音乐学研究》（*The Study of Ethnomusicology*）的开篇文章，里面讨论了有关定义的问题。

4. 内特尔（1983 年，第 1 章）论述了音乐的各种概念。比如，尼日利亚的豪萨语中没有音乐一词，但有描述不同文化背景下类似音乐的活动的词，这些词的口语与文化环境之间存在关联。黑脚印第安人语言中有一个词可以大致翻译为"舞蹈"，这个词包括音乐和仪式，但不包括不含舞蹈的"音乐活动"。他们的语言中有形容歌曲的词，但没有形容器乐的词。一"首"乐曲的概念可能仅限于西方社会。内特尔（1983 年，第 8 章）描述了民族音乐学家不得不研究其他音乐传统中的"调谱"概念。

5. 约翰·凯奇创作的《4 分 33 秒》由 4 分 33 秒的不间断沉默组成，适用于任何乐器或乐器组合。2003 年，我有幸通过 BBC 广播三台收听了这首曲子的首次无线电广播。

6. 许多语言学家认为这种程式化话语在语言中不值一提，但雷在有关这一话题的书中指出他们的观点大错特错（雷，2002 年 a），她的这本书是我迄今读过的最优秀的一本语言学著作。

7. 参见雷和格雷斯（Grace）（出版中）。她们在论述观点时，参考了如下内容：瑟斯顿（Thurston）在 1989 年写道，"由于历时语言学主要以书面材料为数据，从有文字的社会中发展起来，这门学科可能会有不适当的偏见"；奥尔森（Olson）在 1977 年写道，"乔姆斯基的理论不是笼统的语言理论，而是有关特定语言形式的理论……它是自主的书面散文的结构模型"；托马塞洛（Tomasello）在 2003 年写道，"自然口语很少符合'句子'的特征"，而且"自然口语……有其自身的特性，这些特性与有文化、受过教育的人头脑中的语言直觉模型不同，有时甚至大相径庭"。当然，乔姆斯基对"能力"（competence）和"表现"（performance）进行了重要的区分，人们有时会将其与索绪尔（Saussure）对"语言"（langue）和"言语"（parole）的区分等同。杰肯道夫（2000 年，第 29～37 页）对乔姆斯基的区分进行了非常有用的回顾和部分解读。

8. 有关咒语缺乏含义的观点，参见斯塔尔（1988 年）。我很感谢比约恩·默克向我推荐了斯塔尔的书，他还对斯塔尔的观点和我的理论之间可能存在的关联提出了建议。

9. 布莱金（1973 年）认为，我们所知的所有人类社会可能都有音乐。约翰·斯洛博达在他 1985 年出版的《音乐思维》（The Musical Mind）一书中详细讨论了音乐和语言的异同，本章对此的阐释引用于他。

10. 内特尔（1983 年，第 3 章）论述了音乐中不同类型的共通性和普遍性。

11. 内特尔（1983 年）还讨论了梅里亚姆（1964 年）提出的音乐的十大功能，并认为宗教功能是全世界音乐的普遍特征。

12. 内特尔（1983 年，第 3 章；引文在第 40 页）强调了文化传播在生成音乐的普遍性的过程中起到的作用，而我的侧重点在于智人共有的生理和心理特征。

13. 布莱金（1973年，第8页）。

14. 布莱金（1973年，第47页）。

15. 内特尔（1983年，第3章）讲述了20世纪的民族音乐学史是一段学者们在普遍性和多样性的研究之间摇摆的历史。比克顿（2003年）指出，很少有语言学家关注语言能力的进化，这间接表明语言学家的主要关注点在于语言多样性产生的原因。在后者中，内特尔（1999年）的研究最为有趣。

16. 关于语言和音乐之间模糊界限的讨论，参见内特尔（1983年，第4章）。多样性的另一面在于同一群人的语言结构和音乐结构之间的不同。内特尔（1983年，第239页）指出，在一些西非语言中，音调序列的典型模式似乎影响了作曲模式。在捷克人和匈牙利人的语言中，词语以重音节开头，他们的民歌通常也是以重拍开头。但内特尔指出，"即使在这些情况下，也很难确定说音乐受语言特征的影响，或者语言结构决定了音乐风格"。这似乎推翻了所有认为音乐是语言的派生物的观点。

17. 当然，音乐风格之间也能转换，比如西方音乐的宝莱坞版和古典音乐的20世纪80年代"流行音乐"版。

18. 布莱金（1973年，第108～109页）。

19. 有关语言起源的手势理论最先由戈登·休斯（Gordon Hewes）（1973年）提出，之后由迈克尔·柯博利（Michael Corballis）（2002年）充分发展。最近，这一理论得到了阿尔比布（出版中）的支持。

20. 除非另有说明，下述有关手势及其与口语的关系的讨论借鉴了贝蒂（2003年）的观点。

21. 参见平克（1994年）。

22. 此处的"非正式"一词是为了区分这类唱歌和跳舞与符合既定文化规则并需要大量训练的唱歌和跳舞，比如现代西方社会的芭蕾舞和歌剧。

23. 布莱金（1973年，第100页）。

24. 平克（1997年，第529页）通过所有成年人都能使用语言和很少有成年人会创作音乐的对比，来论证音乐是"一种工艺，而不是适应器"的观点。

25. 豪泽等（2002年）。

26. 斯洛博达（1998年，第23页）指出，音乐的呈现具有层次性。他认为音乐语法"决定了音乐序列中的元素，这些元素会控制或包含相邻的元素，这一过程具有递归性，某一层级的核心元素会归入下一更高层级中（节拍可能是最简单的元素）"。

27. 克罗斯（出版中）。

28. 奥尔等（1999 年，第 202 页）。

29. 这一观点假定，我们将词语和音符视为对等的单位。将音符与说话声对等可能更贴切，此二者都不具备象征意义（雷，私人通信）。还有一种情况是，有些音符或音符组合可能会被赋予一种象征意义，这些象征意义逐渐被群体接受。

30. 在声音联觉方面，我借鉴了伯林的相关研究（1992 年，2005 年）。

31. 克罗斯（出版中）。

32. 布莱金（1973 年，第 68 页）。民族音乐学家布鲁诺·内特尔（1983年，第 148 页）以局外人观看黑脚印第安人的太阳舞为例。对局外人而言，太阳舞主要是一种音乐活动，而不是宗教活动，印第安人自己则认为这项活动主要起到了宗教作用。他还观察到，对于许多经常听音乐会的西方人而言，参加音乐会主要是一种社交活动，而不是音乐活动，此类活动的强制着装规定、标准长度、幕间休息、节目以及仪式性的掌声证明了这一点。

33. 查尔斯·皮尔斯（Charles Pierce）对象征符（symbol）、符号（sign）和象似符（icon）①的区分受到了广泛引用，并应用于众多学术领域，尽管它们之间的区别并没有解释得那么清晰。象似符与其指称对象之间存在再现关系，比如肖像。符号是非再现的，但与其指称对象之间存在非随机关系——烟是火的符号。符号可能在全球范围内通用，人们不一定非要属于某个特定的文化才能理解其用途。另一方面，象征符与它的所指间的随机关系是由更广泛的社区内的特定文化或亚文化商定的。

34. 艾莉森·雷向我提到了 "*mae'n flin 'da fi*"（"我很抱歉"）这个例子，使我意识到程式化话语的重要性及其与乐句的相似性。我在此深表谢意。

35. 典型例子是伯恩斯坦（Bernstein）（1976 年）。斯洛博达（1985 年）回顾了其他研究音乐语法的尝试，内特尔（1983 年，第 212～215 页）谈到语言学方法已应用于音乐中，但少有成效。

---

① 经查证，皮尔斯将符号分为三种类型：象征符（symbol）、索引符（index）和象似符（icon）。此处的符号（sign）应该是索引符（index）。

36. 勒达尔和杰肯道夫（1983 年）。

37. 登普斯特（1998 年）。

38. 登普斯特（1998 年）。然而，语言的语法事实上随着时间进化。若非如此，当今世界上就不会存在大约 6000 种语言——假设这些语言全都从一种"原始世界语言"演变而来。考虑到语言消亡的速度，这个数字可能只是一千年前语言数量的一小部分。一些语言学家还对"普遍语法"这一说法提出了质疑——普遍语法是指普遍存在于所有语言的一套固有语法原则。语法可能只是在使用象征进行交流的过程中所产生的突现特性，有些语言的语法可能比其他更加复杂，不过有些语言学家借所谓"均变论假说"来否定这一观点（肯尼·史密斯［Kenny Smith］，私人通信）。

爱丁堡大学的詹姆斯·赫尔福德等语言学家用"语法化"这个术语来描述词语仅通过特别频繁的使用获得专门的语法角色的过程。语法化理论的核心思想是，"句法组织以及与之相关的显性标记是由非句法组织，主要是词语和语篇组织产生的……通过频繁使用特定词语，它会获得先前所没有的专门的语法角色"（赫尔福德，2003 年，第 51 ～ 52 页）。赫尔福德和其他语言学家借助计算机模型向我们展示了简单的交流系统产生复杂句法的过程，这些系统含有少量的初始假设，并且很容易犯小错误。在计算机模型中，模拟人一开始没有任何语言，但发展出了交流代码。这些交流代码虽然极为简单，但与人类语言有共同特征（赫尔福德，2003 年，第 53 ～ 54 页）。重要的例子有巴塔利（Batali）（1998 年，2002 年）、柯比（2000 年，2002 年）和赫尔福德（2000 年）等。托马塞洛（2003 年）、戴维森（2003 年）和邓巴（2003 年）都强调了上述模型对于理解语言进化的重要性——实质上，如果把语法演变简单描述成一种突现特性，如何解释句法演变这一问题就无从提起了。比克顿（2003 年，第 88 页）对此类论点不屑一顾："把它（即句法）简单描述为自我组织，或话语的语法化，或与运动系统或音节结构的类比，或任何其他关于语言进化的作者希望蒙混过去的一段解释，都是不行的。"

39. 平克（2003 年，第 16 ～ 17 页）讲到，"语言可以交流任何内容，从肥皂剧的情节到宇宙起源的理论，从演讲到胁迫、承诺和疑问"。

40. 克罗斯（出版中）。

41. 斯洛博达（1985 年，第 12 页）。

42. 以下内容借鉴了斯洛博达（1985 年）。

43. 当艾莉森·雷为我读这段话时，她给出了如下有趣有趣的重要评论："然而，如果问的不是单纯的外行人，而是音乐学家，他们会说'通过增强和弦从大调过渡到小调，是对勋伯格的大胆借鉴，而终止式之前的半音下行颇具艾夫斯的风范'。介于二者之间的人会说'第二个乐句非常适合做我的手机铃声'或者'那段刚好可以用在我的电影里，适合里面的恐怖场景'。还会有人说'弹得很差劲——平和的乐章敏感度太弱，后面又力度不足'。"

44. 卡拉瑟斯（2002 年）近来对语言的认知功能进行了研究。

45. 伊恩·克罗斯（出版中）发现，"如果不确定拥有共有知识，语言交流中就总会有一定程度的歧义"。

46. 参见邓巴（1998 年，2004 年）和米森（2000 年），其中论述了心智理论和语言理论之间的关系。

47. 布朗（2000 年）格外强调音乐和语言中都存在带有感情的停顿，并认为这是它们在远古时代的共同状态（他所说的"音乐语言"）的关键特征之一。

48. 瓦特和阿什（Ash）（1998 年）。

49. 斯洛博达（1998 年，第 28 页）。虽然对音乐产生的情绪反应一定程度上出于本能，但也有后天习得技能的影响。约翰·斯洛博达举了一个例子：没什么经验的听众会觉得莫扎特的音乐风格"苍白、乏味，全是模糊的'欢快'"；但听众一旦对莫扎特以及他的情感世界有了更深入的了解，就会发现音乐变得"感情丰富且极富表现力"（斯洛博达，1985 年，第 63 页）。

50. 迈尔（1956 年），库克（1959 年）。

51. 关于倾听时大脑运动区的活动，参见亚纳塔（Janata）和格拉夫顿（Grafton）（2003 年）。

52. 布朗（2000 年）对下述其他观点进行了清晰的梳理和讨论，他还提出了一种可能性，即音乐和语言可能是平行进化的，然后由进化时间相对较近的神经回路"绑到一起"。这似乎可能性也不大。我们很难想象，如果"原始音乐"和"原始语言"在进化早期没有共同特征，它们如何进化成如今的样子，因为这些特征似乎都是极为重要的基本特征。

53. 布朗（2000 年）。

54. 关于对卢梭的《论语言的起源》（1781 年）的讨论，参见托马斯（1995 年）。

第三章　少了语言的音乐

1. 尚热（Changeux）（1985 年）。上述数字的"trillion[①]"为英式用法。

2. 大脑皮层通过四个解剖结构与脑干相连，其中两个结构相对较小——上丘脑（epithalamus）和底丘脑（subthalamus），另外两个结构是大脑格外重要的组成部分——丘脑（thalamus）和下丘脑（hypothalamus）。大脑皮层位于丘脑之上——用"thalamus"这一名称很恰当，因为这个词来源于希腊语中的床。大脑皮层通过丘脑接收大部分输入信息。下丘脑在大脑中专门负责调控内脏器官和自主神经系统，调节饥饿感、口渴感、性功能和体温。大脑皮层和这四个解剖结构统称为前脑，它们本质上由脑干肿大的一端产生。相对不太肿大的部分形成了所谓的中脑。中脑有几个独特的解剖结构，其中之一是黑质。黑质中含有释放多巴胺的神经元，多巴胺是最重要的神经递质之一。如果黑质无法正常运转，其产生的多巴胺量不够充足，肌肉会失去自由活动的能力，肢体运动会踉踉跄跄。中脑的后面（不出意外）是后脑，后脑也有一套解剖结构，其中最值得注意的是小脑。小脑看起来像是缩小版的大脑，因为其表面纹路错综复杂，外"皮"由一层灰质包裹。小脑参与精细运动，当小脑受损时，肢体运动会变得非常笨拙。虽然由于大脑皮层的体积巨大，小脑在人脑中所占比例相对较小，但某些鱼类物种的小脑占大脑总体积的 90%，某些鸟类物种的小脑差不多占大脑的一半。后脑直接与脑干相连，脑干又与脊髓和其他中枢神经系统相连。

3. 也可以通过单细胞记录等方法来研究人类以外动物的大脑，我们或许也能从中推断人脑的运作方式。

4. 达马西奥（Hanna Damasio）和达马西奥（Antonio R. Damasio）的 1989 年卷《神经心理学损伤分析》（*Lesion Analysis in Neuropsychology*）是一部介绍如何通过结合损伤分析与脑成像来深入了解大脑的经典著作。

5. 鲁利亚等（1965 年）介绍了舍巴林的案例。

6. 史莱克（Schlaug）等（1995 年）。

7. 陈（Chan）等（1998 年）。

8. 门德斯（2001 年）记录了 NS 的案例。

9. 虽然本章和下一章中有大量研究对乐音和环境声的感知进行了对比，但我还没有找到一种区分二者的正式方法。

[①] 过去英式英语中，trillion 为 10^{18}。

10. 下述介绍参考了梅斯－卢茨和达尔（1984 年）。

11. 语言能力短暂丧失后得以恢复，可能有几种原因。神经网络可能因人脑中的肿块等受到抑制，之后得以恢复正常。还有一种原因是，人脑中产生了取代损伤神经网络的新神经网络，或者已有神经网络可能开始承担新功能。

12. 她的医生认为，原因是听觉专注范围下降，而不是节奏能力受抑制。

13. 雅各布等（1988 年）。

14. 高桥等（1992 年）介绍了这种情况。

15. 此实验样本较小，而且没有使用对照（也就是让无损伤个体进行同样的实验），因此很难判断他处理节奏的能力是否出现了选择性损伤。

16. 戈德弗鲁瓦等（1995 年）。

17. 此处应注意，"特才"大脑中音乐"官能"的发育方式可能与音乐官能的"正常"发育大相径庭，我要感谢伊罗娜·罗斯（Ilona Roth）提醒我注意这点。

18. 以下内容借鉴了米勒（1989 年）。

19. 另一个案例是先天失明的 LL，他现在 20 多岁。LL 患有先天脑瘫和其他多种先天缺陷。他很幸运地拥有一对爱护他的养父母，但他的智力发育极其缓慢。跟艾迪和"盲眼汤姆"一样，他早期的语言特点是模仿言语。成年后，他的口头交流能力仍然极为有限。尽管困难重重，但 LL 成了一名出色的钢琴家，尤其在古典音乐、乡村音乐和西部音乐方面。曾有说法称，LL 的音乐天赋在他 16 岁时才被发现，他半夜演奏柴可夫斯基的《第一钢琴协奏曲》，琴声吵醒了他的养父母。但是米勒发现，有证据表明 LL 至少从三岁起就表现出了对音乐的兴趣。曾有人看到他一边哼着曲子，一边在床底弹着床上的弹簧。他小时候就拥有玩具乐器，八岁时，家里人给他买了一架钢琴。养母私下教过他音乐，促进了他的天赋发展。不过，养母极力反对他对乡村音乐和西部音乐的偏爱。

20. 艾迪和 CA 的案例研究一定程度上来自讲述他们音乐能力的轶事。但另一位音乐特才诺埃尔曾接受过严格的科学测试，以评估和认识他的音乐能力（赫尔梅林，2001 年）。测试显示，他拥有惊人的音乐记忆力。诺埃尔五岁时，曾进过一所为存在严重学习障碍的孩子开设的学校。他患有自闭症，无法与其他孩子交流，而且还有相关的强迫症和重复性行为。在用收音机听了音乐后，他第二天会凭记忆用学校的钢琴弹奏出来。心理学家贝亚特·赫尔梅林和尼尔·奥康纳（Neil O'Connor）在研究自闭症特才时，了解到了诺埃尔，他们还研究了其他在绘画、算术和诗歌方面有突出才能的自闭症特才，所有这些案例在赫尔梅林2001年出版的著作《心灵的明亮碎片》（*Bright Splinters of the Mind*）中都有介绍。

他们在诺埃尔19岁时对他进行了测试，当时他的智商为61，几乎没有任何自然口语能力。赫尔梅林和奥康纳为诺埃尔和一位职业音乐家播放了格里格（Greig）第47号作品中的第三首《旋律》（Melody），两人都不熟悉这首曲子。先是从头至尾完整播放，然后又分小节播放，播放完每个小节之后，诺埃尔和这位职业音乐家需要将听到的音乐演奏出来，每次演奏累加前面的小节，直至最终凭记忆将整首乐曲演奏出来。诺埃尔近乎完美地演绎了《旋律》全部64个小节，旋律和和声都得到了保留，798个音符中，错误率仅为8%。而这位职业音乐家只能演奏出354个音符，且其中80%存在错误。24小时后，诺埃尔又进行了一次近乎完美的演奏。

赫尔梅林和奥康纳对诺埃尔出现的错误进行了分析，之后又用其他曲子进一步测试，最终得出结论，诺埃尔的音乐记忆力以对音乐结构的直觉性把握为基础。诺埃尔通过痴迷地听音乐，对自然音阶有了深入的认识——1600年至1900年的大多数西方音乐都使用了自然音阶，其中包括格里格的《旋律》。这就是我在第二章中所说的"调性知识"，即音乐中最接近语言中语法的对应物。诺埃尔倾向于关注离散的乐句，并将其调性知识与专注于离散乐句的倾向相结合，他不像职业音乐家那样，倾向于关注作品这个整体。当要求诺埃尔在同样的条件下演奏巴托克（Bartók）的《小宇宙》（Mikrokosmos）时，对他音乐能力的判断得到了证实。《小宇宙》创作于20世纪30年代，没有自然音阶，属于无调性音乐的范畴。诺埃尔的这次演奏明显没那么成功，在他所演奏的277个音符中，错误率为63%，相比之下，职业音乐家所演奏的153个音符中，错误率为14%。

21. 也就是说，当问艾迪一个旋律与另一个旋律"相同还是不同"时，他的回答只是简单地重复短语"相同还是不同"。

22. 赫尔梅林与帕梅拉·希顿（Pamela Heaton）、琳达·普林（Linda Pring）合作进行了绝对音感方面的研究，赫尔梅林（2001年，第168～178页）进行了介绍。他们的研究对象为患有自闭症的儿童，其中有些孩子有着非凡的音乐才能。按照定义，他们都不具备正常的语言能力，但都有绝对音感。根据竹内（Takeuchi）和赫尔斯（Hulse）（1993年）提供的数据，十分之一的成年人拥有绝对音感。

23. 伊罗娜·罗斯（私人通信）告诉我，自闭症患者都会有一定程度的仿语症，程度或有不同，而且仿语症可能会随着发育得到缓解，根据米勒（1989 年）的描述，艾迪的情况就是如此。

24. 莫顿（Mottron）等（1999 年）对绝对音感和自闭症之间的联系进行了研究。研究对象中有一个女孩 QC，她是一个患有低功能自闭症的青少年，拥有绝对音感。他们认为她的自闭症源于缺乏认知灵活性，她对在产生绝对音感的关键年龄段出现的听觉刺激格外感兴趣。

25. 西蒙·巴伦－科恩（2003 年）认为"女性的大脑天生具有共情能力。男性的大脑则天生具有理解和建构体系的能力"。

26. 米勒（1989 年，第 183 页）。

27. 在对自闭症儿童的研究中，赫尔梅林（2001 年）发现他们倾向于关注片段，而不是整体——人们将这视为自闭症的普遍特征，通常将其描述为缺乏"中心聚合能力"。比如，自闭症儿童会关注一幅画中的单个元素，而不是画作整体，他们会认为每个元素之间相互独立。唯一的例外出现在音乐领域。自闭症儿童能对乐曲整体的特征做出反应，而不是完全专注于单个元素。这些自闭症儿童没有表现出音乐等方面的特殊能力。但结果可能说明，音乐特才的能力不能用和艺术或算术方面的特才能力同样的方式来解释。

28. 米勒（1989 年，第 241 页）。

第四章　少了音乐的语言

1. 下述内容参考了亨森（Henson）（1988 年）和塞尔让（Sergent）（1993 年）。

2. 阿拉茹瓦尼纳（1948 年）。

3. 威尔逊和普雷辛（Pressing）（1999 年，第 53 页）。

4. 下述内容参考了皮奇里利等（2000 年）。

5. 威尔逊和普雷辛（1999 年，第 53 页）。

6. 佩雷茨（1993 年，第 23 页）。

7. 威尔逊和普雷辛（1999 年）。

8. 施泰因克等（2001 年）介绍了 KB 的案例。

9. 佩雷茨等（1994 年）介绍了 CL 的案例，并将其与 GL 进行了对比。

10. 威尔逊和普雷辛（1999 年）。

11. 帕特尔（Patel）等（1998 年）。

12. 艾伦（1878 年）。

13. 弗赖伊（Fry）（1948 年）以 1200 名被试为样本进行了测试，测试要求被试比较两个音符或两个乐句，从而找出音高的变化。弗赖伊得出结论，5% 的英国人存在音乐障碍，而先天性音乐障碍源于音乐记忆力和音高辨别能力的缺陷。阿约特（Ayotte）等（2002 年）认为弗赖伊的数据分析并不能支撑他的说法。卡尔马斯（Kalmus）和弗赖伊（1980 年）以 604 名成年人为样本，研究被试发现插入旋律中的异常音高的能力，他们得出的结论是，4.2% 的英国人存在音乐障碍。阿约特等（2002 年）认为这一发现也有问题，并批判了上述研究所采用的方法。

14. 卡兹（Kazez）（1985 年）。

15. 佩雷茨等（2002 年）介绍了莫妮卡的案例。

16. 虽然实验中用到了名人演讲选段，但它们都经过精挑细选，不含任何可能透露说话者身份线索的词语（佩雷茨等，2002 年）。

17. 阿约特等（2002 年）。

18. 伊莎贝拉·佩雷茨和同事研究发现，先天性音乐障碍确实存在——五音不全并非虚构。大约 3% 到 6% 的人并没有任何认知障碍，但患有语言学习障碍，有先天性音乐障碍的人也差不多是这个比例。

显然有一个问题是，先天性音乐障碍在生物学上是不是一种可遗传的疾病——唱歌跑调的人能将这归咎于父母吗？莫妮卡的母亲和哥哥被形容为音乐能力受损，但他们没有接受过正式测试。她的父亲和妹妹没有这类缺陷。在佩雷茨测试的另外十个被试中，有六个被试表示，他们的父亲或母亲（通常是母亲）以及至少一个兄弟姐妹有音乐障碍，而每个家庭中都有音乐能力出色的人。

据我所知，至今只有一项研究针对音乐能力的遗传性，旨在评估遗传因素和环境因素的相对重要性（德雷纳［Drayna］等，2001 年）。这篇文章发表于著名的《科学》期刊，其之所以耐人寻味，是因为它的关注点正是佩雷茨界定为先天性音乐障碍本质的音乐缺陷：音高的识别。马里兰州的国立耳聋研究所和伦敦圣托马斯医院的双胞胎研究部的科学家联合进行了这项研究。后者对这项研究至关重要，因为双胞胎研究为评估遗传基因和发育环境对个体思维和行为的相对贡献提供了方法。

同卵双胞胎——来自同一个卵子——拥有完全相同的基因，异卵双胞胎之间的相似点并不比同一父母所生的其他兄弟姐妹更多。除非特殊情况，双胞胎会在基本相同的环境中成长，接受相同的教育并拥有相同的生活经历。极个别情况下，双胞胎会在出生时分开，身处完全不同的环境中，由不同的家庭抚养长大。通过研究同卵双胞胎和异卵双胞胎成年后的异同，并对比共同长大和出生时就分开的双胞胎，我们有可能梳理出基因和环境对他们的外貌、思想和行为的相对重要性。

国立耳聋研究所的丹尼斯·德雷纳博士展开了音高辨别能力的研究。他测试了 284 对双胞胎，其中 136 对是同卵双胞胎。所有双胞胎都进行了"变律测试"，即佩雷茨和其他科学家在研究脑损伤患者和其他被试的音乐能力时采用的测试。在测试中，会播放熟悉的旋律，其中有些音高不正确的音符取代了一个或多个正确的音符，被试必须辨认出旋律正确与否。每个人听 26 段旋律，并根据他们辨认的正确数量进行评分。测试非常严谨，确保听力缺陷和性别等因素不会影响结果。

德雷纳发现，同卵双胞胎比异卵双胞胎在辨别曲调变化的能力上相似度更高。通过复杂的统计分析，他得出结论，大约 80% 的音高识别能力源自遗传基因，20% 来自个人成长的特定环境和音乐经历。

第五章　音乐和语言的模块化

1. 伊罗娜·罗斯（私人通信）指出，对我呈现的案例研究有另一种理解。音乐在缺少语言时的补充机制或语言在缺少音乐时的补充机制可能不同于正常情况下（即音乐和语言系统都存在，而且功能正常）的机制。虽然我们可能知道他们音乐或语言系统的"输出"行为和正常人并没有两样，但我们不清楚生成输出内容的神经机制是否一定相同。

2. 佩雷茨（2003 年，第 200 页）。

3. 佩雷茨和查托雷（Zatorre）（2003 年）将音乐认知神经科学的最新研究整理成了论文集。

4. 帕特尔（2003 年）提出了解决这一显而易见的矛盾的方法，即论证语言和音乐的句法处理间存在一个明确的汇合点。

5. 梅斯等（2001 年）。凯尔奇（Koelsch）等通过功能性磁共振成像研究得到了类似的结论，认为"我们所知的支持语言处理的大脑皮层网络并不像以前认为的那样具有特定领域性"（凯尔奇等，2002 年，第 956 页）。

6. 下文参考了帕森斯（2003 年）的研究报告。

第六章　对婴儿说话和唱歌

1. 弗纳尔德（1991 年）汇总了比较母亲、父亲和兄弟姐妹对婴儿讲话的韵律的证据。兄弟姐妹所用的音调较高可能反映了他们自己唤醒水平的提高，而非影响婴儿的手段。

2. 弗纳尔德（1991 年）所用证据表明，婴儿更喜欢听儿向言语，而非成人导向式言语。

3. 马洛赫（Malloch）（1999 年）对母亲／父亲和婴儿之间的语言行为进行了细致的研究，并将其称为"沟通音乐性"。罗柏（Robb）（1999 年）研究了母亲由于产后抑郁而未能在儿向言语中放大韵律对话轮转换的影响。

4. 莫诺（Monnot）（1999 年）。

5. 弗纳尔德和梅兹（Mazzie）（1991 年）研究了韵律如何促进儿童学习词汇。

6. 纳尔逊（Nelson）等通过实验证明儿向言语有助于句法学习。

7. 下文参考了弗纳尔德（1991 年），她针对儿向言语的发育功能提出了一个基于年龄的四阶段模型：（1）内在知觉和情感的显著性；（2）注意力、兴奋度和情感的调节；（3）意图和情绪的交流；（4）对词语的声音突出。

8. 弗纳尔德（1989 年和 1992 年）。

9. 弗纳尔德（1989 年和 1992 年）。

10. 莫诺（1999 年）已经发现了这种关联。然而，这依赖对儿向言语数量和质量的相当主观的衡量。莫诺认为，她所发现的关联表明儿向言语在语言进化的过程中起着重要作用。

11. 弗纳尔德等（1989 年）。有研究称已经发现了面向婴儿的言语中不含特定韵律声域的人类语言，弗纳尔德对这类观点进行了评价。

12. 印欧语系的起源、传播和演变都是颇具争议的问题，但得益于近年来遗传学、语言学和考古学证据的整合，这些问题有可能找到答案。这一点在伦弗鲁和贝尔伍德（Bellwood）（2002 年）合编的书中有所体现，书中有几篇文章谈到了印欧语系可能的起源。我给出的时期是农民遍布欧洲的大概时间，有些人把该时期等同于原始印欧语系的传播时间。

13. 有关科萨语中儿向言语的研究参考了弗纳尔德（1991 年）。帕普塞克等（1991 年）的研究结果证实了格里泽（Grieser）和库尔（Kuhl）（1988 年）关于普通话和英语儿向言语之间相似性的阐述。

14. 萨弗兰等（1996 年和 1999 年）。

15. 引自萨弗兰等（1999 年）。

16. 萨弗兰和格里庞特罗格（2001 年）。有关萨弗兰对婴儿绝对音感的进一步研究，参见萨弗兰（2003 年）。

17. 希顿（Heaton）等（1998 年）；莫顿等（1999 年）。

18. 萨弗兰和格里庞特罗格（2001 年，第 82 页）。

19. 查托雷（2003 年）认为，不考虑任何文化因素，如语种或童年接触音乐，亚洲人拥有绝对音感的比例更高。他认为这是因为拥有和 / 或保留绝对音感的遗传倾向。

20. 在认知发展过程中，获得 / 保持绝对音感可能也有一段关键期，和语言学习的关键期一样（竹内和赫尔斯，1993 年）。成年人拥有绝对音感可能部分是因为这种经验因素，部分是因为基因构成（查托雷，2003）。

21. 艾莉森·雷（私人通信）建议我考虑拥有绝对音感可能会提高音乐能力，我在此表示感谢。

22. 赫尔梅林（2001 年，第 168 ～ 178 页）对比了没有乐感的自闭症儿童和"正常"儿童（智力发育和智商水平相当）在辨别和回忆音高上的表现。她还发现，这些自闭症儿童更擅长把和弦分割成其组成部分，擅长将音符相互联系起来。莫顿等（1999 年）详细介绍了低功能自闭症青少年的相关案例研究。

23. 达马托（D'Amato）（1988 年）认为，卷尾猴拥有绝对音感，莱特（Wright）等人（2000 年）对猴子的音乐敏感性进行了研究。当然，这些研究在方法上存在巨大的挑战，我们必须谨慎对待其结果。豪泽和麦克德莫特（McDermott）（2003 年）指出，莱特等人的研究结果的价值主要取决于他们试验的猴子之前是否接触过西方音乐。其他物种也拥有绝对音感，尤其是鸣禽。韦斯曼（Weisman）等人（2004 年）比较了鸣禽、人类和老鼠的绝对音感能力。研究非洲类人猿绝对音感的实验具有很大价值。

24. 有关摇篮曲的研究，参见特雷赫和施伦贝格（Schellenberg）（1995 年），特雷赫和特雷纳（Trainor）（1998 年）。特雷赫等人（1993 年）和优尼科（Unyk）等人（1992 年）对跨文化相似性和成年人辨别摇篮曲的能力进行了研究。

25. 特雷赫和施伦贝格（1995 年）。另参见特雷赫等人（1997 年），特雷赫和特雷纳（1998 年）。

26. 特雷赫和中田（Nakata）（2001 年）。

27. 这项研究由圣菲尔德（Shenfield）、特雷赫和中田进行，由斯特里特等人（2003 年）发表。

28. 这些研究可见于斯坦德利（1998 年，2000 年），斯坦德利和摩尔（Moore）（1995 年），并由斯特里特等人（2003 年）进行了总结。

29. 斯特里特等（2003 年，第 630 页）。

30. 特雷赫（2003 年，第 13 页）。

31. 特热沃森（1999 年，第 173 页）。

32. 本章中我有意避开了婴儿运动这一议题，尽管有节奏的踢腿、挥臂和摇摆可能具有明显的"音乐"性。西伦（Thelen）（1981 年）将这些运动形容为有节奏的模式化运动，并介绍了它们的适应意义及起源。

33. 特热沃森（1999 年，第 174 页）。他还强调了父亲也以同样的方式与婴儿互动。

34. 克努特松（Knutson）等人（1998 年）。

35. 关于大脑发育，参见尚热（1985 年）。

36. 关于神经达尔文主义，参见尚热（1985 年）和爱德曼（Edelman）（1987 年和 1992 年）。

37. 关于神经建构主义，参见格里诺（Greenough）等人（1987 年）和罗森茨维格（Rosenzweig）等人（1999 年）。

第七章　音乐之魔力，可疗愈

1. 参见内特尔（1983 年，第 11 章），此章恰巧和本章使用了相同的标题，但内特尔对康格里夫的诗进行了更多有趣的思考。

2. 迈尔（1956 年），库克（1959 年）。迈尔（2001 年）对自己的观点进行了综述。

3. 尤斯林和斯洛博达（2001年）回顾了音乐和情绪之间关系的研究史。

4. 尤斯林和斯洛博达（编于 2001 年）。

5. 奥特利和詹金斯（Jenkins）（1996 年）介绍了情绪的研究史。

6. 埃文斯（2001 年）简要介绍了情绪是人类理性和智慧的核心这一观点，可读性极强。对此观点的主要研究有德索萨（De Sousa）（1987 年）、达马西奥（1994 年），以及奥特利和詹金斯（1996 年）。

7. 例如，参见达马西奥（1994 年和 2003 年）和勒杜（1996 年）。

8. 有些人认为，所有的情绪都是文化建构；有些人认为，从生物学角度看，至少有些情绪是人类共有的。奥特利和詹金斯（1996 年）以及埃文斯（2001 年）介绍了这两种观点的相关辩论。艾克曼的研究对于证实后一种观点至关重要（艾克曼，1992 年；艾克曼和戴维森，1995 年）。

9. 古道尔（1986 年）。关于黑猩猩的复杂社会和情感生活，参见德瓦尔（1982 年）。

10. 奥特利和约翰逊－莱尔德（1987 年）。

11. 弗兰克（1988 年）。

12. 艾克曼（1985 年和 2003 年）对人类情绪做了杰出研究，为情绪表达的跨文化共性提供了证据，并探究了伪装情绪的局限性。

13. 巴伦－科恩（2003 年）介绍了一种有趣的"由眼观心测试"，将其作为附录放于书中。同样地，艾克曼（2003 年）提供了一套"表情特别微妙的人物照片，这些表情可能混有两种情绪，读者可以用来自测"。

14. 尼登塔尔和塞特隆德（1994 年）。具体来说，他们播放维瓦尔第的《C 大调协奏曲》（*Concerto in C Major*）和莫扎特的《弦乐小夜曲》（*Eine kleine Nachtmusik*），来激发积极情绪。如果需要悲伤的情绪，他们会播放马勒的《小柔板》（*Adagietto*）或拉赫玛尼诺夫《C 小调第二钢琴协奏曲》（*Piano Concerto No. 2*）中的柔板。

15. 布莱金（1973 年，第 68-69 页）。布莱金认为，自己获得的文达族证据没有显示出与库克的发现一致的音程和情绪之间的关系。他认为，"文达族的音乐传统可能以一种特定而普遍的方式抑制了文达族人表达情绪的内在欲望"。他还强调，库克的理论不够普遍，无法应用到任何文化中，因此也不适用于欧洲音乐。

16. 欧尔曼和梁（2003 年，第 244 页）。她的研究于 2003 年 9 月在汉诺威大学举办的第五届欧洲音乐认知科学学会（ESCOM）的大会上发表，该会议每三年举办一次。

17. 库克（1959 年，第 60 页）。

18. 库克（1959 年，第 105 页）。

19. 下文参考了尤斯林（1997 年）。除了本章中介绍的实验，其论文还涵盖了很多其他内容，尤斯林试图从功能主义角度为音乐的情绪交流建立一个通用模型。

20. 然而，从统计上来看，女性在根据音乐表演来推断预期情绪方面优势并不明显，所以我们对这一结果的理解必须谨慎（尤斯林，1997 年）。

21. 下文参考了舍雷尔（1995 年）。

22. 舍雷尔和曾特纳（2001 年）谈到了主观报告情绪状态的问题。他们在研究中明确要求被试区分自身情绪和从音乐中听到的情绪。

23. 克伦汉斯（1997 年）。

24. 舍雷尔和曾特纳（2001 年）对此类实验进行了批判性的汇总。

25. 舍雷尔和曾特纳（2001 年）。

26. 迪本（Dibben）（2003 年）给出了实验证据，证明"唤醒水平影响了音乐带来的情感强度，因此人们把他们的身体感觉作为音乐传达的情绪的信息"。维耶拉尔（Viellard）等（2003 年）就音乐专业知识对从音乐中提取情绪信息的能力的影响，给出了一些见解。

27. 邦特（Bunt）和帕夫利切维奇（Pavlicevic）（2001 年）从音乐疗法的角度探讨了音乐和情绪之间的关系。

28. 此卷由朔廉（Schullian）和舍恩（Schoen）（1948 年）合编，由古柯（Gouk）（2000 年）分析并讨论。

29. 斯坦德利（1995 年）对音乐疗法在医学和牙科治疗中的应用进行了综述。罗柏等（1995 年）进行了一项特别有趣的研究，这项研究关于音乐疗法如何应用于减缓小儿烧伤患者的术前焦虑。达维拉（Davila）等（1986 年）探究了使用音乐让智障患者在牙科治疗时得到放松，罗柏（2003 年）对儿科医疗保健中的音乐疗法进行了概述。

30. 这段话参考了保罗·罗伯逊（Paul Robertson）在施平特诊所的研究，并由霍登（2000 年，第 12 页）引用。1996 年 5 月，罗伯逊在英国电视四台做了一档名为"音乐与心灵"（*Music and Mind*）的系列节目。

31. 曼德尔（1996 年）。

32. 曼德尔（1996 年）。

33. 安克弗（Unkefer）（1990 年）概述了音乐疗法在成年精神障碍患者中的应用。

34. 曼德尔（1996 年，第 42 页）。

35. 这一观点由霍登（2000 年，第 17 页）提出。

36. 埃文斯－普里查德（1937 年）。有关此方面及其他人类学记述，参见霍登（2000 年，第 17 ～ 18 页）。

37. 罗斯曼（Roseman）（1991 年）、詹森（Janzen）（1992 年）和弗里森（Friedson）（1996 年）。

38. 我们还在不断认识音乐的治疗作用。2003年，在汉诺威举行的欧洲音乐认知科学学会大会上（可能是世界最大的音乐学盛会，每三年举办一次），有一整场会议专门讨论了音乐疗法。艾耶尔（Aiyer）和库普斯瓦米（Kuppuswamy）（2003年）将印度古典音乐应用于高度紧张、抑郁、高血压、失眠、肌肉疼痛和智障患者的治疗中，并展示了他们的研究结果。贝利（Bailey）和戴维森（2003年）认为，与不积极参与音乐活动相比，参与集体歌唱更有益。

39. 伊森（1970年）。奥特利和詹金斯（1996年）对伊森的实验进行了综述。

40. 伊森等（1987年）。

41. 巴伦（1987年）。

42. 福加斯和莫伊兰（1987年）。

43. 弗里德和伯科威茨（1979年）。

44. 弗里德和伯科威茨（1979年）指出，在这类实验中，静坐不适合作为对照组，因为静坐本身可能会让人因厌倦而产生负面情绪。

第八章　哼叫、嗥叫和动作

1. 伯恩（私人通信）认为，类人猿的语言实验在做到250个或不到250个象征时就终止了，因此我们尚不清楚类人猿能否学会更多数量的象征。然而，有一点很明显，它们的学习速度比儿童慢得多。

2. 与黑猩猩的语言学习实验相关的文献有很多，相关实验始于20世纪60年代。其中重要研究有：比阿特丽斯（Beatrice）和艾伦·加德纳（Alan Gardner）对华秀（Washoe）的手语教学（加德纳等，1989年），以及大卫·普雷马克（David Premack）用不同颜色和符号的塑料片对萨拉（Sarah）进行的语言实验（普雷尼亚克［Preniack］和普雷马克，1972年）。苏·萨维奇－伦堡和杜安·伦堡（Duane Rumbaugh）（1993年）于20世纪70年代在耶基斯语言研究中心展开了一项长期研究项目，他们用计算机键盘上的符号来代表词语。其中有些实验受到了特勒斯（Terrace）（特勒斯等，1979年）的严厉批评，他认为黑猩猩的语言能力因拙劣的方法论而被无意间夸大了。这类批评的声音是教学机制转变的因素之一，即从专门训练幼年类人猿使用象征到让它们只接触语言。1990年，苏·萨维奇－伦堡开始对雄性倭黑猩猩坎兹（Kanzi）进行实验，并很快表示，它不仅习得了大量的词语，而且掌握了简单的语法（格林菲尔德［Greenfield］和苏·萨维奇－伦堡，1990年；萨维奇－伦堡和伦堡，1993年）。黑猩猩和倭黑猩猩均被证明能大致理解英语口语。即便如此，黑猩猩的语言能力和人类的语言能力之间仍然有很大差距——六岁的儿童通常有一万多词汇量，能组成长句子，而且经常评论他们周围的世界。史蒂芬·平克（1994年）将黑猩猩语言家描述为"训练有素的马戏团演员"，这有点苛刻，我的观点是这些实验对我们了解人类语言是如何进化的帮助很小。

3. 有些学者——如比克顿（1990年）、阿尔比布（出版中）和托勒曼（出版中）——反对人类语言和类人猿发声之间的任何直接进化延续性，他们认为，所有的类人猿叫声"都是无意识的，所依赖的灵长类大脑部位与人类语言所使用的完全不同"。虽然两种系统之间存在着无可否认的显著差异，但因差异而全盘否定进化的延续性的观点使我困惑。赛法特（出版中）简要总结了延续性的相关案例，并参考了证明人类言语和灵长类动物声音交流在行为、感知、认知和神经生理学上存在延续性的研究。

4. 古人类学家对谱系分化的时间有不同的看法。计算时间的方法是研究不同物种的基因差异程度，然后估算差异出现的速度。博伊德（Boyd）和西尔克（Silk）（2000年）对衡量差异的方式和计算分化时间的方法进行了简要说明。我所用的是文献中较近一端的时间，有些人将大猩猩／人类的分化时间推回到了1000万年前，将黑猩猩／人类的分化时间推回到了600万年前。

5. 三谷（1996年）对非洲类人猿的发声行为进行了对比研究，对它们的异同做出了解释。

6. 三谷和格罗斯－路易斯（Gros-Louis）（1995年）研究了黑猩猩和倭黑猩猩尖叫声中的物种和性别差异，认为体形是一种影响因素。两个物种中体形相对较大的雄性比体形较小的雌性所发出的叫声频率更低。

7. 关于黑长尾猴叫声（通过回放来识别含义）的研究，参见切尼和赛法特（1990年）。里奇曼（1976年，1978年和1987年）介绍了狮尾狒的发声，盖斯曼（2000年）对长臂猿的叫声及其与人类音乐演变的可能关联进行了概述。

8. 斯特鲁萨克（Struhsaker）（1967年）。下文主要摘自切尼和赛法特（1990年）的资料。

9. 切尼和赛法特（1990年）介绍了黑长尾猴如何在群体相遇时发出有

关豹子的警报声。伯恩（私人通信）表示，黑长尾猴在没有深入了解其运作方式的情况下，使用这种"把戏"。

10. 祖贝布勒（Zuberbühler）（2003 年，第 270 页）指出，非人灵长类动物的叫声种类很少，难以证明其叫声具有指称性。他还指出，目前尚不清楚声音表达种类少反映的是心理表征同样很少，还是这些因素毫不相干。

11. 雷（1998 年）。

12. "功能性指称"一词是指它们用于指称外部世界的某种东西，而没有必要的意图。祖贝布勒（2003 年，第 269 页）对关于非人灵长类动物的叫声是否具有指称性的争论进行了总结。

13. 祖贝布勒（2003 年）详细介绍了戴安娜长尾猴的警报声，以及为确定它们是否具有指称性而进行的实验。他支持这一观点，认为它们的叫声是在"概念—语义"而非"感知—听觉"层面上进行处理的。

14. 豪泽（2000 年）进行了对恒河猴叫声的研究。

15. 里奇曼（1987 年，第 199 页）。有关狮尾狒的研究，另参见里奇曼（1976 年和 1978 年），有关狮尾狒的社会动力学研究，参见邓巴和邓巴（1975 年）。

16. 里奇曼（1987 年，第 199 页）。

17. 莱诺宁等（1991 年）和林南科斯基（Linnankoski）等（1994 年）测试了人类儿童和成人识别猴子叫声中的情绪内容的能力。

18. 莱诺宁等（2003 年）研究了人类和短尾猴所发出的声音波形是否有相似之处。

19. 长臂猿可能不像之前认为的那样是一夫一妻制。奥卡（Oka）和竹中（Takenaka）（2001 年）对一群野生灰长臂猿进行亲子鉴定，发现了配偶外交配的证据。赖查德（Reichard）（1995 年）在白掌长臂猿中有类似的发现。

20. 盖斯曼（1984 年）指出长臂猿的杂交后代（父亲为戴帽长臂猿，母亲为白掌长臂猿）无法习得任一父母的发声，这证明了特定叫声的遗传倾向。

21. 科利绍（Cowlishaw）（1992 年）对雌性的叫声是为了吸引雄性这一假说进行了检验——如果确实如此，雌性应在交配之后停止鸣叫，但是它们没有停止。埃勒夫森（Ellefson）（1974 年）和特纳萨（Tenaza）（1976 年）提出了一项假说，即雌性的叫声是为了守卫领地。这一假说得到了观察结果和叫声回放实验的支持。实验表明，雌性对位于领地中心和边缘的回放有着不同的反应。科利绍（1992 年）同样通过回放实验论证了雌性的叫声具有捍卫领地的作用。

22. 三谷和马勒（1989 年）解释说，雄性长臂猿的叫声多种多样，少有重复，但受不同的规则影响。

23. 科利绍（1992 年）汇总了雄性长臂猿的叫声证据，他不赞同守卫领地的假说。他发现领地冲突的数量和叫声强度之间没有关系。没有交配的雄性比已经交配的雄性叫声更频繁，持续时间更长，而且有些雄性在交配后不再鸣叫。交配后仍然鸣叫的长臂猿可能在试着用这种方式来击退竞争对手。通过证明叫声数量和与其他雄性的敌对次数之间呈正相关关系，科利绍支持了这一假说。

24. 盖斯曼（2000 年，第 107 页）。

25. 布罗克曼（Brockleman）（1984 年）提出了一个假说——长臂猿二重唱的功能是形成和维系配偶关系。盖斯曼（2000 年）对这一假说进行了测试和总结。

26. 斯海克（Schaik）和邓巴（1990 年）认为，雄性和雌性一起鸣叫是为了宣告它们的配偶关系。科利绍（1992 年）认为，二重唱是为了降低领地冲突的成本。

27. 三谷（1985 年）。

28. 马勒和特纳萨（1977 年）证实了这种叫声之间的组合。

29. 除非另有说明，下文资料摘自三谷（1996 年）。

30. 伯恩（私人通信）。

31. 三谷和勃兰特（Brandt）（1994 年）研究了影响黑猩猩远距离喘嘘的因素，发现个体内部的叫声差异大于个体之间的叫声差异。

32. 三谷等（1992 年）首次展开对黑猩猩喘嘘的地域差异的研究。他们对各种解读进行了讨论，认为可能性最大的是学习鸣叫。另一种可能性是，叫声差异可能由喂食的假象引起——不同的叫声无意中得到喂食的奖励（伯恩，私人通信）。

33. 克罗克福德等（2004 年）。

34. 赛法特等（1994 年）对大猩猩的双重哼叫进行了研究，发现了"自发的"和"应答的"双重哼叫，并证明了双重哼叫具有个体独特性。

35. 此处的"更大"指的是绝对脑容量。如果脑容量是相对于体形的大小来衡量的，那么类人猿和猴子之间存在一部分重合（伯恩，私人通信）。

36. 祖贝布勒（2003年，第292页）指出，尽管叫声种类不多，但细致的研究可能会揭示出细微的声学差异。比如，对博茨瓦纳奥卡万戈三角洲的狒狒进行的一项研究表明，它们叫声的声学结构在不同的环境中会不断变化，如在应对食肉动物或鳄鱼时，在雄性之间的竞争中，或者当鸣叫者与群体分开时。祖贝布勒认为，细微的声音变化可以为接收者提供鸣叫者所感知到的有关外部世界的丰富信息。

37. 关于黑猩猩学习鸣叫的讨论，参见克罗克福德等（2004年）。关于对柽柳猴、恒河猴和其他黑猩猩研究的证据汇总，以及非人灵长类动物改变叫声结构的能力，参见祖贝布勒（2003年，第292页）。

38. 达钦（Duchin）（1990年）对黑猩猩和人类在言语进化过程中口腔的变化进行了对比研究。

39. 关于非人灵长类动物声道与发声之间的关系，参见祖贝布勒（2003年，第293页）。

40. 斯坦福（Stanford）（1999年）谈到了黑猩猩狩猎，就其对人类行为起源的影响进行了有益的探讨。他指出，独自狩猎的成功率在30%左右，十只黑猩猩以上的队伍狩猎成功率高达100%。

41. 伯施（Boesch）（1991年）记录了母亲明显是在"教"婴儿怎么敲碎坚果的两个例子，但这两个例子都不含任何声音的引导。考虑到坚果的营养价值和婴儿学习开坚果的难度，这两个例子凸显了此类教学的罕见性。切尼和赛法特（1990年）评论说，黑长尾猴没有其他功能性指称叫声来补充针对猎食者的警报声，这很奇怪。他们提到，母亲对婴儿发出"跟着我"的叫声能很好地保护它们，从而对其进化有利。

42. 这对猴子来说很可能是一个非常重要的制约因素，它们不太可能拥有心智理论。实际上，它们似乎不太可能将其他个体视为行为由信仰、欲望和知识决定的思维主体（祖贝布勒，2003年，第298页）。至于非洲类人猿是否也如此，这一问题争议性更大。

43. 大量文献探讨了心智理论，尤其是黑猩猩是否拥有这种理论。主要出版物包括由伯恩和怀腾（1988年和1992年）合编的著作，这本书主要关注策略性欺骗的证据；拉森（Russon）等（1996年）以及卡拉瑟斯和史密斯（Smith）（1996年）所编的合集。波维内利（Povinelli）（1993年和1999年）进行了大量的实验室实验，他认为，这些实验表明黑猩猩不能理解心理状态。托马塞洛等（2003 年）的最新发现对此观点提出了质疑。邓巴（1998年）讨论了心智理论的进化和语言的关系。

44. 托马塞洛等（2003 年）。

45. 邓巴（2004 年）认为，我们可以根据现存的灵长类动物或已灭绝的原始人的绝对脑容量来推断它们所拥有的意向性顺序。他认为，意向性顺序的增加是认知进化的关键方面。

46. 下文摘自坦纳和伯恩（1996 年）。

47. 祖贝布勒（2003 年，第 297 页）做出了解释，没有证据表明非人灵长类动物具有指称性手势。

48. 科勒（1925 年，第 319 ~ 320 页）。

49. 萨维奇－伦堡等（1977 年）。另参见托马塞洛和同事有关手势交流的研究（托马塞洛等，1985 年，1989 年和 1994 年）。

50. 对灵长类动物的叫声的观点变化的简要概述，参见切尼和赛法特（1990 年，第 98 ~ 102 页）。

51. 我的结论是非人灵长类动物缺乏指称性叫声，但其他很多学者可能不会赞同这一观点，其中有些学者在灵长类动物的交流方面比我更专业。对现有文献的全面回顾，以及对灵长类动物的指称信号的解释，参见祖贝布勒（2003 年）。

52. 伯恩（私人通信）。

第九章　稀树草原上的歌声

1. 在萨赫勒发现的人类化石已被划分为一个新属新种：乍得沙赫人。布鲁内特（Brunet）等（2002 年）对其进行了介绍，伍德（Wood）（2002 年）阐明了其在人类和类人猿进化史中的潜在意义。

2. 除非另有说明，下文摘自博伊德和西尔克（2000 年）以及约翰逊（Johnson）和埃德加（Edgar）（1996 年）。

3. 科拉德（Collard）和艾洛（2000 年）讨论了最近发现的南方古猿阿法种和南方古猿湖畔种的指背行走特征所产生的影响，并对南方古猿阿法种的陆地和树栖的混合生活进行了评述。

4. 对露西腕骨，以及体现指背行走的类似标本的分析，参见里士满（Richmond）和斯泰特（Stait）（2000 年）。科拉德和艾洛（2000 年）对他们的结论进行了评论。

5. 关于对这些化石分类的难度，参见伍德（1992 年）及伍德和科拉德（1999 年）。

6. 对这两个遗址的考古评述，参见波茨（Potts）（1988 年）和艾萨克（1989 年）。

7. 辩论中涉及的主要文章包括：艾萨克（1978 年），关于建立家庭基地、大量吃肉和分享食物；宾福德（Binford）（1981 年），关于原始人类是"边缘型食腐动物"；邦恩（Bunn）（1981 年）以及波茨和希普曼（Shipman）（1981 年）对砍痕的分析。艾萨克（1983 年）、邦恩和克罗尔（Kroll）（1986年）及宾福德（1986 年）推进了这一辩论。

8. 邓巴（1988 年）提供了证据证明群体规模与群内攻击之间存在一定相关性，并对影响非人灵长类动物群体规模的因素进行了总结。

9. 家庭基地假说最初由艾萨克（1978 年）提出，后来被重新命名为"中心点觅食"。

10. 关于群体规模与脑容量之间的关系，参见艾洛和邓巴（1993 年）及邓巴（1992 年）。艾洛和邓巴认为，早期人属化石的颅容量说明，一个群体的规模为 71 人至 92 人。

11. 关于脑容量大的成本以及对高质量饮食（最有可能包含肉类）的需求，参见艾洛和惠勒（1995 年）。

12. 对"奥杜威工业"这一早期原始人工艺的总结，参见托斯（Toth）（1985 年）。

13. 托斯等（1993 年）介绍了坎兹的工具制作实验。

14. 邓巴（2004 年）认为，脑容量和心智理论之间有着密切的关系，这是由个体所拥有的意向性顺序来衡量的。

15. 下述有关口腔音姿的介绍参考了斯塔德特 - 肯尼迪（1998 年，2000年）及斯塔德特 - 尼迪和戈德斯坦（Goldstein）（2003 年）。

16. 莫吉 - 切基和科拉德（2002 年）介绍了对 Stw15 镫骨化石的研究。他们关于高音敏感度的结论在斯普尔和桑尼维德（Zonneveld）（1998 年）的内耳骨迷路研究中得到了论证。通过运用 CT 成像技术，斯普尔记录了几种不同的原始人化石样本中耳蜗的高度和宽度。他发现早期人类的骨迷路相对较短，这与哺乳动物对高频率的感知有关。

17. 托拜厄斯（1981 年，1987 年），福尔克（1983 年）。我对颅内模的价值持怀疑态度。迪肯（Deacon）（1997 年）提到，其他古生物神经学家认为，能人大脑中的额外褶皱可能只是由脑容量增大引起的，而不是具有独特功能的大脑区域进化的结果。

18. 里佐拉蒂和阿尔比布（1998 年），阿尔比布（出版中）。

19. 里佐拉蒂和阿尔比布（1998 年，第 189 页）。

20. 斯塔德特－肯尼迪和戈德斯坦（2003 年）。另参见雷（2002 年 a）对儿童习得程式性语言的研究。

21. 斯塔德特－肯尼迪和戈德斯坦（2003 年，第 246 页）。

22. 里佐拉蒂和阿尔比布（1998 年）及阿尔比布（出版中）认为，镜像神经元在语言进化中起着比此处更为基础的作用。在我看来，这是一个不必要的复杂方案，它否定了灵长类动物的叫声与人类言语之间直接的进化延续性。

23. 里佐拉蒂和阿尔比布（1998 年，第 192 页）。

24. 布雷恩（Brain）（1981 年）对南非遗址的原始人遗骸进行了研究，认为用"猎物"而不是"猎人"来形容这些遗骸更贴切。

25. 伯杰和克拉克（Clarke）（1995 年）已证实，是老鹰将汤恩的骨骼堆聚在了一起。

26. 艾萨克分别于 1978 年和 1989 年对 HAS 遗址进行了描述和解读。HAS 遗址对艾萨克的家庭基地 / 食物分享假设的发展起到了关键作用。

27. 邓巴（1991 年）认为梳毛具有功能性意义，艾洛和邓巴（1993 年）及邓巴（1993 年，1996 年）都谈到了"有声梳毛"假设。

28. 艾洛和邓巴（1993 年，第 187 页）。

29. 奈特（1998 年）和鲍尔（Power）（1998 年）认为，由于发声非常容易，所以声音并不可靠，可以用来实施欺骗。因此，它们不能像费时的身体梳毛那样，用来表达对另一个人的承诺。

30. 鲍尔（1998 年）指出，如果要提供类似阿片类物质刺激的强化机制，使被梳毛者感觉愉悦，那么有声梳毛就需要像唱歌一样。

31. 镜像神经元可能有助于模仿他人的手势，但是只靠镜像神经元不足以促成奥杜威工艺的发展和文化传播。要想掌握类似的石器制作工艺，就必须认识每个动作背后的意图，而这一过程需要心智理论。

32. 邦恩等人（1980 年）和艾萨克（1989 年）对 FxJj50 遗址进行了描述。

第十章　感知节奏

1. 伍德和科拉德（1999 年）。

2. 布莱金（1973 年，第 6 ～ 7 页）。

3. 对人类与类人猿解剖学差异的精彩描述，参见卢因（1999 年）。下文将借鉴这一工作。

4. 卢因（1999 年，第 93 页）。

5. 对该样本及本文提及的其他样本的具体介绍，参见约翰逊和埃德加（1996 年）。

6. 斯普尔等人（1994 年）。

7. 亨特（1994 年）。

8. 大约在 200 万年前，东非经历了严重的干旱。德曼诺克（DeMenocal）（1995 年）对东非的气候变化及其与人类进化的关系进行了简要概述。

9. 惠勒（1988 年）在《新科学家》（*New Scientist*）上发表了一篇名为"站得高，更凉快"（Stand tall and stay cool）的文章，在其中总结了他的理论。惠勒（1984 年，1991 年，1994 年）还发表了篇幅更长、更具学术性的文章，对这一理论的具体要素进行了阐述。

10. 艾洛（1996 年）。

11. 克莱格（2001 年）。

12. 以下内容借鉴了雷的观点（1998 年，2002 年 a 和 c）。

13. 雷（1998 年，2002 年 c）还认为，矛盾的是，比克顿式的原始语对于原始人和早期人类的需求来说，会过于强大。词语的使用能创造出新信息，但非人灵长类动物之间的绝大多数社会交流以及现代人之间的大量社会交流（比如，"早上好"，"你今天怎么样"）在本质上具有整体性——一套只需少量处理即可理解并回复的日常话语。

14. 雷和格雷斯（出版中）有力论证了语言的本质与社会组织之间存在重要关系。用她们的话来说："现代世界造就了很多庞大的社群，人们被陌生人包围，却常常与自己的家人，以及拥有共同兴趣和关注点的人在地理上相隔。现代复杂社会倾向于专业化的职业和消遣，这为个体提供了某些领域的特定专业知识，并排除了其他领域。相比之下，第一批使用语言的人可能生活在一个相当小的群体中，这个群体中的所有人彼此熟悉，且大多数成员都在基因上具有密切相关性，他们组成了一个'亲密的社会……在其中分享所有的通用信息，实现他们的共同目标，从事共同活动'。"

15. 杰肯道夫（1999 年）。

16. 比克顿（1995 年）将原始语与直立人和一段长时间的发展"半停滞"联系在一起。比克顿（2000 年）认为原始语有 2000 年的历史。

17. 比克顿对整体性原始语的质疑可参见比克顿（2003 年）。托勒曼（出版中）有一篇篇幅更长的评述文章。

18. 托勒曼（出版中）指出了五处不连续性：人类言语和灵长类动物的叫声由不同的大脑区域处理；灵长类动物的叫声是无意识的；人类言语和灵长类动物的叫声有着不同的生理基础；灵长类动物的叫声是遗传的；人类的言语在声音和语意之间存在着分离，灵长类动物的叫声则没有这种现象。不可否认，这些说法有一定的道理，但二者之间的差异是模糊的，而非黑白分明。进化是一个变化的过程——人类／黑猩猩的共同祖先使用的灵长类动物叫声在特定神经、生理和行为方面转变为人类语言的过程。

19. 赛法特（出版中）。我明白有些语言学家可能想要区分赛法特的"言语"和他们所用的"语言"。

20. 伯杰（2002 年，第 113 页）。

21. 下述内容参考了绍特等人（1997 年，2001 年）和赫特（Hurt）等人（1998 年）。

22. 关于音乐和运动之间的密切关系，参见弗里贝里（Friberg）和桑德伯格（1999 年）以及肖夫（Shove）和雷普（Repp）（1995 年）。弗里贝里和桑德伯格（1999 年，第 1469 页）参考了图斯利特（Truslit）1938 年的一项研究，这一研究认为："每一次渐强和渐弱，每一次渐快和渐慢，都不过体现着运动能量的变化，无论运动是作为纯粹的动作还是作为动作的表现。"

23. 有关桑德伯格对音乐与运动之间关系的研究，参见桑德伯格等人（1992 年）及弗里贝里和桑德伯格（1999 年）。前者研究了如何利用脚步的力量模式作为声音包络，将有关运动特征的信息传递给听众；后者研究了跑步时的减速与音乐表演尾声的渐慢之间的关系。

24. 布莱金（1973 年，第 111 页）。

25. 布兰布尔和利伯曼（2004 年）。

26. 我要感谢我的女儿希瑟。我从她有关芭蕾的书中引用了"arabesque"（阿拉贝斯克）和"échappé"（变位跳）这两个词。"arabesque"是一条腿伸直，另一条腿在身后延展的姿势。"échappé"是一种双脚闭拢起跳，在空中分开后落地的跳跃姿势。

27. 现代人还有另外两种手势，它们都不属于前现代人类。象征性手势一般带有目的，以高标准化的形式进行，通常为特定文化所有。比如，表示胜利的 V、竖大拇指或 OK 手势。这些手势在形式上也往往是标志性的，有时源于口语词汇本身。第三种手势是手语中的动作。这类动作在形式上具有象征性，它们构成了一种"自然语言"，因为它们有语法，而且从各个层面上与人类的口头语言相对应。

28. 阿布丹（Aboudan）和贝蒂（1996 年）对英语使用者和阿拉伯语使用者进行了实验研究，证实了这一观点。

29. 贝蒂（2003 年）对他有关手势和口语之间的关系的研究进行了总结。其中一项重要实验可参见贝蒂和肖维尔顿（Shovelton）（1999 年，2000 年，2002 年）。

30. 麦克尼尔（1992 年）。

31. 麦克尼尔（2000 年，第 139 页）。

32. 一本关于肢体语言的内容翔实的畅销书，参见皮斯（Pease）（1984 年），下文参考了该书。

33. 有说法称，不同文化中的亲密区大小不同，美国人的亲密区范围明显更大，在46和112厘米之间，而欧洲人和日本人的亲密区为20到30厘米。这种亲密区的不同可能会导致对行为的误解，美国人可能会觉得日本人在谈话中表现出了不适当的亲密感（贝蒂，2003 年）。

34. 马歇尔（2001 年）对演员如何利用身体进行表演和表达提供了有用的见解。

35. 拉班（Laban）（1988 年【1950 年】，第 19 页）。

36. 皮斯（1984 年，第 9 页）。

37. 特热沃森（1999 年，第 171 页）。

38. 拉班（1988 年【1950 年】，第 1 页）。

39. 拉班（1988 年【1950 年】，第 94 页）。

40. 拉班（1988 年【1950 年】，第 82 ～ 83 页）。

41. 这一点得到了麦克拉伦和休伊特（1999 年）的证实。他们对各种化石标本的胸椎管（有控制横膈膜及呼吸的神经穿过）进行了测量。KNM-WT 15000 的胸椎管与南方古猿和非洲类人猿差不多大，而尼安德特人标本的胸椎管与智人相当。

42. 拉夫（Ruff）等人（1997 年）。

第十一章 效法自然

1. 关于舍宁根木矛的介绍，参见蒂梅（1997 年）。在舍宁根木矛之前，欧洲还发现了另外两根长矛的碎片，它们分别来自英国克拉克顿和德国勒林根。这两根长矛都只有矛尖保留了下来，关于它们作为长矛的有效性以及这些碎片是否真的属于长矛，相关解释各种各样。

2. 20 世纪 60 年代后期，人们普遍认为所有史前人类都会狩猎大型猎物。的确，狩猎大型猎物与人类的定义之间有着一定的内在联系。布雷恩（1981 年）和宾福德（1981 年）的研究挑战了人们对上新世原始人的普遍认识，他们认为上新世原始人是"猎物而非狩猎者"，而且是"边缘型食腐动物"。宾福德（1984 年，1985 年，1987 年）对欧洲早期人类是否狩猎大型猎物提出了质疑，而甘布尔（1987 年）则将在克拉克顿和勒林根发现的"长矛"重新解读为用于寻找冰冻尸体的雪地探针。

3. 登内尔（1997 年，第 767 ~ 768 页）在宣布发现舍宁根木矛的那期《自然》上发表了一篇关于舍宁根木矛的重要评述文章。

4. 关于对原始人迁徙的态度变化的优秀评述，参见施特劳斯（Straus）和巴尔－约瑟夫（Bar-Yosef）（2001 年）以及罗兰（Rolland）（1998 年）。但这一领域发展很快，所以改变认知的新发现不足为奇。

5. 这些新测算出的时间仍具有争议，因为它们根据附着在骨骼上的沉积物而非骨骼本身测算得出，埋葬颅骨的沉积物可能比颅骨本身时间更久远。关于爪哇直立人标本的重新测年，参见斯威舍（Swisher）等人（1994 年）。对这一观点的评价，参见塞玛（Sémah）等（2000 年）。许多考古学家认同新的测年结果，因为它们似乎与巴基斯坦瑞瓦特高原的石器测算出的 200 万年前这一结果相吻合。这些"手工制品"于 1987 年由罗宾·登内尔和他的同事发现（登内尔等人，1988 年）。它们的样子很像奥杜威砍砸器——剥离出一块或多块石片的鹅卵石。登内尔的问题是，这些石片可能是在被河水冲刷时与其他鹅卵石碰撞形成的。因此，瑞瓦特高原的"手工制品"可能是自然力量的产物，而非原始人类敲砸的结果。然而，如果这些物品是在奥杜威峡谷中发现的，它们的文化真实性便不会受到质疑。

6. 万波（Wanpo）等人（1995 年）对这些手工制品进行了介绍，认为它们是发现于中国龙骨坡洞穴的人属遗迹。

7. 朱（Zhu）等人（2004 年）。

8. 切尔诺夫（Tchernov）（1995 年）对黎凡特南部最早的化石和考古证

据（其中包括乌贝迪亚遗址）进行了综述。

9. 加布尼亚（Gabunia）等人（2000 年）介绍了发现于德马尼西的匠人头骨，洛尔德基帕尼泽（Lordkipanidze）等人（2000 年）提供了这一遗址的相关信息和发掘背景。

10. 洛尔德基帕尼泽等人（2000 年）。

11. 卡博内尔（Carbonell）等人（1995 年，1999 年）介绍了发现于阿塔普埃卡 TD6 的原始人遗骸——其相关测年和考古背景。帕姆奎斯特（Palmqvist）（1997 年），阿里瓦斯（Arribas）和帕姆奎斯特（1999 年）发表了有关欧洲迁徙的重要研究。

12. 吉贝特（Gibert）等人（1998 年）对奥尔塞的手工制品、测年证据和古生物遗骸进行了介绍。罗（1995 年）对奥尔塞遗址做出了评述。莫亚－索拉（Moya-Sola）和科勒（1997 年），以及吉贝特等人（1998 年）讨论了原始人遗骸的状态。

13. 地磁倒转断代的原理：在地球的历史进程中，地球磁场会周期性地反转，即现在的南极以前是北极，现在的北极以前是南极。我们目前尚不清楚倒转发生的原因以及完成一次倒转所需的时间，但是全世界的沉积岩和火成岩都证明了这一现象的存在。沉积物中的含铁矿物质如同细小的磁铁，记录了沉积物固结成岩时的磁场。同理，当火成岩冷却到一定温度以下时，其中的含铁矿物质也会根据磁场方向固定下来。通过对倒转边界进行放射性同位素测年，磁场倒转的时间得以确定。有些倒转持续几百万年，而有些倒转会持续几万年，并且表现出了在正常极性与倒转极性之间的较快波动。在奥尔塞等遗址，考古学家们通过一系列岩石确认倒转模式，将其与已知且已确定年代的全球模式相联系，从而确定遗址的年代。

14. 关于博克斯格罗夫，参见罗伯茨和帕菲特（1999 年）。

15. 西蒙·帕菲特于 2005 年 1 月 5 日在伦敦举行的第四纪研究协会会议上的报告。

16. 对佛罗勒斯人的描述，参见布朗等人（2004 年）。相关的考古学研究参见莫尔伍德（Morwood）等人（2004 年）。富利和拉尔（2004 年）对这一发现的意义给出了有用的评述。

17. 此处引用了莫尔伍德等人（1998 年）的描述。

18. 关于制造手斧及手斧与奥杜威时期工具的对比，参见佩莱格林（Pelegrin）（1993 年）。

19. 罗伯茨等人（1994年）对博克斯格罗夫进行了介绍。

20. 特纳（Turner）（1992年）从这一角度研究了原始人。

21. 这是米森和雷德（Reed）（2002年）进行模拟研究的基本原理。

22. 与学界同僚一同参加会议给我的印象是，大多数人认为并非如此：实际上，我们应该像对待其他更新世大型哺乳动物那样对待200万年前的原始人。我不认同这一观点，并认为人类的冒险精神出现得更早。

23. 海平面较低的时期可能对原始人的迁徙至关重要（米森和雷德，2002年）。沿海地形为匠人群体提供了丰富的觅食环境。事实上，原始人可能只有沿着海岸线走，避开茂密的森林和山脉，才能在短时间内（如爪哇颅骨所示）迁徙到东南亚。原始人可能也会走短途的水路，因为我们在佛罗勒斯岛上发现了80万年前的石器，而佛罗勒斯岛仅有水路一条通路（莫尔伍德等人，1998年）。

24. 对昆人狩猎的详细描述，参见李（Lee）（1979年）。狩猎者们用大量时间来讨论狩猎行动及他们发现的踪迹，而且经常需要女性植物采集者帮助观察。在关注社交互动的语言起源理论中——比如邓巴（1996年）的有声梳毛理论——此类语言的应用被忽视了。

25. 唐纳德（1991年，第168页）。

26. 唐纳德（1991年，第169页）。

27. 我在唐纳德1991年出版的书中第一次读到他关于模拟文化的观点，当时我正在构建自己关于人类思维进化的理论，并且完全不相信他的观点。我无法想象没有语言的原始人通过模仿行为来交流他们所看到的景象或可能发生的事件。对我而言，关键的问题在于，这种类型的模拟涉及"位移"（指称过去或未来），而这是现代人类语言的主要特征。事实上，一般认为这种位移思维的能力依赖语言，我在1991年发现这一观点很有说服力。但是，随着越来越多的证据证明匠人及其直系后代的行为变得更加复杂——尤其是他们走出非洲的行为——认为匠人这一物种缺乏规划未来和反思过去的能力的观点开始站不住脚，甚至有些可笑。比如，如果原始人对未来的狩猎活动没有任何预期（无论多么模糊），他们怎么会砍倒云杉树并将其做成长矛呢？我开始注意到非语言声音交流和肢体语言的重要性，也认识到了唐纳德在提出模拟是早期人类交流的主要方式这一观点时所做的开创性贡献。现在，我发现自己不可能不去想象匠人、直立人和海德堡人通过各种形式的模仿来辅助关于自然界的交流。

28. 以下内容参考了马歇尔（1976 年）。

29. 男孩们在攻战类游戏中也用到了拟态：一人模仿咆哮跳跃的狮子，或装作半夜溜进营地咬其他男孩的鬣狗，而装作睡着的男孩们会跳起来大喊大叫，挥舞手臂把鬣狗吓跑。还有一种游戏，一个男孩模仿大羚羊，把棍子插在头发上当作羚羊角，其他人则模仿猎人，跟踪大羚羊并将其猎杀。马歇尔曾看到有人玩豪猪游戏：他们把豪猪刺插在头上，一边用手掌在沙子上留下爪印，一边凶猛地咆哮。一个假扮豪猪的人装作被猎人杀死，他滚成一团，模仿豪猪垂死挣扎的样子，引来旁观者在一边大笑。

30. 心理学家们对模仿应该如何定义争论已久。在局外人看来，这场争论的大部分内容似乎都纠缠于没有实际意义的术语上的细微差别。但是当我们研究早期人类如何将模仿动物作为其交流系统的一部分时，有一个问题至关重要。有些心理学家认为，"真正的"模仿不仅要模仿另一个人或动物的肢体动作，还要明白动作背后的意图。因此，模仿者需要与被模仿的人 / 动物"换位思考"。无论梅林·唐纳德的观点如何，我认为，早期人类的模拟不包括"像动物一样思考"，即想象或认为自己成了他们所模仿的动物。在这方面，这类模仿与现代狩猎采集者对动物的模仿有很大不同。澳大利亚的土著昆人，或者说实际上任何现代狩猎采集者所进行的大量动物模仿都与神话世界有关，而在神话世界中，动物与人可以相互转换。模拟经常是宗教仪式的一部分，在宗教仪式中，被表现的动物是古老的存在，而不仅仅是自然界的实体。表演者可能会展现出相关动物的力量，而动物通常被赋予类似人类的思想和意图——就像我们在说"狡猾的狐狸""勇敢的狮子"和"聪明的猫头鹰"时一样。当萨满进入灵魂出窍的状态时，他们会认为自己变成了具备动物能力——尤其是飞的能力——的实体。我们将这称为"精神"模拟，它一定有助于精准地捕捉动物的运动，即我们所说的"身体"模拟。我认为早期人类很大程度上受后者的限制，他们无法和现代狩猎采集者或智人一样，"像动物一样思考"。我提出这一观点的理由是他们的思维结构。如我在本书开篇所说，我之前曾论证过，早期人类具备特定领域思维，他们有关"人""动物"和"手工制品"的思维是相互分离的——"社会""博物"和"技术"智能。这种特定领域思维方式是他们缺乏艺术、宗教和文化创新的原因，我将在第十五章探讨尼安德特人时，重新讨论这种思维如何促进和限制行为。当现代人进行"精神"模拟时，他们显然会整合他们的社会智能和博物智能——想象出，实际上是创造出一个半人半动物的实体。这种"认知流动性"思维最早的物质表现是冰河期最早的艺术形象，比如霍伦斯敦－史塔德的狮子人和肖维洞穴的"野牛人"绘画，这两件作品都可以追溯到大约3万年前。我认为，早期人类的模拟本质上更单调，只和身体模仿有关，以此来交流关于自然界的信息。

31. 伯林（1992年，第249页）。

32. 下文参考了伯林（1992年，第6章）和伯林（2005年）的研究。

33. 叶斯柏森参考了伯林（2005年）的观点。

34. 我需要指出，伯林（2005年）在进行了非常严谨的统计研究后得出此结论。

35. 下文参考了雷（2002年b）的观点。

36. 火炉的一个可能例子是诺福克的山毛榉坑，这一遗址距今50万年，但只是一块严重烧焦的土地，火势似乎过于凶猛和集中，所以并非自然原因所致。此处缺少石头建筑的证据，以证明火炉用于组织社会活动——就像现代人一样。贝拉莫（Bellamo）（1993年）探讨了火的使用以及在考古记载中识别火的问题。

37. 甘布尔（1999年，第153～172页）详细介绍了比尔钦格斯莱本遗址的发掘，并给出了迪特里希·马尼亚（发掘者）的解读。他也给出了自己的阐释，我在文中有引用。

38. 甘布尔（1999年，第171页）。

第十二章　为性而歌

1. 达尔文（1871年，第880页）。米勒（2000年，第329页）在他讨论基于性选择的音乐进化的论文中也引用了这句话。下述关于性选择的内容参考了米勒（1997年，2000年）的观点。

2. 扎哈维（1975年），扎哈维和扎哈维（1997年）。

3. 米勒（2000年）举了这个例子。

4. 达尔文（1871年，第705页）。

5. 达尔文（1871年，第878页）。

6. 达尔文（1871年，第880页）。

7. 米勒认为，创造音乐对我们的原始人祖先来说是一种阻碍，因为它的噪声会引来猎食者和竞争对手，而且所有的音乐都需要耗费时间和精力来学习和演奏，他们本可以用这些时间来完成具有实用功能的任务。

8. 米勒（2000年，第349页）。

9. 米勒（2000年，第340页）。

10. 米勒（2000年，第343页）。

11. 米勒（2000年，第337页）。

12. 对现代人而言，很多音乐创造都是集体活动，但如安娜·梅钦（Anna Machin）（私人通信）对我所说，这一事实对米勒的理论来说不是问题。她指出，沃达贝的求偶舞在群体中进行，而且肯定是一种择偶活动。集体活动让我们能对个体进行比较，同时也能让个体展现自我。

13. 下述关于灵长类动物的社会行为和交配行为的内容参考了麦格鲁（McGrew）等人（1996年）的相关章节。

14. 当我们把所有社会交配制度放在一起考虑时，将人类描述为轻度一夫多妻制的物种最为准确。当然，人类的交配模式深受社会、经济和文化背景的影响，因此我们会发现变数很大，这一直是社会人类学的关注重点。在灵长类动物中，一夫多妻制可能出现在多雄多雌群体中，也可能出现在一雄多雌群体中，在后种情况中，群体中唯一的雄性很容易受到全雄性群体中其他雄性的攻击。

15. 因为它们的支持者可能是亲戚（如兄弟或儿子），所以这类奖励仅仅有助于维持它们自己的广义适合度。

16. 普拉夫肯（Plavcan）和凡·斯海克（1992年）研究了雄性竞争的强度与犬齿的性别二态程度之间的相关性。

17. 麦克亨利（1996年）所提供的数据：合趾长臂猿的平均体形比为1：1、白掌长臂猿的平均体形比为1.1：1、智人的平均体形比为1.2：1。

18. 下述内容参考了麦克亨利（1996年）。

19. 但是，我们必须谨慎，因为性别二态也可能受到猎食者压力和饮食等因素的影响，因此匠人性别二态程度的降低可能与交配行为完全无关。罗韦尔（Rowell）和奇兹姆（Chism）（1986年，第11页）认为，我们不可能通过化石中显现的性别二态程度来推断已灭绝物种的社会体系或交配模式。

20. 下述内容参考了基和艾洛（1999年）。他们提到了一个数据，哺乳期女性的平均卡路里摄入量增加了66%到188%，很多女性的体重会在哺乳期减轻。

21. 基和艾洛（1999年）给出了解释，不到18个月的人类婴儿对能量的需求比黑猩猩高9%。

22. 麦克亨利（1996 年）。

23. 基和艾洛（1999 年）给出了大量例子来证明这种女性间的合作存在于很多物种中。

24. 基和艾洛（1999 年）以棕鬣狗为例做出了解释。棕鬣狗的雌性合作水平与很多灵长类动物相当，而因为肉食在饮食中的重要地位，它们也会分享和供给食物。肉类的获取难度大，而且供应也不稳定，这与不分享食物的类人猿所需的植物性食物的供应完全不同。

25. 关于祖母假说，参见霍克斯等人（1997 年）。关于祖母假说在匠人研究中的应用及人类生活史的演变，参见奥康奈尔等人（1999 年）。

26. 基和艾洛（1999 年）认为，当男性专注于狩猎小型猎物时，狩猎是为女性和孩子提供食物的有效手段。

27. 基（1998 年）以及基和艾洛（2000 年）利用囚徒困境模型研究了男性与女性在提供食物和相互保护上进行合作的条件。

28. 考古学家们常常在没有任何正式评估的情况下表达这一观点。然而，我在雷丁大学的研究生安娜·梅钦最近进行了对照实验来证明对称度对屠宰效率没有影响。

29. 温（1995 年）在一篇题为"手斧之谜"（Handaxe enigmas）的文章中讨论了很多类似问题。

30. 关于原材料对手斧形状、大小和对称度的重要性的讨论，参见阿什顿（Ashton）和奈克纳布（NcNabb）（1994 年）以及怀特（1998 年）。

31. 下述内容参考了科恩和米森（1999 年）的观点。

32. 关于燕尾，参见默勒（Møller）（1990 年）；关于孔雀尾，参见曼宁（Manning）和哈特利（Hartley）（1991 年）。

33. 关于身体和面部的对称度对人类性关系的影响，参见桑希尔（Thornhill）和冈斯特德（Gangstead）（1996 年）。

34. 罗（1994 年，第 207 页）。

第十三章　为人父母的要求

1. 罗伯茨和帕菲特（1999 年）介绍了博克斯格罗夫。他们的报告包含这一遗址的相关地质背景、哺乳动物区系、年代测定和考古概述。

2. 关于博克斯格罗夫的石片制作技术，参见伯格曼（Bergman）和罗伯茨（1988 年），以及文班－史密斯（Wenban-Smith）（1999 年）。

3. 关于屠宰方式，参见帕菲特和罗伯茨（1999 年）。

4. 关于原始人的胫骨，参见罗伯茨等人（1994 年）。

5. 甘布尔对博克斯格罗夫和中更新世原始人行为的整体观点，参见甘布尔（1987 年，1999 年）。

6. 蒂梅（1997 年）对舍宁根的木矛进行了介绍。

7. 下述内容参考了迪萨纳亚克（2000 年）。科德斯（Cordes）（2003 年）提供了证据证明音乐产生于儿向言语的交流。她发现儿向言语的旋律轮廓与传统社会中人类所创作的歌曲的旋律轮廓非常相似。她还认为，这和灵长类动物叫声的旋律轮廓也十分相似，不过从她给出的数据来看，这一观点争议很大。

8. 迪萨纳亚克（2000 年，第 390 页）。

9. 下述内容参考了福尔克（出版中）的观点。

10. 惠勒（1984 年，1992 年）认为，体毛减少是一种体温调节的生理适应，与直立行走同步进化。

11. 帕格尔和博德默尔（2003 年）。

12. 贝拉莫（1993 年）不仅给出了 FxJj50 的证据，而且对考古记载中有关取火痕迹研究的方法问题进行了全面的综述。

13. 基特勒（Kittler）等人（2003 年）。

14. 福尔克（出版中）。

15. 达尔文（1872 年）将恶心列为人类共通的六大情绪之一。罗津（Rozin）等人（1993 年）综述了恶心相关的研究，描述了跨文化的典型面部表情、神经体征和行为。

16. 柯蒂斯和比兰（Biran）（2001 年）对恶心相关的理论进行了充分的概述，并有力地论证了恶心是一种为避免疾病传染而进化出的反应。2004 年 12 月 16 日，我在伦敦儿童健康研究所的一场会议上介绍了一篇关于语言起源的论文。我非常感谢瓦尔（Val）在我讲完论文后，及时对我说了句"Yuk！"。

第十四章　一起创造音乐

1. 下述内容参考了默克（1999 年，2000 年）。

2. 引自默克（2000 年，第 319 页）。

3. 默克（2000 年，第 320 页）。

4. 麦克尼尔（1995 年）。

5. 麦克尼尔（1995 年，第 2 页）。他创造了"肌肉联结"（muscular bonding）一词用于描述"基本上所有参与者在长时间有节奏的肌肉运动中产生的欣快感"。

6. 邓巴（2004 年）。我很感谢罗宾·邓巴与我在这一话题上的交流以及他 2004 年在雷丁大学"音乐、语言和人类发展"研讨会上的演讲。在演讲中，他强调了内啡肽的重要性。

7. 约翰·布莱金发表了大量关于文达族的研究——完整参考书目参见拜伦（1995 年）——其中，最为重要的可能是他对文达族儿童歌曲的研究（1967 年）。我参考了布莱金（1973 年，第 101 页）对文达族集体音乐创造的看法。

8. 下文关于囚徒困境模型的内容参考了阿克塞尔罗德和汉密尔顿（Hamilton）（1981 年），以及阿克塞尔罗德（1984 年）。

9. 囚徒困境模型也是一种强大的研究工具。人类学家莱斯利·艾洛和凯西·基很好地利用囚徒困境模型对早期原始人社会中社会合作的进化进行了研究（基和艾洛，2000 年）。

10. 卡波雷尔等人（1989 年，第 696 页）。

11. 卡波雷尔等人（1989 年）。

12. 本宗（2001 年，第 23 页）。

13. 弗里曼（2000 年）。

14. 引自本宗（2001 年，第 81 页）。

15. 达马西奥（2003 年，第 95 页）提到了阻断催产素对雌性草原田鼠的影响。

16. 布莱金（1973 年，第 44 页）。

17. 下述关于阿塔普埃卡的内容参考了阿苏瓦加等人（1997 年）对此遗址的概述。标本的年代尚不清楚，有些标本可能还不到 35 万年，但至少有一个标本可能是被这一时期的沉积物掩埋。

18. 博克奎特 - 阿佩尔（Bocquet-Appel）和阿苏瓦加（1999 年）提出了骨头坑因灾难性事件而累积了尸体的观点。

19. 对阿塔普埃卡尸体累积的各种解释的讨论，参见阿苏瓦加（2001 年，第 221 ～ 232 页）。

第十五章 恋爱中的尼安德特人

1. 最后一批尼安德特人生活在西班牙南部和直布罗陀，他们在大约 2.8 万年前灭绝。巴顿（Barton）等人（1999 年）介绍了最近在直布罗陀的发掘，在那里发现了与尼安德特人生活方式相关的重要新信息，特别是他们对沿海食物的使用。关于伊比利亚南部尼安德特人的灭绝的新近研究可参见斯特林格（Stringer）等人（2000 年），书名很恰当，叫作《坐立不安的尼安德特人》（*Neanderthals on the Edge*）。

2. 尽管共同祖先的具体身份尚不清楚，但人们对智人和尼安德特人的整体进化关系已经达成了广泛共识。自 1856 年第一批尼安德特人标本出土，人们便对这一关系展开了讨论，而且讨论不仅停留在科学期刊上，还发展到了文学和艺术领域。于是，尼安德特人成了小说和绘画的主题。这不仅仅是学术分歧，因为尼安德特人是用来界定我们的物种身份的"他者"。希望把尼安德特人排除在人类之外的人类学家将其描绘成肩膀低垂、步履蹒跚的粗鲁猿人；相反，认为尼安德特人与智人关系密切的人类学家创造了"高贵的野蛮人"一词来形容尼安德特人——克莱夫·甘布尔称他们离文明仅一步之遥。这种对立观点出现于 20 世纪初，并以某种形式持续到至少十年前。关于尼安德特人的研究史，参见斯特林格和甘布尔（1993 年），以及特林考斯（Trinkaus）和希普曼（1995 年）。近年来，争论集中到了智人的起源上：是发生在非洲的单一起源还是在旧世界不同地区的多重起源？如果是后者，那么尼安德特人可能是欧洲智人的直系祖先。关于尼安德特人的争论持续了很久，因为化石记录都是断续的，解释难度很大。1997 年，克林斯（Krings）等人（1997 年）宣布首次从尼安德特人骨骼中提取出了 DNA，人们从此发现了一个新的数据来源，这解决了众多会议和期刊中的一个乏味争论。值得注意的是，这具骨架是在德国尼安德河谷的一个洞穴中发现的，当时是 1856 年。将这一古老的 DNA 样本与现代人的 DNA 进行比较的结果表明，尼安德特人和智人在大约 50 万年前拥有共同祖先。这意味着尼安德特人不可能是智人的直系祖先。DNA 还表明尼安德特人对现代基因库并无贡献，因此也不存在杂交行为。目前，绝大多数人类学家认同智人进化于非洲，而尼安德特人进化于欧洲的观点，二者都产生于匠人，而他们最近的共同祖先可能是海德堡人。对尼安德特人的 DNA 的重要性的评述，参见卡恩（Kahn）和吉本斯（Gibbons）（1997 年）以及沃德（Ward）和斯特林格（1997 年）。

3. 贝穆德斯·德卡斯特罗（Bermúdez de Castro）等人（1997年）介绍了阿塔普埃卡的化石标本。用这些化石标本来界定人属的新物种尚存争议，因为所谓的模式标本是一个成人面部特征尚未完全发育的青少年。吉本斯（1997年）对这些发现的评述让我们深入了解了古人类学家对化石记载的理解差异。文中所说的"欧洲最早发现的人属化石"是指，它们是最早明确发现或确定年代的标本。

4. 富利和拉尔（1997年）认为，古人类学家在重建尼安德特人的进化史时，不仅需要关注考古记录，还要重视化石记录。他们强调尼安德特人和5万年前近东的现代人所使用的凿石技术有相似之处。这种技术属于勒瓦娄哇技术，并曾被归为"第三模式"技术——现在考古学家很少用这个术语，但富利和拉尔认为这个术语很重要。他们认为技术的相似性意味着智人和尼安德特人拥有共同祖先，并且认定这个共同祖先是赫尔梅人。这个术语最初于20世纪30年代引入，用于指称南非弗罗里斯巴德的一个标本。麦克布里雅蒂和布鲁克斯（2000年）将赫尔梅人称作智人的直系祖先，但不是尼安德特人的直系祖先。

5. 除非另有说明，本节参考了斯特林格和甘布尔（1993年）以及约翰逊和埃德加（1996年）对尼安德特人和其他化石的描述。

6. 关于体形和脑容量的关系，参见卡佩尔曼（Kappelman）（1996年）。他的理论的关键点在于，10万年前现代人相对脑容量的增长是因为选择了较小的体形，而不是脑容量的增大。

7. 邱吉尔（Churchill）（1998年）对尼安德特人的解剖结构，以及他们对寒冷气候的生理适应进行了综述。

8. 对西欧尼安德特人考古学最全面的综述和解读，参见梅拉斯（1996年）。

9. 对相关考古学的综述和解读，参见梅拉斯（1996年）。所有重要的考古学家都认同关于尼安德特人社会生活的这一观点。路易斯·宾福德（1989年，第33页）对他们群体的描述是"普遍很小"；保罗·梅拉斯（1989年，第358页）总结道，尼安德特人的"群落……通常很小……并且很大程度上缺乏明确的社会结构或对个人社会或经济角色的定义"；兰德尔·怀特（Randall White）（1993年，第352页）提到，尼安德特人生活在"内部未分化或弱分化"的社会中。唯一认为尼安德特人的群体规模和社会复杂度与现代人相当的是邓巴（1993年，1996年，2004年），其观点以尼安德特人的脑容量接近现代人为基础。然而，这一观点基于以下推断，即脑容量相对较小的现代灵长类动物的群体规模和脑容量之间存在关联，这一推断本身很不恰当。

10. 对勒瓦娄哇技术的重要研究，参见迪布尔（Dibble）和巴尔－约瑟夫（1995年）。范·皮尔（Van Peer）（1992年）对勒瓦娄哇削减策略进行了详细的研究。两项研究都说明尼安德特人已经掌握了较高水平的技术，并在日常生活中使用。

11. 巴尔－约瑟夫等人（1992年）谈到了卡巴拉一号的埋葬。考古学家们对尼安德特人的埋葬行为是否存在展开了激烈的争论。比如，参见加格特（Gargett）（1989年和评述）。随着卡巴拉标本的发现和对费拉西等遗址的重新评估，目前很少有考古学家否认尼安德特人会埋葬死者。但是关于他们这么做的原因，仍然存在分歧。

12. 阿伦斯伯格（Arensburg）等人（1989年）介绍了卡巴拉一号标本的舌骨。对其重要性的讨论，参见阿伦斯伯格等人（1990年）和利伯曼（1992年）。

13. 利伯曼和克雷林（1971年）。他们颇具影响力的理论重建是基于这一观点，即颅骨的颅底代表了喉部的位置。他们发现圣沙拜尔标本的颅底更接近成年黑猩猩或人类新生儿，而不是成年现代人。他们得出结论，喉部处于近似的较高的位置。他们的研究在人类进化研究中受到了广泛引用，伯尔（Burr）（1976年）最早对这一研究提出了批评。

14. 凯等人（1998年）。测量的标本包括：三个南非斯泰克方丹的标本（Sts 19、Stw 187和Stw S3）；卡布韦和斯旺斯库姆的化石（它们的物种定义不清，但可以被合理地描述为海德堡人）；两个尼安德特人标本，费拉西1号和圣沙拜尔；一个早期智人，斯虎尔5号。由于卡布韦和斯旺斯库姆的标本也属于现代人范畴，其舌头的运动控制很可能在40万年前就已经达到了现代特征。对这些结论的批评，参见达古斯塔（DaGusta）等人（1999年）。

15. 麦克拉伦和休伊特（1999年）。

16. 马丁内斯等人（2004年）。

17. 甘布尔（1999年）极好地总结了欧洲中更新世和晚更新世的气候变化及其对人类行为的影响。最近，值得关注的是德里科和桑切斯·戈尼（Sanchez Goni）（2003年）有关气候变化对尼安德特人灭绝的意义的研究。费利斯（Felis）等人（2004年）最近的研究表明，与现代人在全新世的情况相比，尼安德特人可能在末次间冰期（OIS第五阶段）经历了更大的季节变化而存活了下来。

18. 对贝雷哈特·拉姆"雕像"的描述以及令人印象深刻的彩色照片，参见玛莎克（Marshack）（1997 年）；对这件人工制品的微观分析，参见德里科和诺埃尔（2000 年）以及各种评论家们的讨论。

19. 关于比尔钦格斯莱本的骨骼，参见马尼亚和马尼亚（1988 年）。除贝雷哈特·拉姆"雕像"和比尔钦格斯莱本骨以外，罗伯特·贝德纳里克（Robert Bednarik）（1995 年）以及其他学者还引用了其他几件可能有划痕或形状的物体来论证尼安德特人和此前的原始人具备象征性思维能力。然而，每种情况都会有另一种解释，而贝德纳里克和其他研究者无法给出批判性评估，这让所有人感到诧异——除了他们自己。米森（1996 年）批评了贝德纳里克的观点。

20. 贝德纳里克（1994 年）认为，史前人类考古记载中缺乏象征性手工制品是出于埋葬方面的原因。我认为这个观点站不住脚，有些地方完全错误。

21. 下述内容参考了我和弗朗西斯科·德里科在 2004 年 5 月的一次私下交流，以及我在他的实验室中见到的几个尼安德特人遗址的颜料标本。

22. 奇怪的是，汉弗莱（1984 年）的这章内容被研究艺术起源的考古学家们忽略了。他提出了一种有趣的观点，即红色作为一种颜色含义不明确，既被用作愤怒 / 危险的标志，也被用作性吸引 / 爱的标志。

23. 有关尼安德特人的石器技术的其他方面，参见库恩（Kuhn）（1995 年）；相关综述可参见梅拉斯（1996 年）。

24. 对查特佩戎工业的介绍和对相关解释的争论，参见德里科等人（1998 年）和对此文章的评述。

25. 米森（1996 年 /1998 年）。

26. 温和库利奇（2004 年）。

27. 祖布罗（1989 年）通过人口统计学模型证明了看似细小的繁殖率差异就可能会让现代人快速取代尼安德特人。

28. 特林考斯（1995 年）根据尼安德特人的骨骼残骸推断出了他们的死亡率。这样做有很多方法上的问题，包括老人的问题。考古学家面临的一个主要难题是，尼安德特人可能用不同方式来对待不同年龄层的人。"老"人（超过 35 岁的人）可能根本不会被埋葬，因此我们很少看到这类人的遗骸。

29. 特林考斯（1985 年）描述了圣沙拜尔标本的病理情况以及其他患病

或受伤的标本，斯特林格和甘布尔（1993 年）对前者进行了总结。

30. 特林考斯（1983 年）介绍了沙尼达尔洞穴的尼安德特人。

31. 蔡斯（1986 年）对康贝·格林纳尔的兽骨进行了分析和解释，梅拉斯（1996 年）给出了进一步讨论。

32. 法瑞茨（Farizy）等人（1994 年）介绍了莫朗。梅拉斯（1996 年）进一步介绍了尼安德特人进行大规模屠杀的地点。

33. 卡洛（Callow）和康福德（Cornford）（1986 年）介绍了拉科特的发掘，斯科特（Scott）（1980 年）将猛犸的残骸解释为狩猎大型猎物的结果。

34. 关于石片技术的发展反映了交配模式的变化的最初观点，参见科恩和米森（1999 年）。考古学家有时将石片技术称作"第三模式"技术。

35. 拉克（Rak）等人（1994 年）介绍了阿马德洞穴中的婴儿埋葬，霍弗斯等人（1995 年）介绍了洞穴中的其他埋葬行为。

36. 拉米雷斯·罗齐（Ramirez Rozzi）和贝穆德斯·德卡斯特罗（2004年）确定了尼安德特人的成长速度，并通过对比牙釉质的形成速度，对尼安德特人与旧石器时代晚期及中石器时代的现代人、先驱人和海德堡人进行了比较。生活史特征与牙齿生长密切相关。尼安德特人的牙齿生长周期最短，说明他们在所有的人属物种中发育最快。罗齐和德卡斯特罗用这一点来突出尼安德特人与智人之间明显的进化分离。正如丘吉尔（1998 年）的总结，在他们的研究出现之前，已经有其他一些迹象可以表明尼安德特人的发育速度相对较快。米森（1996 年）认为，成长速度可能对尼安德特人的认知发展有重要影响。

37. 以下关于洞穴中"空间"的内容参考了梅拉斯（1996 年）的观点。

38. 布吕尼凯勒洞穴中的类似区域是弗朗索瓦·鲁扎尔德（Francois Rouzard）发现的。巴尔特（Balter）（1996 年）对这一发现及其含义给出了有用的评述。

39. 克洛特斯（私人通信，2004 年 5 月）。

40. 特克（1997 年）对发现于迪维·巴布洞穴的骨头"笛子"进行了介绍，库内伊（Kunej）和特克（2000年）对这件手工制品进行了音乐性分析，肯定了它的笛子属性，否定了德里科等人（1998 年）和其他人提出的质疑。无论我们发现的是不是尼安德特人的笛子，迪维·巴布洞穴都是一处经过细致发掘的重要遗址（特克，1997 年）。

41. 德里科等人（1998 年）对迪维·巴布洞穴的"笛子"进行了微观分

析，证明它极可能是食肉动物啃咬成的，只是碰巧形状看起来很像笛子。

42. 反对笛子观点的证据如此明显，以至于人们不禁要问特克怎么会忽视了这一点：末端被骨组织堵塞，因而阻断了空气流通——这"笛子"根本不可能用来演奏。

第十六章 语言的起源

1. 怀特等人（2003年）。斯特林格（2003年）对这些发现的重要性做出了有用的评述。

2. 麦克杜格尔（McDougall）等人（2005年）对奥莫一号和奥莫二号标本正下方沉积物中浮石碎屑的长石晶体进行了重新测年，年代测算为19.6万年前（±2000年）。他们估计化石所处的年代与这一时间接近，约为19.5万年前（±5000年）。

3. 麦克布里雅蒂和布鲁克斯（2000年）简要概述了非洲的化石证据，并讨论了各种解释。

4. 约翰森（Johanson）和埃德加（1996年）介绍了这些特别的化石并提供了生动的彩色插图。

5. 卡恩（Cann）等人（1987年）的原创论文标志着人类进化的遗传学研究进入一个新阶段。通过查阅乔布林（Jobling）等人（2003年）最近出版的关于人类进化遗传学的教科书，我们可以了解到目前取得的惊人进展。

6. 对三个尼安德特人标本的研究证明了此处的观点，其中一个是来自尼安德河谷的类型标本（克林斯等人，1997年），另外两个标本来自温迪迦（4.2万年前）和梅兹马斯卡亚（2.9万年前）。乔布林等人（2003年，第260～263页）极好地总结和解释了这些研究。

7. 英格曼等人（2000年）研究了53个现代人的完整线粒体DNA序列，而不是仅仅集中于占线粒体基因组不到7%的控制区。他们估计这些现代人样本最近的共同祖先存在于17.1万年前（±5万年）。

8. 毕晓普（Bishop）（2002）对KE家族的相关研究和遗传研究的结果做出了有用的简要总结，并讨论了对所谓"语言基因"的各种解释。平克（2003年）也给出了有用的总结，并认为这一研究支撑了自己关于语言能力自然选择的观点。

9. 拉伊（Lai）等人（2001年）。

10. 埃纳尔等人（2002年）。关于不同哺乳动物的FOXP2基因中氨基酸数量的差异，埃纳尔等人（2002年）和平克（2003年）的观点不一。我采用了埃纳尔等人的观点。

11. 埃纳尔等人（2002年，第871页）。

12. 除非另有说明，此节下述内容参考了麦克布里雅蒂和布鲁克斯（2000年）对非洲考古学详细而全面的综述。

13. 最近几份关于布隆伯斯洞穴的研究报告详细介绍了发掘情况和背景。其中值得特别关注的有亨希尔伍德和西利（Sealy）（1997年）对骨制品的描述，亨希尔伍德等人（2001年）对1992–9发掘的描述，以及亨希尔伍德等人（2002年）对赭石雕刻的总结。最后这篇研究认为，这些雕刻是现代人类行为出现的重要证据。

14. 亨希尔伍德等人（2004年）介绍了布隆伯斯洞穴中的41个织纹螺做成的穿孔贝壳串。

15. 奈特等人（1995年）给出了有关克莱西斯河口赭石的量化数据，数据表明其数量在大约十万年前大幅增长。但要谨慎看待他们的解释！

16. 即使是这些遗址也没有使用赭石的最早痕迹。肯尼亚GnJh-15遗址的考古沉积物可以追溯到28万年前，被描述为含许多易碎且保存状况差的赭石碎片的"红色土壤"。在赞比亚双子河洞穴富含人工制品的沉积物中发现了三块赭石，这些沉积物位于23万年前的文化层下方（麦克布里雅蒂和布鲁克斯2000年）。

17. 汉弗莱（1984年，第152页）。

18. 我参考了雷的以下研究：雷（1998年，2000年，2002年a、b、c）。

19. 我参考了柯比的以下研究：柯比（2001年，2002年），以及柯比和克里斯滕森（2003年）。

20. 对雷的整体性原始语概念，尤其是对切割过程的质疑，参见比克顿（2003年）和托勒曼（出版中）。

21. 西蒙·柯比是数位用计算机模拟来研究语言进化的学者之一。马丁·诺瓦克（Martin Nowak）（诺瓦克等人，1999年；诺瓦克和科玛洛娃【Komarova】，2001年a、b；科玛洛娃和诺瓦克，2003年）进行了重要的研究。这些研究主要通过使用博弈论来研究"普遍语法"的演变。另请参见布赖顿（Brighton）（2002年），以及唐克斯（Tonkes）和怀尔斯（Wiles）（2002年）。

22. 豪泽等人（2002年）。

23. 对社会组织如何影响语言的重要讨论，参见雷和格雷斯（出版中）的一篇文章：《与陌生人说话的后果》（*The consequences of talking to strangers*）。

24. 参见麦克布里雅蒂和布鲁克斯（2000 年）。

25. 毕晓普（2002 年）。

26. 伯克（1994 年）；参见迪亚兹（Diaz）和伯克（1992 年）的论文集。

27. 麦克布里雅蒂和布鲁克斯（2000 年）。她们的文章主要是对现代行为起源于大约 4 万年前欧洲的旧石器时代后期这一观点的质疑——我认为，这是犯了稻草人谬误。非洲的 20 万年前到 4 万年前这段时间被称为中石器时代，通常被认为相当于欧洲的旧石器时代中期。尽管两个时期的石器技术非常相似，但麦克布里雅蒂和布鲁克斯认为这两个时期有着根本的不同，中石器时代有现代行为的痕迹。

28. 这些细石器是豪伊森·普特工业的一部分，与中石器时代的人工制品在地层之间交错分布。

29. 这种永久性变化开启了石器时代晚期。事实上，对这一变化的测年颇有争议，而且可能在整个欧洲大陆间存在很大差异。在有些地区，可能直到两万年前的末次盛冰期，这一过程才得以实现。

30. 耶伦（Yellen）等人（1995 年）介绍了卡坦达鱼叉。

31. 麦克布里雅蒂和布鲁克斯（2000 年）。

32. 参见申南（Shennan）（2000 年）的计算模型，这一模型研究了文化传播和人口密度之间的关系。

33. 英格曼等人（2000 年）估计人口扩张开始于约 1925 代以前。他们假定一代相当于 20 年，并得出这一时间相当于 3.85 万年前。

34. 拉尔和富利（1994 年）解释说，智人在欧亚大陆长久生活之前，可能分多次走出非洲。根据英格曼等人（2000 年）提供的基因证据和形态特征，生活在斯虎尔和卡夫泽的原始人显然不是现代智人的祖先。

35. 米森（1996 年）。

36. 卡拉瑟斯（2002 年）写了一篇长文探讨关于思维和语言之间关系的各种观点——从所有的思维都依赖于语言，到二者毫不相干。他采取了一种特殊的中间立场，将语言视为模块间整合的工具。很多语言学家、心理学家和哲学家对他的文章做出了评述，他也给予了回应。

第十七章 谜题得到了解释，但并未减弱

1. 以下关于盖森科略斯特勒和伊斯蒂里特洞穴中的笛子／管的内容参考了德里科等人（2003 年）的材料。

2. 达姆斯（Dams）（1985 年）介绍了洞穴中的天然"石板琴"（lithophones）。有人认为洞穴中有些画有壁画的墙壁也有极好的声学特性。

3. 内特尔（1983 年，第 138 页）。

4. 布莱金（1973 年，第 34 页）。

5. 事实上，他写得甚至更直接："我们生活在一个音调泛滥的时代……显然，对那些听音乐只不过是追求听觉刺激的人来说，二流的机械音乐最合适，就像对那些性体验只不过是周期性地搔痒的人来说，妓女最合适一样。扬声器就是音乐的站街女。"（兰伯特，1934 年；引自霍登，2000 年，第 4 页）

6. 布莱金对音乐精英论的观点，参见拜伦（1995 年，第 17～18 页）。

7. 内特尔（1983 年，第 3 章）认为，音乐的一个普遍特征是，它被用来与超自然力量交流。

8. 关于超自然力量在宗教中的作用以及对宗教的进化和认知基础的讨论，参见博耶（2001 年）。

9. 博耶（2001 年）。

10. 下述内容参考了我自己的看法（米森，1996 年和 1998 年）。

11. 戴（2004 年，第 116 页）。

12. 例如，米森（1998 年）。

13. 戴（2004 年，第 116 页）。

14. 此处，我注意到心理学家凯瑟琳·吉布森曾写道："在研究认知进化和语言进化的严肃学者中，个体发育视角已经成为规则，而非个例。"（吉布森和英戈尔德，1993 年，第 26 页）

15. 雷（2000 年，第 286 页）。

16. 雷（2002 年 a，第 114 页）。

17. 托勒曼（出版中）。

18. 斯塔尔（1988 年）。斯塔尔（1989 年，第 71 页）自己推测，实际上，咒语"在人类发展的时间维度上先于语言"。

19. 拜伦（1995 年，第 17～18 页）。

20. 布莱金（1973 年，第 100 页）。

21. 对此问题的讨论，参见内特尔（1983 年，第 7 章）。

参考书目

Aboudan, R., and Beattie, G. 1996. Cross cultural similarities in gestures: the deep relationship between gestures and speech which transcend language barriers. *Semiotica* 111, 269-94.

Aiello, L. C. 1996. Terrestriality, bipedalism and the origin of language. In *Evolution of Social Behaviour Patterns in Primates and Man* (ed. W. G. Runciman, J. Maynard-Smith and R. I. M. Dunbar), pp. 269-90. Oxford: Oxford University Press.

Aiello, L. C., and Dunbar, R. I. M. 1993. Neocortex size, group size, and the evolution of language. *Current Anthropology* 34, 184-93.

Aiello, L. C., and Wheeler, P. 1995. The expensive-tissue hypothesis. *Current Anthropology* 36, 199-220.

Aiyer, M. H., and Kuppuswamy, G. 2003. Impact of Indian music therapy on the patients - a case study. *Proceedings of the 5th Triennial ESCOM conference*, pp. 224-6. Hanover: Hanover University of Music and Drama.

Alajouanine, T. 1948. Aphasia and artistic realization. Brain 71, 229.

Allen, G. 1878. Note-deafness. *Mind* 3, 157-67.

Arbib, M. A. 2002. The mirror system, imitation and the evolution of language. In *Imitation in Animals and Artifacts* (ed. C. Nehaniv and K. Dautenhahn), pp. 229-80. Cambridge, MA: MIT Press.

Arbib, M. A. 2003. The evolving mirror system: a neural basis for language readiness. In *Language Evolution* (ed. M. H. Christiansen and S. Kirby), pp. 182-200. Oxford: Oxford University Press.

Arbib, M. A. in press. From monkey-like action recognition to human language: an evolutionary framework for neurolinguistics. *Behavioral and Brain Sciences*.

Arensburg, B., Schepartz, L. A., Tillier, A. M., Vandermeersch, B., and Rak, Y.

1990. A reappraisal of the anatomical basis for speech in Middle Palaeolithic hominids. *American Journal of Physical Anthropology* 83, 137-56.

Arensburg, B., Tillier, A. M., Duday, H., Schepartz, L. A., and Rak, Y. 1989. A Middle Palaeolithic human hyoid bone. *Nature* 338, 758-60.

Arribas, A., and Palmqvist, P. 1999. On the ecological connection between saber-tooths and hominids: faunal dispersal events in the Lower Pleistocene and a review of the evidence for the first human arrival in Europe. *Journal of Archaeological Science* 26, 571-85.

Arsuaga, J. L. 2001. *The Neanderthal's Necklace*. New York: Four Walls Eight Windows.

Arsuaga, J. L., Martinez, I., Gracia, A., Carretero, J. M., Lorenzo, C, Garcia, N., and Ortega, A. I. 1997. Sima de los Huesos (Sierra de la Atapuerca, Spain): the site. *Journal of Human Evolution* 33, 219-81.

Ashton, N. M., and McNabb, J. 1994. Bifaces in perspective. In *Stories in Stone* (ed. N. M. Ashton and A. David), pp. 182-91. Lithics Studies Society, Occasional Paper 4.

Auer, P., Couper-Kuhlen, E., and Muller, F. 1999. *Language in Time: The Rhythm and Tempo of Spoken Language*. New York: Oxford University Press.

Axelrod, R. 1984. *The Evolution of Cooperation*. London: Penguin.

Axelrod, R., and Hamilton, W. D. 1981. The evolution of cooperation. *Science* 211, 1390-6.

Ayotte, J., Peretz, I., and Hyde, K. 2002. Congenital amusia. *Brain* 125, 238-51.

Bailey, B. A., and Davidson, J. W. 2003. Perceived holistic health benefits of three levels of music participation. *Proceedings of the 5th Triennial ESCOM conference*, pp. 2203. Hanover: Hanover University of Music and Drama.

Balter, M. 1996. Cave structure boosts Neanderthal image. *Science* 271, 449.

Bannan, N. 1997. The consequences for singing teaching of an adaptationist approach to vocal development. In *Music in Human Adaptation* (ed. D. J. Schneck and J. K. Schneck), pp. 39-46. Blacksburg, VA: Virginia Polytechnic Institute and State University.

Baron, R. A. 1987. Interviewer's mood and reaction to job applicants. *Journal of Applied Social Psychology* 17, 911-26.

Baron-Cohen, S. 2003. *The Essential Difference*. London: Allen Lane.

Barton, R. N. E., Current, A. P., Fernandez-Jalvo, Y., Finlayson, J. C, Goldberg, P., Macphail, R., Pettitt, P., and Stringer, C. B. 1999. Gibraltar Neanderthals and results of recent excavations in Gorham's, Vanguard and Ibex Caves. *Antiquity* 73, 13-23.

Bar-Yosef, O., Vandermeersch, B., Arensburg, B., Belfer-Cohen, A., Goldberg, P., Laville, H., Meignen, L., Rak, Y., Speth, J. D., Tchernov, E., Tillier, A.-M., and Weiner, S. 1992. The excavations in Kebara Cave, Mt. Carmel. *Current Anthropology* 33, 497-551.

Batali, J. 1998. Computational simulations of the emergence of grammar. In *Approaches to the Evolution of Langauge: Social and Cognitive Biases* (ed. J. Hurford, M. Studdert-Kennedy and C. Knight), pp. 405-26. Cambridge: Cambridge University Press.

Batali, J. 2002. The negotiation and acquisition of recursive grammars as a result of competition among exemplars. In *Linguistic Evolution through Language Acquisition: Formal and Computational Models* (ed. E. Briscoe), pp. 111-72. Cambridge: Cambridge University Press.

Beattie, G. 2003. *Visible Thought: The New Language or Body Language.* London: Routledge.

Beattie, G., and Shovelton, H. 1999. Do iconic hand gestures really contribute anything to the semantic information conveyed by speech? An experimental investigation. *Semiotica* 123, 1-30.

Beattie, G., and Shovelton, H. 2000. Iconic hand gestures and the predictability of words in context in spontaneous speech. *British Journal of Psychology* 91, 473-92.

Beattie, G., and Shovelton, H. 2002. What properties of talk are associated with the generation of spontaneous iconic hand gestures? *British Journal of Social Psychology* 41, 403-17.

Bednarik, R. 1994. A taphonomy of palaeoart. *Antiquity* 68, 68-74.

Bednarik, R. 1995. Concept-mediated marking in the Lower Palaeolithic. *Current Anthropology* 36, 605-32.

Bellamo, R. V. 1993. A methodological approach for identifying archaeological evidence of fire resulting from human activities. *Journal of Archaeological Science* 20, 525-55.

Benzon, W. L. 2001. *Beethoven's Anvil: Music in Mind and Culture.* Oxford: Oxford University Press.

Berger, D. 2002. *Music Therapy, Sensory Integration and the Autistic Child.* London: Jessica Kingsley Publishers.

Berger, L. R., and Clarke, R. J. 1995. Eagle involvement of the Taung child fauna. *Journal of Human Evolution* 29, 275-99.

Bergman, C. A., and Roberts, M. 1988. Flaking technology at the Acheulian site of Boxgrove, West Sussex (England). *Revue archéologique dePicardie*, 1-2 (numéro spécial), 105-13.

Berk, L. 1994. Why children talk to themselves. *Scientific American* (November), pp. 60-5.

Berlin, B. 1992. *The Principles of Ethnobiological Classification*. Princeton, NJ: Princeton University Press.

Berlin, B. 2005. 'Just another fish story?' Size-symbolic properties of fish names. In *Animal Names* (ed. A. Minelli, G. Ortalli and G. Singa), pp. 9-21. Venezia: Instituto Veneto di Scienze, Lettre ed Arti.

Bermúdez de Castro, J. M., Arsuaga, J. L., Carbonell, E., Rosas, A., Martinez, I., and Mosquera. M. 1997. A hominid from the Lower Pleistocene of Atapuerca, Spain: possible ancestor to Neanderthals and modern humans. *Science* 276, 1392-5.

Bernstein, L. 1976. *The Unanswered Question*. Cambridge, MA: Harvard University Press.

Bickerton, D. 1990. *Language and Species*. Chicago: Chicago University Press.

Bickerton, D. 1995. *Language and Human Behavior*. Seattle: University of Washington Press.

Bickerton, D. 1998. Catastrophic evolution: the case for a single step from protolanguage to full human language. In *Approaches to the Evolution of Language: Social and Cognitive Biases* (ed. J. Hurford, M. Studdert-Kennedy and C. Knight), pp. 341-58. Cambridge: Cambridge University Press.

Bickerton, D. 2000. How protolanguage became language. In *The Evolutionary Emergence of Language* (ed. C. Knight, M. Studdert-Kennedy, and J. Hurford), pp. 264-84. Cambridge: Cambridge University Press.

Bickerton, D. 2003. Symbol and structure: a comprehensive framework for language evolution. In *Language Evolution* (ed. M. H. Christiansen and S. Kirby), pp. 77-93. Oxford: Oxford University Press.

Binford, L.R. 1981. *Bones: Ancient Men and Modem Myths*. New York: Academic Press.

Binford, L. R. 1984. *Faunal Remains from Klasies River Mouth*. Orlando: Academic Press.

Binford, L. R. 1985. Human ancestors: changing views of their behavior. *Journal of Anthropological Archaeology* 3, 235-57.

Binford, L. R. 1986. Comment on 'Systematic butchery by Plio/Pleistocene hominids at Olduvai Gorge' by H. T. Bunn and E. M. Kroll. *Current Anthropology 27*, 444-6.

Binford, L. R. 1987. Were there elephant hunters at Torralba? In *The Evolution of*

Human Hunting (ed. M. H. Nitecki and D.V. Nitecki), pp. 47-105. New York: Plenum Press.

Binford, L. 1989. Isolating the transition to cultural adaptations: an organizational approach. In *The Emergence of Modern Humans: Biocultural Adaptations in the Later Pleistocene* (ed. E. Trinkaus), pp. 18-41. Cambridge: Cambridge University Press.

Bishop, D. V. M. 2002. Putting language genes in perspective. *Trends in Genetics* 18, 57-9.

Blacking, J. 1973. *How Musical Is Man?* Seattle: University of Washington Press.

Bocquet-Appel, J. P., and Arsuaga, J. L. 1999. Age distributions of hominid samples at Atapuerca (SH) and Krapina could indicate accumulation by catastrophe. *Journal of Archaeological Science* 26, 327-38.

Boesch, C. 1991. Teaching among wild chimpanzees. *Animal Behavior* 41, 530-2.

Boyd, R., and Silk, J. B. 2000. *How Humans Evolved* (2nd edn). New York: W. W. Norton and Company.

Boyer, P. 2001. *Religion Explained.* New York: Basic Books.

Brain, C. K. 1981. *The Hunters or the Hunted?* Chicago: Chicago University Press.

Bramble, D. M., and Lieberman, D. E. 2004. Endurance running and the evolution of *Homo. Nature* 432, 345-52.

Brighton, H. 2002. Compositional syntax from cultural transmission. *Artificial Life* 8, 25-54.

Brockleman, W. Y. 1984. Social behaviour of gibbons: introduction. In *The Lesser Apes: Evolutionary and Behavioural Biology* (ed. H. Preuschoft, D. J. Chivers, W. Y. Brockleman and N. Creel), pp. 285-90. Edinburgh: Edinburgh University Press.

Brown, P., Sutikna, T., Morwood, M. J., Soejono, R. P., Jatmiko, Wayhu Saptomo, E., and Rokus Awe Due. 2004. A new small-bodied hominid from the Late Pleistocene of Flores, Indonesia. *Nature* 431, 1055-61.

Brown, S. 2000. The 'musilanguage' model of human evolution. In *The Origins of Music* (ed. N. L. Wallin, B. Merker and S. Brown), pp. 271-300. Cambridge, MA: Massachusetts Institute of Technology.

Brunet, M. et al. (37 authors). 2002. A new hominid from the Upper Miocene of Chad, Central Africa. *Nature* 418, 145-8.

Bunn, H. T. 1981. Archaeological evidence for meat eating by Plio-Pleistocene hominids from Koobi Fora and Olduvai Gorge. *Nature* 291, 574-7.

Bunn, H. T., Harris, J. W. K., Kaufulu, Z., Kroll, E., Schick, K., Toth, N., and

Behrensmeyer, A. K. 1980. FxJj50: an Early Pleistocene site in northern Kenya. *World Archaeology* 12, 109-36.

Bunn, H. T., and Kroll, E. M. 1986. Systematic butchery by Plio-Pleistocene hominids at Olduvai Gorge. *Current Anthropology* 27, 431-52.

Bunt, L., and Pavlicevic, P. 2001. Music and emotion: perspectives from music therapy. In *Music and Emotion: Theory and Research* (ed. P. N. Juslin and J. A. Sloboda), pp. 181-201. Oxford: Oxford University Press.

Burr, B. D. 1976. Neanderthal vocal tract reconstructions: a critical appraisal. *Journal of Human Evolution* 5, 285-90.

Byrne, R. W., and Whiten, A. (eds). 1988. *Machiavellian Intelligence: Social Expertise and the Evolution of Intellect in Monkeys, Apes and Humans*. Oxford: Clarendon Press.

Byrne, R. W., and Whiten, A. 1992. Cognitive evolution in primates: evidence from tactical deception. *Man* NS 27, 609-27.

Byron, R., (ed.). 1995. *Music, Culture and Experience: Selected Papers of John Blacking*. Chicago: Chicago University Press.

Callow, P., and Cornford, J. M. (eds). 1986. *La Cotte de St. Brelade 1961-1978: Excavations by C. B. M. McBurney*. Norwich: Geo Books.

Calvin, W. H., and Bickerton, D. 2000. *Lingua ex Machina: Reconciling Darwin and Chomsky with the Human Brain*. Cambridge, MA: MIT Press.

Cann, R. L., Stoneking, M., and Wilson, A. 1987. Mitochondrial DNA and human evolution. *Nature* 325, 32-6.

Caporael, L., Dawes, R. M., Orbell, J. M., and van de Kragt, A.J. C. 1989. Selfishness examined: cooperation in the absence of egoistic incentives. *Behavioral and Brain Sciences* 12, 683-739.

Carbonell, E., Bermúdez de Castro, J. M., Arsuaga, J. L., Diez, J. C, Rosas, A., Cuenca-Bescós, G., Sala, R., Mosquera, M., and Rodríguez, X. P. 1995. Lower Pleistocene hominids and artifacts from Atapuerca-TD6. *Science* 269, 826-30.

Carbonell, E., Esteban, M., Martin, A., Martina, N., Xosé, M., Rodríquez, P., Olle, A., Sala, R., Vergés, J. M., Bermúdez de Castro, J. M., and Ortega, A. 1999. The Pleistocene site of Gran Dolina, Sierra de Atapuerca, Spain: a history of the archaeological investigations. *Journal of Human Evolution* 37, 313-24.

Carruthers, P. 2002. The cognitive functions of language. *Brain and Behavioral Sciences* 25, 657-726.

Carruthers, P., and Smith, P. (eds). 1996. *Theories of Theories of Minds*. Cambridge: Cambridge University Press.

Carter, R. 1998. *Mapping the Mind*. London: Weidenfeld and Nicolson.

Chan, A. S., Ho, Y.-C, and Cheung, M.-C. 1998. Music training improves verbal memory. *Nature* 396, 128.

Changeux, J.-P. 1985. *Neuronal Man: The Biology of Mind*. Princeton, NJ: Princeton University Press.

Chase, P. 1986. *The Hunters of Combe Grenal: Approaches to Middle PalaeolithicSubsistence in Europe*. Oxford: British Archaeological Reports, International Series, S286.

Cheney, D. L., and Seyfarth. R. S. 1990. *How Monkeys See the World*. Chicago: Chicago University Press.

Christiansen, M. H., and Kirby, S. (eds). 2003. *Language Evolution*. Oxford: Oxford University Press.

Churchill, S. E. 1998. Cold adaptation, heterochrony, and Neanderthals. *Evolutionary Anthropology* 7, 46-60.

Clegg, M. 2001. *The Comparative Anatomy and Evolution of the Human Vocal Tract*. Unpublished thesis, University of London.

Collard, M., and Aiello, L. C. 2000. From forelimbs to two legs. *Nature* 404, 339-40.

Cooke, D. 1959. *The Language of Music*. Oxford: Oxford University Press.

Corballis, M. 2002. *From Hand to Mouth: The Origins of Language*. Princeton, NJ: Princeton University Press.

Cordes, I. 2003. Melodic contours as a connecting link between primate communication and human singing. *Proceedings of the 5th Triennial ESCOM conference*, pp. 349-52. Hanover: Hanover University of Music and Drama.

Cowlishaw, G. 1992. Song function in gibbons. *Behaviour* 121, 131-53.

Crockford, C, Herbinger, I., Vigilant, L., and Boesch, C. 2004. Wild chimpanzees produce group-specific calls: a case for vocal learning. *Ethology* 110, 221-43.

Cross, I. 1999. Is music the most important thing we ever did? Music, development and evolution. In *Music, Mind and Science* (ed. Suk Won Yi), pp. 10-39. Seoul: Seoul National University Press.

Cross, I. 2001. Music, mind and evolution. *Psychology of Music* 29, 95-102.

Cross, I. in press. Music and meaning, ambiguity and evolution. In *Musical Communication* (ed. D. Miell, R. MacDonald and D. Hargreaves). Oxford: Oxford University Press.

Curtis, V., and Biran, A. 2001. Dirt, disgust and disease. *Perspectives in Biology and Medicine* 44, 17-31.

Dagusta, D., Gilbert, W. H., and Turner, S. P. 1999. Hypoglossal canal size and hominid speech. *Proceedings of the National Academy of Sciences* 96, 1800-4.

Damasio, A. 1994. *Descartes' Error; Emotion, Reason and the Human Brain*. New York: Putnam.

Damasio, A. 2003. *Looking for Spinoza: Joy, Sorrow and the Feeling Brain*. London: William Heinemann.

Damasio, H., and Damasio, A. 1989. *Lesion Analysis in Neuropsychology*. Oxford: Oxford University Press.

D'Amato, M. R. 1988. A search for tonal pattern perception in cebus monkeys: why monkeys can't hum a tune. *Music Perception* 4, 453-80.

Dams, L. 1985. Palaeolithic lithophones: description and comparisons. *Oxford Journal of Archaeology* 4, 31-46.

Darwin, C. 1871. *The Descent of Man, and Selection in Relation to Sex* (2 vols). London: John Murray.

Darwin, C. 1872. *The Expression of Emotion in Man and Animals*. London: John Murray.

Davidson, I. 2003. The archaeological evidence of language origins: states of art. In *Language Evolution* (ed. M. H. Christiansen and S. Kirby), pp. 140-57. Oxford: Oxford University Press.

Davila, J. M. et al. 1986. Relaxing effects of music in dentristy for mentally handicapped patients. *Special Care Dentist* 6, 18-21.

Day, M. 2004. Religion, off-line cognition and the extended mind. *Journal of Cognition and Culture* 4, 101-21.

De Sousa, R. 1987. *The Rationality of Emotions*. Cambridge, MA: MIT Press.

De Waal, F. 1982. *Chimpanzee Politics*. New York: Harper and Row.

Deacon, T. 1997. *The Symbolic Species: The Co-Evolution of Language and the Human Brain*. London: Allen Lane.

DeMenocal, P. B. 1995. Plio-Pleistocene African climate. *Science* 270, 53-9.

Dempster, D. 1998. Is there even a grammar of music? *Musicae Scientiae* 2, 55-65.

Dennell, R. W. 1983. *European Economic Prehistory*. London: Academic Press.

Dennell, R. W. 1997. The world's oldest spears. *Nature* 385, 767-8.

Dennell, R. W., Rendell, H., and Hailwood, E. 1988. Early tool making in Asia: two-million-year-old artefacts in Pakistan. *Antiquity* 62, 98-106.

D'Errico, F., Henshilwood, C., Lawson, G., Vanhaeren, M., Tillier, A.-M., Soressi, M., Bresson, F., Maureille, B., Nowell, A., Lakarra, J., Backwell, L., and Julien, M. 2003. Archaeological evidence for the emergence of language, symbolism, and music-an alternative inter-disciplinary perspective. *Journal of World Prehistory* 17, 1-70.

D'Errico, F., and Nowell, A. 2000. A new look at the Berekhat Ram figurine: implications for the origins of symbolism. *Cambridge Archaeological Journal* 10, 123-67.

D'Errico, F., and Sanchez Goni, M. F. 2003. Neanderthal extinction and the millennial scale climatic variability of OIS 3. *Quaternary Science Reviews* 22, 769-88.

D'Errico, F., Villa, P., Pinto Llona, A. C., and Ruiz Idarraga, R. 1998. A Middle Palaeolithic origin of music? Using cave-bear bone accumulations to assess the Divje Babe I bone 'flute'. *Antiquity* 72, 65-79.

D'Errico, F., Zilhao, J., Julian, M., Baffler, D., and Pelegrin, J. 1998. Neanderthal acculturation in Western Europe. *Current Anthropology* 39, S1-S44.

Diaz, R. M., and Berk, L. E. 1992. *Private Speech: From Social Interaction to Self-Regulation*. Hillsdale, NJ: Lawrence Erlbaum Associates.

Dibben, N. 2003. Heightened arousal intensifies emotional experience within music. *Proceedings of the 5th Triennial ESCOM conference*, pp. 269-72. Hanover: Hanover University of Music and Drama.

Dibble, H., and Bar-Yosef, O. 1995. *The Definition and Interpretation of Levallois Technology*. Madison: Prehistory Press.

Dissanayake, E. 2000. Antecedants of the temporal arts in early mother-infant interaction. In *The Origins of Music* (ed. N. L. Wallin, B. Merker, and S. Brown), pp. 389-410. Cambridge, MA: Massachusetts Institute of Technology.

Donald, M. 1991. *Origins of the Modern Mind*. Cambridge, MA: Harvard University Press.

Drayna, D., Manichaikul, A., de Lange, M., Snieder, H., and Spector, T. 2001. Genetic correlates of musical pitch in humans. *Science* 291, 1969-72.

Duchin, L. 1990. The evolution of articulated speech: comparative anatomy of the oral cavity in *Pan* and *Homo*. *Journal of Human Evolution* 19, 687-97.

Dunbar, R. I. M. 1988. *Primate Societies*. London: Chapman and Hall.

Dunbar, R. I. M. 1991. Functional significance of social grooming in primates. *Folia Primatologica* 57, 121-31.

Dunbar, R. I. M. 1992. Neocortex size as a constraint on group size in primates. *Journal of Human Evolution* 20, 469-93.

Dunbar, R. I. M. 1993. Coevolution of neocortical size, group size and language in humans. *Behavioral and Brain Sciences* 16, 681-735.

Dunbar, R. I. M. 1996. *Gossip, Grooming and the Evolution of Language*. London: Faber and Faber.

Dunbar, R. I. M. 1998. Theory of mind and the evolution of language. In *Approaches to the Evolution of Language* (ed. J. R. Hurford, M. Studdert-Kennedy and C. Knight), pp. 92-110. Cambidge: Cambridge University Press.

Dunbar, R. I. M. 2003. The origin and subsequent evolution of language. In *Language Evolution* (ed. M. H. Christiansen and S. Kirby), pp. 219-34. Oxford: Oxford University Press.

Dunbar, R. I. M. 2004. *The Human Story*. London: Faber and Faber.

Dunbar, R. I. M., and Dunbar, P. 1975. *Social Dynamics of Gelada Baboons*. Basel: S. Karger.

Edelman, G. 1987. *Neural Darwinism: The Theory of Neuronal Group Selection*. New York: Basic Books.

Edelman, G. 1992. *Bright Air, Brilliant Fire: On the Matter of the Mind*. London: Penguin.

Ekman, P. 1985. *Telling Lies*. New York: Norton.

Ekman, P. 1992. An argument for basic emotions. *Cognition and Emotion* 6, 169-200.

Ekman, P. 2003. *Emotions Revealed*. London: Weidenfeld and Nicolson.

Ekman, P., and Davidson, R. J. 1995. *The Nature of Emotions: Fundamental Questions*. Oxford: Oxford University Press.

Ellefson, J. O. 1974. Anatomical history of white-handed gibbons in the Malayan peninsular. In *Gibbon & Siamang* (ed. D. M. Rumbaugh), pp. 1-136. Basel: S. Karger.

Enard, W., Przeworski, M., Fisher, S. E., Lai, C. S., Wiebe, V., Kitano, T, Monaco, A. P., and Paabo, S. 2002. Molecular evolution of FOXP2, a gene involved in speech and language. *Nature* 418, 869-72.

Evans, D. 2001. *Emotion: The Science of Sentiment*. Oxford: Oxford University Press.

Evans-Pritchard, E. E. 1937. *Witchcraft, Oracles and Magic Among the Azande*. London: Faber and Faber.

Falk, D. 1983. Cerebral cortices of East African early hominids. *Science* 221, 1072-4.

Falk, D. 2000. Hominid brain evolution and the origins of music. In *The Origins of Music* (ed. N. L. Wallin, B. Merker and S. Brown), pp. 197-216. Cambridge, MA: Massachusetts Institute of Technology.

Falk, D. in press. Prelinguistic evolution in early hominids: whence motherese?

Behavioral and Brain Sciences.

Farizy, C, David, J., and Jaubert, J. 1994. *Hommes et Bisons du Paléolithique Moyen à Mauran (Haute-Garonne).* Paris: CNRS (*Gallia-Préhistoire* Supplement 30).

Felis, T., Lohmann, G., Kuhnert, H., Lorenze, S. J., Scholz, D., Patzold, J., Al-Rousan, S., and Al-Moghrabl, S. M. 2004. Increased seasonality in Middle East temperatures during the last interglacial period. *Nature* 429, 164-8.

Fernald, A. 1989. Intonation and communicative intent in mother's speech to infants: is the melody the message? *Child Development* 60, 1497-510.

Fernald, A. 1991. Prosody in speech to children: prelinguistic and linguistic functions. *Annals of Child Development* 8, 43-80.

Fernald, A. 1992. Meaningful melodies in mothers' speech. In *Nonverbal Vocal Communication: Comparative and Developmental Perspectives* (ed. H. Papoušek, U. Jürgens and M. Papoušek), pp. 262-82. Cambridge: Cambridge University Press.

Fernald, A., and Mazzie, C. 1991. Prosody and focus in speech to infants and adults. *Developmental Psychology* 27, 209-21.

Fernald, A., Taeschner, T., Dunn, J., Papoušek, M., de Boysson-Bardies, B., and Fukui, I. 1989. A cross-language study of prosodic modifications in mothers' and fathers' speech to preverbal infants. *Journal of Child Language* 16, 477-501.

Foley, R., and Lahr, M. M. 1997. Mode 3 technologies and the evolution of modern humans. *Cambridge Archaeological Journal* 7, 3-36.

Forgas, J. P., and Moylan, S. 1987. After the movies: the effect of mood on social judgements. *Personality and Social Psychology Bulletin* 13, 465-77.

Frank, R. H. 1988. *Passions Within Reason: The Strategic Role of the Emotions.* New York: W. W. Norton and Co.

Freeman, W. 2000. A neurobiological role for music in social bonding. In *The Origins of Music* (ed. N. L Wallin, B. Merker and S. Brown), pp. 411-24. Cambidge, MA: MIT Press.

Friberg, A., and Sundberg, J. 1999. Does music performance allude to locomotion? A model of final ritardandi derived from measurements of stopping runners. *Journal of the Acoustical Society of America* 105, 1469-84.

Fried, R., and Berkowitz, L. 1979. Music hath charms ... and can influence helpfulness. *Journal of Applied Social Psychology* 9, 199-208.

Friedson, S. M. 1996. *Dancing Prophets: Musical Experience in Tumbuka Healing.* Chicago: University of Chicago Press.

Fry, D. 1948. An experimental study of tone deafness. *Speech* 1948, 1-7.

Gabunia, L., Vekua, A., Lordkipanidze, D., Ferring, R., Justus, A., Majsuradze, G., Mouskhelishvili, A., Noiradze, M., Sologashvili, D., Swisher C. C. III., and Tvalchrelidze, M. 2000. Current research on the hominid site of Dmanisi. In *Early Humans at the Gates of Europe* (ed. D. Lordkipanidze, O. Bar-Yosef and M. Otte), pp. 13-27. Liège: ERAUL 92.

Gabunia, L., Vekua, A., Lordkipanidze, B., Swisher, C. C. III., Ferring, R., Justus, A., Nioradze, M., Tvalchrelidze, M., Antón, S. C, Bosinski, G., Jöris, O., de Lumley, M.-A., Majsuardze, G., and Mouskhelishvili, A. 2000. Earliest Pleistocene hominid cranial remains from Dmanisi, Republic of Georgia: taxonomy, geological setting and age. *Science* 288, 1019-25.

Gamble, C. 1987. Man the shoveler: alternative models for Middle Pleistocene colonization and occupation in northern latitudes. In *The Pleistocene Old World* (ed. O. Soffer), pp. 81-98. New York: Plenum Press.

Gamble, C. 1999. *The Palaeolithic Societies of Europe.* Cambridge: Cambridge University Press.

Gardner, R. A., Gardner, B. T., and van Canfort, T. E. (eds). 1989. *Teaching Sign Languages to Chimpanzees.* New York: State University of New York Press.

Gargett, R. H. 1989. Grave shortcomings: the evidence for Neanderthal burial. *Current Anthropology* 30, 157-90.

Gargett, R. H. 1999. Middle Palaeolithic burial is not a dead issue: the view from Qafzeh, Saint-Césaire, Kebara, Amud, and Dederiyeh. *Journal of Human Evolution* 37, 27-90.

Geissmann, T. 1984. Inheritance of song parameters in the gibbon song, analysed in two hybrid gibbons *(Hylobates pileatus × Hylobates lar). Folia Primatologica* 42, 216-35.

Geissmann, T. 2000. Gibbon songs and human music from an evolutionary perspective. In *The Origins of Music* (ed. N. L. Wallin, B. Merker and S. Brown), pp. 103-24. Cambridge, MA: Massachusetts Institute of Technology.

Gibbons, A. 1997. A new face for human ancestors. *Science* 276, 1331-3.

Gibert, J., Campillo, D., Arques, J. M., Garcia-Olivares, E., Borja, C, and Lowenstein, J. 1998. Hominid status of the Orce cranial fragment reasserted. *Journal of Human Evolution* 34, 203-17.

Gibert, J., Gibert, Ll, Iglesais, A., and Maestro, E. 1998. Two 'Oldowan' assemblages in the Plio-Pleistocene deposits of the Orce region, south east Spain. *Antiquity* 72, 17-25.

Gibson, K. R., and Ingold, T. (eds). 1993. *Tools, Language and Cognition in*

Human Evolution. Cambridge: Cambridge Univerity Press.

Godefroy, O., Leys, D., Furby, A., De Reuck, J., Daems, C., Rondepierre, P., Debachy, B., Deleume, J.-R, and Desaulty, A. 1995. Psychoacoustical deficits related to bilateral subcortical hemorrhages, a case with apperceptive auditory agnosia. *Cortex* 31, 149-59.

Goodall, J. 1986. *The Chimpanzees of Gombe*. Cambridge, MA: Harvard University Press.

Gouk, P. 2000. *Music Healing in Cultural Contexts*. Aldershot: Ashgate.

Greenfield, P. M., and Savage-Rumbaugh, E. S. 1990. Grammatical combination in *Pan paniscus:* processes of learning and invention in the evolution and development of language. In *'Language' and Intelligence in Monkeys and Apes:Comparative Developmental Perspectives* (ed. S. T. Parker and K. R. Gibson), pp. 540-74. Cambridge: Cambridge University Press.

Greenough, W., Black, J., and Wallace, C. 1987. Experience and brain development. *Child Development* 58, 539-59.

Gregersen, P., Kowalsky, E., Kohn, N., and Marvin, E. 2000. Early childhood music education and predisposition to absolute pitch: teasing apart genes and environment. *American Journal of Genetics* 98, 280-2.

Grieser, D. L., and Kuhl, P. K. 1988. Maternal speech to infants in a tonal language: support for universal prosodic features in motherese. *Developmental Psychology* 24, 14-20.

Hauser, M. 1997. *The Evolution of Communication*. Cambridge, MA: MIT Press.

Hauser, M. 2000. The sound and the fury: primate vocalizations as reflections of emotion and thought. In *The Origins of Music* (ed. N. L. Wallin, B. Merker and S. Brown), pp. 77-102. Cambridge, MA: Massachusetts Institute of Technology.

Hauser, M., Chomsky, N., and Fitch, W. T. 2002. The faculty of language: what is it, who has it, and how did it evolve? *Science* 298, 1569-79.

Hauser, M., and McDermott, J. 2003. The evolution of the music faculty: a comparative perspective. *Nature Neuroscience* 6, 663-8.

Hawkes, K., O'Connell, J. F., and Blurton-Jones, N. G. 1997. Hadza women's time allocation, offspring provisioning, and the evolution of long post-menopausal life-spans. *Current Anthropology* 38, 551-78.

Heaton, P., Hermelin, B., and Pring, L. 1998. Autism and pitch processing: a precursor for savant musical ability. *Music Perception* 15, 291-305.

Henshilwood, C. S., D'Errico, F., Yates, R., Jacobs, Z., Tribolo, C., Duller, G. A.

T., Mercier, N., Sealy, J. C., Valladas, H., Watts, I., and Wintle, A. G. 2002. Emergence of modern human behaviour: Middle Stone Age engravings from South Africa. *Science* 295, 1278-80.

Henshilwood, C. S., D'Errico, F., Vanhaeren, M., van Niekerk, K., and Jacobs, Z. 2004. Middle Stone Age shell beads from South Africa. *Science* 304, 404.

Henshilwood, C. S., and Sealy, J. 1997. Bone artefacts from the Middle Stone Age at Blombos Cave, Southern Cape, South Africa. *Current Anthropology* 38, 890-5.

Henshilwood, C. S., Sealy, J. C., Yates, R., Cruz-Uribe, K., Goldberg, P., Grine, F. E., Klein, R. G., Poggenpoel, C., van Niekerk, K., and Watts, I. 2001. Blombos Cave, Southern Cape, South Africa: Preliminary report on the 1992-1999 excavations of the Middle Stone Age levels. *Journal of Archaeological Science* 28, 421-48.

Henson, R. A. 1988. Maurice Ravel's illness: a tragedy of lost creativity. *British Medical Journal 296*, 1585-8.

Hermelin. B. 2001. *Bright Splinters of the Mind: A Personal Story of Research with Autistic Savants*. London: Jessica Kingsley Publishers.

Hewes, G. 1973. Primate communication and the gestural origin of language. *Current Anthropology* 14, 5-21.

Horden, P. 2000. *Music and Medicine: The History of Music Therapy since Antiquity*. Aldershot: Ashgate.

Hovers, E., Rak, Y., Lavi, R., and Kimbel, W. H. 1995. Hominid remains from Amud cave in the context of the Levantine Middle Palaeolithic. *Paléorient* 21/2, 47-61.

Humphrey, N. 1984. *Consciousness Regained* (chapter 12. The colour currency of nature pp. 146-52). Oxford: Oxford University Press.

Hunt, K. D. 1994. The evolution of human bipedality: ecology and functional morphology. *Journal of Human Evolution* 26, 183-202.

Hurford, J. R. 2000a. The emergence of syntax. In *The Evolutionary Emergence of Language: Social Function and the Origins of Linguistic Form* (ed. C. Knight, M. Studdert-Kennedy and J. R. Hurford), pp. 219-30. Cambridge: Cambridge University Press.

Hurford, J. R. 2000b. Social transmission favours linguistic generalisation. In *The Evolutionary Emergence of Language: Social Function and the Origins of Linguistic Form* (ed. C. Knight, M. Studdert-Kennedy and J. R. Hurford), pp. 324-52. Cambridge: Cambridge University Press.

Hurford, J. R. 2003. The language mosaic and its evolution. In *Language*

Evolution (ed. M. H. Christiansen and S. Kirby), pp. 38-57. Oxford: Oxford University Press.

Hurford, J. R., Studdert-Kennedy, M., and Knight, C. (eds). 1998. *Approaches to the Evolution of Language: Social and Cognitive Biases*. Cambridge: Cambridge University Press.

Hurt, C. P., Rice, R. R., Mcintosh, G. C., Thaut, M. H. 1998. Rhythmic auditory stimulation in gait training for patients with traumatic brain injury. *Journal of Music Therapy* 35, 228-41.

Ingman, M., Kaessmann, H., Paabo, S., and Gyllensten, U. 2000. Mitochondrial genome variation and the origin of modern humans. *Nature* 408, 708-13.

Isaac, G. (ed.). 1989. *The Archaeology of Human Origins: Papers by Glynn Isaac*. Cambridge: Cambridge University Press.

Isaac, G. 1978. The food-sharing behaviour of proto-human hominids. *Scientific American* 238 (April), 90-108.

Isaac, G. 1983. Bones in contention: competing explanations for the juxtaposition of Early Pleistocene artefacts and faunal remains. In *Animals and Archaeology: Hunters and their Prey* (ed. J. Clutton-Brock and C. Grigson), pp. 3-19. Oxford: British Archaeological Reports, International Series 163.

Isen, A. M. 1970. Success, failure, attention and reactions to others: the warm glow of success. *Journal of Personality and Social Psychology* 15, 294-301.

Isen, A. M., Daubman, K. A., and Nowicki, G. P. 1987. Positive affect facilitates creative problem solving. *Journal of Personality and Social Psychology* 52, 1122-31.

Jackendoff, R. 1999. Possible stages in the evolution of the language faculty. *Trends in Cognitive Sciences* 3, 272-9.

Jackendoff, R. 2000. *Foundations of Language: Brain, Meaning, Grammar, Evolution*. Oxford: Oxford University Press.

Janata, P., and Grafton, S. T. 2003. Swinging in the brain: shared neural substrates for behaviors related to sequencing and music. *Nature Neuroscience* 6, 682-7.

Janzen, J. M. 1992. *Ngoma: Discourses of Healing in Central and Southern Africa*. Berkeley: University of California Press.

Jespersen, O.1983 [1895]. *Progress in Language*. Amsterdam Classics in Linguistics 17. Amsterdam: John Benjamins Publishing Co.

Jobling, M. A., Hurles, M. E., and Tyler-Smith, C. 2003. *Human Evolutionary Genetics*. New York: Garland Publishing.

Johanson, D., and Edgar, B. 1996. *From Lucy to Language*. London: Weidenfeld and Nicolson.

Juslin, P. N. 1997. Emotional communication in music performance: a functionalist perspective and some data. *Music Perception* 14, 383-418.

Juslin, P. N. 2001. Communication emotion in music performance: a review and a theoretical framework. In *Music and Emotion: Theory and Research* (ed. P. N. Juslin and J. A. Sloboda), pp. 309-37. Oxford: Oxford University Press.

Juslin, P. R., and Sloboda, J. A. (eds). 2001. *Music and Emotion: Theory and Research*. Oxford: Oxford University Press.

Juslin, P. R., and Sloboda, J. A. 2001. Music and emotion: introduction. In *Music and Emotion: Theory and Research* (ed. P. N. Juslin and J. A. Sloboda), pp. 3-20. Oxford: Oxford University Press.

Kahn, P., and Gibbons, A. 1997. DNA from an extinct human. *Science* 277, 176-8.

Kalmus, H., and Fry, D. 1980. On tune deafness (dysmelodia): frequency, development, genetics and musical background. *Annals of Human Genetics* 43, 369-82.

Kappelman, J. 1996. The evolution of body mass and relative brain size in fossil hominids. *Journal of Human Evolution* 30, 243-76.

Kay, R. F., Cartmill, M., and Balow, M. 1998. The hypoglossal canal and the origin of human vocal behaviour. *Proceedings of the National Academy of Sciences* 95, 5417-19.

Kazez, D. 1985. The myth of tone deafness. *Music Education Journal* April 1985, 46-7.

Key, C. A. 1998. *Cooperation, Paternal Care and the Evolution of Hominid Social Groups*. Unpublished PhD thesis, University of London.

Key, C. A., and Aiello, L. C. 1999. The evolution of social organization. In *The Evolution of Culture* (ed. R. Dunbar, C. Knight and C. Power), pp. 15-33. Edinburgh: Edinburgh University Press.

Key, C., and Aiello, L. C. 2000. A Prisoner's Dilemma model for the evolution of paternal care. *Folia Primatologica* 71, 77-92.

Kirby, S. 2000. Syntax without natural selection: how compositionality emerges from vocabulary in a population of learners. In *The Evolutionary Emergence of Language: Social Function and the Origins of Linguistic Form* (ed. C. Knight, M. Studdert-Kennedy and J. R. Hurford), pp. 303-23. Cambridge: Cambridge University Press.

Kirby, S. 2001. Spontaneous evolution of linguistic structure: an iterated learning model of the emergence of regularity and irregularity. *IEEE Journal of Evolutionary Computation* 5, 101-10.

Kirby, S. 2002a. Learning, bottlenecks and the evolution of recursive syntax.

In *Linguistic Evolution through Language Acquisition: Formal and Computational Models* (ed. E. Briscoe), pp. 173-204. Cambridge: Cambridge University Press.

Kirby, S. 2002b. The emergence of linguistic structure: an overview of the iterated learning model. In *Simulating the Evolution of Language* (ed. A. Cangelosi and D. Parisi), pp. 121-47. London: Springer.

Kirby, S., and Christiansen, M. H. 2003. From language learning to language evolution. In *Language Evolution* (ed. M. H. Christiansen and S. Kirby), pp. 272-94. Oxford: Oxford University Press.

Kittler, R., Kayser, M., and Stoneking, M. 2003. Molecular evolution of *Pediculus humanus* and the origin of clothing. *Current Biology* 13, 1414-17.

Knight, C., Powers, C., and Watts, I. 1995. The human symbolic revolution: a Darwinian account. *Cambridge Archaeological Journal* 5, 75-114.

Knight, C., 1998. Ritual/speech coevolution: a solution to the problem of deception. In *Approaches to the Evolution of Language* (ed. J. R. Hurford, M. Studdert-Kennedy and C. Knight), pp. 68-91. Cambridge: Cambridge University Press.

Knight, C., Studdert-Kennedy, M., and Hurford, J. (eds). 2000. *The Evolutionary Emergence of Language*. Cambridge: Cambridge University Press.

Knutson, B., Bungdoff, J., and Panksepp, J. 1998. Anticipation of play elicits high frequency ultrasonic vocalisations in young rats. *Journal of Comparative Psychology* 112, 65-73.

Koelsch, S., Gunter, T. C., Yves v. Crammon, D., Zysset, S., Lohmann, G., and Friederici, A. D. 2002. Bach speaks: a cortical 'language-network' serves the processing of music. *NeuroImage* 17, 956-66.

Kohler, W. 1925. *The Mentality of Apes*. London: Routledge and Kegan Paul.

Kohn, M., and Mithen, S. J. 1999. Handaxes: products of sexual selection? *Antiquity* 73, 518-26.

Komarova, N. L., and Nowak, M. 2003. Language learning and evolution. In *Language Evolution* (ed. M. H. Christiansen and S. Kirby), pp. 317-37. Oxford: Oxford University Press.

Krings, M., Stone, A., Schmitz, R. W., Krainitzki, H., Stoneking, M., and Pääbo, S. 1997. Neanderthal DNA sequences and the origin of modern humans. *Cell* 90, 19-30.

Krumhansl, C. 1997. An exploratory study of musical emotions and psychophysiology. *Canadian Journal of Experimental Psychology* 51, 336-52.

Kuhn, S. 1995. *Mousterian Lithic Technology*. Princeton, NJ: Princeton University Press.

Kunej, D., and Turk, I. 2000. New perspectives on the beginnings of music: archaeological and musicological analysis of a Middle Palaeolithic bone 'flute'. In *The Origins of Music* (ed. N. L. Wallin, B. Merker and S. Brown), pp. 235-68. Cambridge, MA: MIT Press.

Laban, R. 1988 [1950]. *The Mastery of Movement* (4th edition). Plymouth: Northcote House.

Lahr, M. M., and Foley, R. 1994. Multiple dispersals and modern human origins. *Evolutionary Anthropology* 3, 48-60.

Lahr, M. M., and Foley, R. 2004. Human evolution writ small. *Nature* 431, 1043-4.

Lai, C. S. L., Fisher, S. E., Hurst, J. A., Vargha-Khadem, F., and Monaco, A. P. 2001. A forkhead-domain gene is mutated in a severe speech and language disorder. *Nature* 413, 519-23.

Langer, S. 1942. *Philosophy in a New Key*. New York: Mentor.

Le Doux, J. 1996. *The Emotional Brain*. New York: Simon and Schuster.

Lee, R. B. 1979. *The !Kung San: Men, Women, and Work in a Foraging Society*. Cambridge: Cambridge University Press.

Leinonen, L., Linnankoski, I., Laakso, M. L., and Aulanko, R. 1991. Vocal communication between species: man and macaque. *Language Communication* 11, 241-62.

Leinonen, L., Laakso, M.-L., Carlson, S., and Linnankoski, I. 2003. Shared means and meanings in vocal expression of man and macaque. *Logoped Phonaiatr Vocol* 28, 53-61.

Lerdahl, F., and Jackendoff, R. 1983. *A Generative Theory of Tonal Music*. Cambridge, MA: MIT Press.

Lewin, R. 1999. *Human Evolution*. London: Blackwell Science.

Lieberman, P. 1992. On Neanderthal speech and Neanderthal extinction. *Current Anthropology* 33, 409-10.

Lieberman, P. 2001. On the neural bases of spoken language. In *In the Mind's Eye: Multidisciplinary Approaches to the Evolution of Human Cognition* (ed. A. Nowell), pp. 172-86. Ann Arbor, MI: International Monographs in Prehistory.

Lieberman, P., and Crelin, E. 1971. On the speech of Neanderthal man. *Linguistic Inquiry* 2, 203-22.

Linnankoski, I., Laakso, M., Aulanko, R., and Leinonen, L. 1994. Recognition of emotions in macaque vocalisations by adults and children. *Language*

Communication 14, 183-92.

Lordkipanidze, D., Bar-Yosef, O., and Otte, M. 2000. *Early Humans at the Gates of Europe*. Liège: ERAUL 92.

Luria, A. R., Tsvetkova, L. S., and Futer, D. S. 1965. Aphasia in a composer. *Journal of Neurological Science* 2, 288-92.

McBrearty, S., and Brooks, A. 2000. The revolution that wasn't: a new interpretation of the origin of modern human behavior. *Journal of Human Evolution* 38, 453-563.

McDougall, I., Brown, F. H., and Fleagle, J. G. 2005. Stratigraphic placement and age of modern humans from Kibish, Ethiopia. *Nature* 433, 733-6.

McGrew, W. C., Marchant, L. F., and Nishida, T. 1996. *Great Ape Societies:* Cambridge: Cambridge University Press.

Mache, F.-B. 2000. The necessity of and problem with a universal musicology. In *The Origins of Music* (ed. N. L. Wallin, B. Merker and S. Brown), pp. 473-80. Cambridge, MA: Massachusetts Institute of Technology.

McHenry, H. M. 1996. Sexual dimorphism in fossil hominids and its sociological implications. In *The Archaaeology of Human Ancestry* (ed. J. Steele and S. Shennan), pp. 91-109. London: Routledge.

MacLarnon, A., and Hewitt, G. P. 1999. The evolution of human speech: the role of enhanced breathing control. *American Journal of Physical Anthropology* 109, 341-3.

McNeill, D. 1992. *Hand and Mind: what Gestures Reveal about Thought*. Chicago: Chicago University Press.

McNeill, D. 2000. *Language and Gesture*. Cambridge: Cambridge University Press.

McNeill, W. H. 1995. *Keeping Together in Time: Dance and Drill in Human History*. Cambridge, MA: Harvard University Press.

Maess, B., Koelsch, S., Gunter, T. C., and Friederici, A. D. 2001. Musical syntax is processed in Broca's area: an MEG Study. *Nature Neuroscience* 4, 540-5.

Malloch, S. N. 1999. Mothers and infants and communicative musicality. *Musicae Scientiae* Special Issue 1999-2000, 29-57.

Mandel, S. E. 1996. Music for wellness: music therapy for stress management in a rehabilitation program. *Music Therapy Perspectives* 14, 38-43.

Mania, D., and Mania, U. 1988. Deliberate engravings on bone artefacts of *Homo erectus*. *Rock Art Research* 5, 91-107.

Manning, J. T., and Hartley, M. A. 1991. Symmetry and ornamentation are correlated in the peacock's train. *Animal Behaviour* 42, 1020-1.

Marler, P. 2000. Origins of speech and music: insights from animals. In *The Origins of Music* (ed. N. L. Wallin, B. Merker and S. Brown), pp. 49-64. Cambridge, MA: Massachusetts Institute of Technology.

Marler, P., and Tenaza, R. 1977. Signaling behavior of apes with special reference to vocalization. In *How Animals Communicate* (ed. T. Sebok), pp. 965-1003. Bloomington: Indiana University Press.

Marshack, A. 1997. The Berekhat Ram figurine: a late Acheulian carving from the Middle East. *Antiquity* 71, 327-37.

Marshall, L. 1976. *The !Kung of Nyae Nyae*. Cambridge: Cambridge University Press.

Marshall, L. 2001. *The Body Speaks, Performance and Expression*. London: Methuen.

Martínez, L., Rosa, M., Arsuaga, J.-L., Jarabo, P., Quam, R., Lorenzo, C., Gracia, A., Carretero, J.-M., Bermudez de Castro, J.-M., and Carbonell, E. 2004. Auditory capacities in Middle Pleistocene humans from the Sierra de Atapuerca in Spain. *Proceedings of the National Academy of Sciences* 101, 9976-81.

Mellars, P. 1989. Major issues in the emergence of modern humans. *Current Anthropology* 30, 349-85.

Mellars, P. 1996. *The Neanderthal Legacy*. Princeton, NJ: Princeton University Press.

Mellars, P., and Gibson, K. R. (eds). 1996. *Modelling the Early Human Mind*. Cambridge: McDonald Institute for Archaeological Research.

Mendez, M. F. 2001. Generalized auditory agnosia with spared music recognition in a left-hander: analysis of a case with a right temporal stroke. *Cortex* 37, 139-50.

Merker, B. 1999. Synchronous chorusing and the origins of music. *Musicae Scientiae* Special Issue 1999-2000, 59-73.

Merker, B. 2000. Synchronous chorusing and human origins. In *The Origins of Music* (ed. N. L. Wallin, B. Merker and S. Brown), pp. 315-28. Cambridge, MA: Massachusetts Institute of Technology.

Merriam, A. P. 1964. *The Anthropology of Music*. Evantson, IL: Northwestern University Press.

Metz-Lutz, M.-N., and Dahl, E. 1984. Analysis of word comprehension in a case of pure word deafness. *Brain and Language* 23, 13-25.

Meyer, L. 1956. *Emotion and Meaning in Music*. Chicago: Chicago University Press.

Meyer, L. B. 2001. Music and emotion: distinctions and uncertainties. In *Music and Emotion* (ed. P. N. Juslin and J. A. Sloboda), pp. 341-60. Oxford: Oxford University Press.

Miller, G. 1997. How mate choice shaped human nature: a review of sexual selection and human evolution. In *Handbook of Evolutionary Psychology: Ideas, Issues and Applications* (ed. C. Crawford and D. L. Krebs), pp. 87-129. Mahwah, NJ: Lawrence Erlbaum Associates.

Miller, G. 2000. Evolution of human music through sexual selection. In *The Origins of Music* (ed. N. L. Wallin, B. Merker and S. Brown), pp. 329-60. Cambridge, MA: Massachusetts Institute of Technology.

Miller, L. K. 1989. *Musical Savants: Exceptional Skill in the Mentally Retarded.* Hillsdale, NJ: Lawrence Erlbaum.

Mitani, J. C. 1985. Gibbon song duets and intergroup spacing. *Behaviour* 92, 59-96.

Mitani, J. C. 1996. Comparative studies of African ape vocal behavior. In *Great Ape Societies* (ed. W. C. McGrew, L. E Marchant and T. Nishida). Cambridge: Cambridge University Press.

Mitani, J. C., and Brandt, K. L. 1994. Social factors influence the acoustic variability in the long-distance calls of male chimpanzees. *Ethology* 96, 233-52.

Mitani, J. C., and Gros-Louis, J. 1995. Species and sex differences in the screams of chimpanzees and bonobos. *International Journal of Primatology* 16, 393-411.

Mitani, J. C., Hasegwa, T., Gros-Louis, J., Marler, P., and Byrne, R. 1992. Dialects in wild chimpanzees? *American Journal of Primatology* 27, 233-43.

Mitani, J. C., and Marler, P. 1989. A phonological analysis of male gibbon singing behaviour. *Behaviour* 109, 20-45.

Mithen, S. J. 1996. On Early Palaeolithic 'concept-mediated' marks, mental modularity and the origins of art. *Current Anthropology* 37, 666-70.

Mithen, S. J. 1996/1998. *The Prehistory of the Mind: A Search for the Origin of Art, Science and Religion.* London: Thames and Hudson/Orion.

Mithen, S. J. 1998. The supernatural beings of prehistory and the external storage of religious ideas. In *Cognition and Material Culture: The Archaeology of Symbolic Storage* (ed. C. Renfrew and C. Scarre), pp. 97-106. Cambridge: McDonald Institute of Archaeological Research.

Mithen, S. J. 2000. Palaeoanthropological perspectives on the theory of mind. In *Understanding other Minds* (ed. S. Baron-Cohen, H. Tager-Flusberg and D. J.

Cohen), pp. 488-502. Oxford: Oxford University Press.

Mithen, S. J. 2003. *After the Ice: A Global Human History, 20, 000-15, 000 BC.* London: Weidenfeld and Nicolson.

Mithen, S. J., and Reed, M. 2002. Stepping out: a computer simulation of hominid dispersal from Africa. *Journal of Human Evolution* 43, 433-62.

Moggi-Cecchi, J., and Collard, M. 2002. A fossil stapes from Stekfontein, South Africa, and the hearing capabilities of early hominids. *Journal of Human Evolution* 42, 259-65.

Møller, A. P. 1990. Fluctuating asymmetry in male sexual ornaments may reliably reveal male quality. *Animal Behaviour* 40, 1185-7.

Monnot, M. 1999. Function of infant-directed speech. *Human Nature* 10, 415-43.

Morwood, M. J., O'Sullivan, P. B., Aziz, F., and Raza, A. 1998. Fission-track ages of stone tools and fossils on the east Indonesian island of Flores. *Nature* 392, 173-6.

Morwood, M. J., Soejono, R. P., Roberts, R. G., Sutikana, T., Turney, C. S. M., Westaway, K. E., Rink, W. J., Zhao, J.-X., van den Bergh, G. D., Rokus Awe Due, Hobbs, D. R., Moore, M. W., Bird, M. I., and Fifield, L. K. 2004. Archaeology and the age of a new hominid from Flores in eastern Indonesia. *Nature* 431, 1087-91.

Mottron, I., Peretz, I., Belleville, S., and Rouleau, N. 1999. Absolute pitch in autism: a case study. *Neurocase* 5, 485-501.

Moya-Sola, S., and Kohler, M. 1997. The Orce skull: anatomy of a mistake. *Journal of Human Evolution* 33, 91-7.

Nelson, D. G. K., Hirsh-Pasek, K., Jusczyx, P. W., and Cassidy, K. W. 1989. How the prosodic cues in motherese might assist language learning. *Journal of Child Language* 16, 55-68.

Nettl, B. 1983. *The Study of Ethnomusicology: Twenty-Nine Issues and Concepts.* Urbana, IL: University of Illinois Press.

Nettle, D. 1999. *Linguistic Diversity.* Oxford: Oxford University Press.

Niedenthal, P. M., and Setterlund, M. B. 1994. Emotion congruence in perception. *Personality and Social Psychology Bulletin* 20, 401-11.

Noble, W., and Davidson, I. 1996. *Human Evolution, Language and Mind: A Psychology and Archaeological Inquiry.* Cambridge: Cambridge University Press.

Nowak, M. A., and Komarova, N. L. 2001a. Towards an evolutionary theory of language. *Trends in Cognitive Sciences* 5, 288-95.

Nowak, M. A., and Komarova, N. L. 2001b. Evolution of universal grammar

Science 291, 114-18.

Nowak, M. A., Komarova, N. L., and Krakauer, D. 1999. The evolutionary language game. *Journal of Theoretical Biology* 200, 147-62.

Nowell, A. (ed.). 2001. *In the Mind's Eye: Multidisciplinary Approaches to the Evolution of Human Cognition.* Ann Arbor, MI: International Monographs in Prehistory.

Oatley, K., and Jenkins, J. J. 1996. *Understanding Emotions.* Oxford: Blackwell.

Oatley, K., and Johnson-Laird, P. N. 1987. Towards a theory of emotions. *Cognition and Emotion* 1, 29-50.

O'Connell, J. F., Hawkes, K., and Blurton-Jones, N. G. 1999. Grandmothering and the evolution of *Homo erectus. Journal of Human Evolution* 36, 461-85.

Oelman, H., and Lceng, B. 2003. A validation of the emotional meaning of single intervals according to classical Indian music theory. *Proceedings of the 5th Triennial ESCOM conference,* pp. 393-6. Hanover: Hanover University of Music and Drama.

Oka, T., and Takenaka, O. 2001. Wild gibbons' parentage tested by non-invasive DNA sampling and PCR-amplified polymorphic microsatellites. *Primates* 42, 67-73.

Pagel, M., and Bodmer, W. 2003. A naked ape would have fewer parasites. *Proceedings of the Royal Society of London B, Supplement 1, Biology letters* 270, S117-19.

Palmqvist, P. 1997. A critical re-evaluation of the evidence for the presence of hominids in Lower Pleistocene times at Venta Micena, southern Spain. *Journal of Human Evolution* 33, 83-9.

Papousek, M., Papousek, H., and Symmes, D. 1991. The meanings of melodies in motherese in tone and stress languages. *Infant Behavior and Development* 14, 415-40.

Parfitt, S., and Roberts, M. 1999. Human modification of faunal remains. In *Boxgrove, A Middle Pleistocene Hominid Site at Eartham Quarry, Boxgrove, West Sussex* (ed. M. B. Roberts and S. Parfitt), pp. 395-415. London: English Heritage.

Parsons, L. 2003. Exploring the functional neuroanatomy of music performance, perception and comprehension. In *The Cognitive Neuroscience of Music* (ed. I. Peretz and R. Zatorre), pp. 247-68. Oxford: Oxford University Press.

Patel, A., Peretz, I., Tramo, M., and Labreque, R. 1998. Processing prosodic and musical patterns: a neuropsychological investigation. *Brain and Language* 61, 123-44.

Patel, A. D. 2003. Language, music, syntax and the brain. *Nature Neuroscience* 6, 674-81.

Payne, K. 2000. The progressively changing songs of humpback whales: a window on the creative process in a wild animal. In *The Origins of Music* (ed. N. L. Wallin, B. Merker, and S. Brown), pp. 135-50. Cambridge, MA: MIT Press.

Pease, A. 1984. *Body Language: How to Read Others' Thoughts by their Gestures*. London: Sheldon Press.

Pelegrin, J. 1993. A framework for analysing prehistoric stone tool manufacture and a tentative application to some early stone industries. In *The Use of Tools by Human and Non-Human Primates* (ed. A. Berthelet and J. Chavaillon), pp. 302-14. Oxford: Clarendon Press.

Peretz, 1.1993. Auditory atonalia for melodies. *Cognitive Neuropsychology* 10, 21-56.

Peretz, I. 2003. Brain specialization for music: new evidence from congenital amusia. In *The Cognitive Neuroscience of Music* (ed. I. Peretz and R. Zatorre), pp. 247-68. Oxford: Oxford University Press.

Peretz, I., Ayotte, J., Zatorre, R. J., Mehler, J., Ahad, P., Penhune, B., and Jutras, B. 2002. Congenital amusia: a disorder of fine-grained pitch discrimination. *Neuron* 33, 185-91.

Peretz, I., and Coltheart, M. 2003. Modularity of music processing. *Nature Neuroscience* 6, 688-91.

Peretz, I., Kolinsky, R., Tramo, M., Labrecque, R., Hublet, C., Demeurisse, G., and Belleville, S. 1994. Functional dissociations following bilateral lesions of auditory cortex. *Brain* 117, 1283-301.

Peretz, I., and Zatorre, R. (ed). 2003. *The Cognitive Neuroscience of Music*. Oxford: Oxford University Press.

Piccirilli, M., Sciarma, T., and Luzzi, S. 2000. Modularity of music: evidence from a case of pure amusia. *Journal of Neurology, Neurosurgery and Psychiatry* 69, 541-5.

Pinker, S. 1994. *The Language Instinct*. New York: William Morrow.

Pinker, S. 1997. *How the Mind Works*. New York: Norton.

Pinker, S. 2003. Language as an adaptation to the cognitive niche. In *Language Evolution* (ed. M. H. Christiansen and S. Kirby), pp. 16-37. Oxford: Oxford University Press.

Pinker, S., and Bloom, P. 1995. Natural language and natural selection. *Behavioral and Brain Sciences* 13, 707-84.

Plavcan, J. M., and van Schaik, C. P. 1992. Intrasexual competition and canine dimorphism in anthropoid primates. *American Journal of Physical Anthropology* 87, 461-77.

Potts, R. 1988. *Early Hominid Activities at Olduvai Gorge*. New York: Aldine de Gruyter.

Potts, R., and Shipman, P. 1981. Cutmarks made by stone tools on bones from Olduvai Gorge, Tanzania. *Nature* 29, 577-80.

Povinelli, D. J. 1993. Reconstructing the evolution of the mind. *American Psychologist* 48, 493-509.

Povinelli, D. J. 1999. *Folk Physics for Apes*. Oxford: Oxford University Press.

Power, C. 1998. Old wives' tale: the gossip hypothesis and the reliability of cheap signals. In *Approaches to the Evolution of Language* (ed. J. R. Hurford, M. Studdert-Kennedy and C. Knight), pp. 111-29. Cambridge: Cambridge University Press.

Premack, A. J., and Premack, D. 1972. Teaching language to an ape. *Scientific American* 227, 92-9.

Rak, Y, Kimbel, W. H., and Hovers, E. 1994. A Neanderthal infant from Amud Cave, Israel. *Journal of Human Evolution* 26, 313-24.

Ramirez Rozzi R V., and Bermúdez de Castro, J. M. 2004. Surprisingly rapid growth in Neanderthals. *Nature* 428, 936-9.

Reichard, U. 1995. Extra-pair copulations in monogamous gibbons *(Hylobates lar)*. *Ethology* 100, 99-112.

Renfrew, A. C, and Zubrow, E. (eds). 1994. *The Ancient Mind*. Cambridge: Cambridge University Press.

Renfrew, A. C, and Bellwood, P. (eds). 2002. *Examining the Farming/Language Dispersal Hypothesis*. Cambridge: MacDonald Institute for Archaeological Research.

Richman, B. 1976. Some vocal distinctive features used by gelada monkeys. *Journal of the Acoustic Society of America* 60, 718-24.

Richman, B. 1978. The synchronisation of voices by gelada monkeys. *Primates* 19, 569-81.

Richman, B. 1987. Rhythm and melody in gelada vocal exchanges. *Primates* 28, 199-223.

Richmond, B. G., and Strait, D. S. 2000. Evidence that humans evolved from a knuckle-walking ancestor. *Nature* 404, 382-5.

Rizzolatti, G., and Arbib, M. A. 1998. Language within our grasp. *Trends in Neurosciences* 21, 188-94.

Robb, L. 1999. Emotional musicality in mother-infant vocal affect, and an acoustic study of postnatal depression. *Musicae Scientiae* Special Issue 1999-2000, 123-54.

Robb, S. L. (ed). 2003. *Music Therapy in Paediatric Healthcare: Research and Evidence-Based Practice*. Silver Spring, MD: American Music Therapy Association.

Robb, S. L., Nicholas, R. J., Rutan, R. L., Bishop, B. L., and Parker, J. C. 1995. The effects of music assisted relaxation on preoperative anxiety. *Journal of Music Therapy* 32, 2-21.

Roberts, M. B., and Parfitt, S. A. 1999. *Boxgrove, A Middle Pleistocene Hominid Site at Eartham Quarry, Boxgrove, West Sussex*. London: English Heritage Archaeological Report no. 17.

Roberts, M. B., Stringer, C. B., and Parfitt, S. A. 1994. A hominid tibia from Middle Pleistocene sediments at Boxgrove, U.K. *Nature* 369, 311-13.

Roe, D. A. 1994. A metrical analysis of selected sets of handaxes and cleavers from Olduvai Gorge. In *Olduvai Gorge 5: Excavations in Beds III-IV and the Masele Beds 1968-71* (ed. M. Leakey and D. Roe), pp. 146-235. Cambridge: Cambridge University Press.

Roe, D. A. 1995. The Orce Basin (Andalucía, Spain) and the initial Palaeolithic of Europe. *Oxford Journal of Archaeology* 14, 1-12.

Rolland, N. 1998. The Lower Palaeolithic settlement of Eurasia, with specific reference to Europe. In *Early Human Behaviour in a Global Context* (ed. M. D. Petraglia and R. Korisettat), pp. 187-220. London: Routledge.

Roseman, M. 1991. *Healing sounds from the Malaysian Rainforest: Temiar Music and Medicine*. Berkeley: University of California Press.

Rosenzweig, M., Leiman, A., and Breedlove, S. 1999. *Biological Psychology: An Introduction to Behavioral, Cognitive and Clinical Neuroscience*. Sunderland, MA: Sinauer Associates.

Rowell, T. E., and Chism, J. 1986. Sexual dimorphism and mating systems: jumping to conclusions. In *Sexual Dimorphism in Living and Fossil Primates* (ed. M. Pickford and B. Chiarelli), pp. 107-11. Firenze: II Sedicesimo.

Rozin, P., Haidt, J., and McCauley, C. R. 1993. Disgust. In *Handbook of Emotions* (ed. M. Lewis and J. M. Haviland). New York: Guildford Press.

Ruff, C. B., Trinkaus, E., and Holliday, T. W. 1997. Body mass and encephalization in pleistocene *Homo*. *Nature* 387, 173-6.

Russon, A. E., Bard, K. A., and Parker, S. T. 1996. *Reaching into Thought: The Minds of the Great Apes*. Cambridge: Cambridge University Press.

Saffran, J. R. 2003. Absolute pitch in infancy and adulthood: the role of tonal structure. *Developmental Science* 6, 35-47.

Saffran, J. R., Aslin, R. N., and Newport, E. L. 1996. Statistical learning by 8-month old infants. *Science* 274, 1926-8.

Saffran, J. R., and Griepentrog, G. J. 2001. Absolute pitch in infant auditory learning: evidence for developmental re-organization. *Developmental Psychology* 37, 74-85.

Saffran, J. R., Johnson, E. K., Aslin, R. N., and Newport, E. L. 1999. Statistical learning of tone sequences by human infants and adults. *Cognition* 70, 27-52.

Savage-Rumbaugh, E. S., and Rumbaugh, D. M. 1993. The emergence of language. In *Tools, Language and Cognition in Human Evolution* (ed. K. R. Gibson and T. Ingold), pp. 86-108. Cambridge: Cambridge University Press.

Savage-Rumbaugh, E. S., Wilkerson, B., and Bakeman, R. 1977. Spontaneous gestural communication among conspecifics in the pygmy chimpanzee *(Pan paniscus)*. In *Progress in Ape Research* (ed. G. Bourne), pp. 97-116. New York: Academic Press.

Schaik, C. P. van, and Dunbar, R. I. M. 1990. The evolution of monogamy in large primates: a new hypothesis and some crucial tests. *Behaviour* 113, 30-62.

Scherer, K. R. 1995. Expression of emotion in voice and music. *Journal of Voice* 9, 235-48.

Scherer, K. R., and Zentner, M. R. 2001. Emotional effects of music: production rules. In *Music and Emotion: Theory and Research* (ed. P. N. Juslin and J. A. Sloboda), pp. 361-92. Oxford: Oxford University Press.

Schlaug, G., Jäncke, L., Huang, Y., and Steinmetz, H. 1995. In vivo evidence of structural brain asymmetry in musicians. *Science* 268, 699-701.

Schullian, D., and Schoen, M. 1948. *Music as Medicine*. New York: Henry Schuman.

Scott, K. 1980. Two hunting episodes of Middle Palaeolithic age at La Cotte de St Brelade, Jersey (Channel Islands). *World Archaeology* 12, 137-52.

Sémah, F., Saleki, H., and Falgueres, C. 2000. Did early man reach Java during the Late Pliocene? *Journal of Archaeological Science* 27, 763-9.

Sergent, J. 1993. Music, the brain and Ravel. *Trends in Neuroscience* 16, 168-72.

Sergent, J., Zuck, E., Terriah, S., and MacDonald, B. 1992. Distributed neural network underlying musical sight reading and keyboard performance. *Science* 257, 106-9.

Seyfarth, R. M. in press. Continuities in vocal communication argue against a gestural origin of language (comment on From monkey-like action recognition to human language: an evolutionary framework for neurolinguistics by M. Arbib). *Behavioral and Brain Sciences.*

Seyfarth, R. M., Cheney, D. L., Harcourt, A. H., and Stewart, K. J. 1994. The acoustic features of gorilla double grunts and their relation to behavior. *American Journal of Primatology* 33, 31-50.

Shennan, S. J. 2000. Population, culture history and the dynamics of culture change. *Current Anthropology* 41, 811-35.

Shove, P., and Repp, B. H. 1995. Musical motion and performance: theoretical and empirical perspectives. In *The Practice of Performance: Studies in MusicalInterpretation* (ed. J. Rink), pp. 55-83. Cambidge: Cambridge University Press.

Slater, P. J. B. 2000. Birdsong repertoires: their origins and use. In *The Origins of Music* (ed. N. L. Wallin, B. Merker and S. Brown), pp. 49-64. Cambridge, MA: MIT Press.

Sloboda, J. A. 1985. *The Musical Mind. The Cognitive Psychology of Music.* Oxford: Clarendon Press.

Sloboda, J. A. 1998. Does music mean anything? *Musicae Scientiae* 2, 21-31.

Sperber, D. 1996. *Explaining Culture.* Oxford: Blackwell.

Spoor, R., Wood, B., and Zonneveld, F. 1994. Implications of early hominid labyrinthine morphology for evolution of human bipedal locomotion. *Nature* 369, 645-8.

Spoor, F., and Zonneveld, F. 1998. A comparative review of the human bony labyrinth. *Yearbook of Physical Anthropology* 41, 211-51.

Staal, F. 1988. *Rules Without Meaning. Essays on Ritual, Mantras and the Science of Man.* New York: Peter Lang.

Staal, F. 1989. Vedic mantras. In *Mantra* (ed. H. P. Alper), pp. 48-95. Albany, NY: State University of New York.

Standley, J. M. 1995. Music as a therapeutic intervention in medical and dental treatment: research and clinical applications. In *The Art and Science of Music Therapy: A Handbook* (ed. T. Wigram, B. Saperson and R. West), pp. 3-33. Amsterdam: Harwood Academic Publications.

Standley, J. M. 1998. The effect of music and multimodal stimulation on physiologic and developmental responses of premature infants in neonatal intensive care. *Pediatric Nursing* 24, 532-8.

Standley, J. M. 2000. The effect of contingent music to increase non-nutritive sucking of premature infants. *Pediatric Nursing* 26, 493.

Standley, J. M., and Moore, R. S. 1995. Therapeutic effect of music and mother's voice on premature infants. *Pediatric Nursing* 21, 509-12.

Stanford, C. B. 1999. *The Hunting Apes: Meat Eating and the Origins of Human Behavior*. Princeton, NJ: Princeton University Press.

Steinke, W R., Cuddy, L. L., and Jakobson, L. S. 2001. Dissociations among functional subsystems governing melody recognition after right-hemisphere damage. *Cognitive Neuropsychology* 18, 411-37.

Straus, L. G., and Bar-Yosef, O. (eds). 2001. Out of Africa in the Pleistocene. *Quaternary International* 75, 1-3.

Street, A., Young, S., Tafuri, J., and Ilari, B. 2003. Mothers' attitudes to singing to their infants. *Proceedings of the 5th Triennial ESCOM conference* (ed. R. Kopiez, A. C. Lehmann, I. Wolther and C. Wolf), pp. 628-31. Hanover: Hanover University of Music and Drama.

Stringer, C. B. 2003. Out of Ethiopia. *Nature* 423, 692-5.

Stringer, C. B., Barton, R. N. E., and Finlayson, J. C. (eds). 2000. *Neanderthals on the Edge*. Oxford: Oxbow Books.

Stringer, C. B., and Gamble, C. 1993. *In Search of the Neanderthals*. London: Thames and Hudson.

Struhsaker, T. 1967. Auditory communication among vervet monkeys *(Cercopithecus aethiops)*. In *Social Communication Among Primates* (ed. A. Altmann), pp. 281-324. Chicago: Chicago University Press.

Studdert-Kennedy, M. 1998. The particulate origins of language generativity: from syllable to gesture. In *Approaches to the Evolution of Language: Social and Cognitive Biases* (ed. J. Hurford, M. Studdert-Kennedy and C. Knight), pp. 202-21. Cambridge: Cambridge University Press.

Studdert-Kennedy, M. 2000. Evolutionary implications of the particulate principle: imitation and the dissociation of phonetic form from semantic function. In *The Evolutionary Emergence of Language* (ed. C. Knight, M. Studdert-Kennedy and J. Hurford), pp. 161-76. Cambridge: Cambridge University Press.

Studdert-Kennedy, M., and Goldstein, L. 2003. Launching language: the gestural origin of discrete infinity. In *Language Evolution* (ed. M. H. Christiansen and S. Kirby), pp. 235-54. Oxford: Oxford University Press.

Sundberg, J., Friberg, A., and Fryden, L. 1992. Music and locomotion: a study of the perception of tones with level envelopes replicating force patterns of walking. *KTH Speech Transmission Laboratory Quarterly Progress and Status Report* 4/1992, 109-22.

Swisher, C. C. III., Curtis, G. H., Jacob, T., Getty, A. G., Suprijo, A., and Widiasmoro. 1994. Age of earliest known hominids in Java, Indonesia. *Science* 262, 1118-21.

Takahashi, N., Kawamura, M., Shinotou, H., Hirayama, K., Kaga, K., and Shindo, M. 1992. Pure word deafness due to left hemisphere damage. *Cortex* 28, 295-303.

Takeuchi, A., and Hulse S. H. 1993. Absolute pitch. *Psychological Bulletin* 113, 345-61.

Tallerman, M. in press. Did our ancestors speak a holistic proto-language? To appear in *Lingua* special issue on language evolution edited by Andrew Carstairs-McCarthy.

Tanner, J. E., and Byrne, R. W. 1996. Representation of action through iconic gesture in a captive lowland gorilla. *Current Anthropology* 37, 162-73.

Tchernov, E. 1995. The hominids in the southern Levant. In *The Hominids and their Environments During the Lower and Middle Pleistocene of Eurasia* (ed. J. Gibert et al.), pp. 389-406. Proceedings of the International Conference of Human Palaeontology. Orce: Museo de Prehistoria y Palaeontology.

Tenaza, R. R. 1976. Songs, choruses and countersinging of Kloss' gibbons *(Hylobates klossii)* in Sinernit Island, Indonesia. *Zeitschrift* für *Tierpsychologie* 40, 37-52.

Terrace, H. S. 1979. *Nim*. New York: Knopf.

Terrace, H. S., Pettito, L. A., Saunders, R. J., and Bever, T. G. 1979. Can an ape create a sentence? *Science* 206, 891-902.

Thaut, M. H., McIntosh, G. C., Rice, R. R. 1997. Rhythmic facilitation of gait training in hemiparetic stroke rehabilitation. *Journal of Neurological Sciences* 151, 207-12.

Thaut, M. H., McIntosh, K. W., McIntosh, G. C., and Hoemberg, V. 2001. Auditory rhythmicity enhances movement and speech motor control in patients with Parkinson's disease. *Functional Neurology* 16, 163-172.

Thelen, E. 1981. Rhythmical behavior in infancy: an ethological perspective. *Developmental Psychology* 17, 237-57.

Thieme, H. 1997. Lower Palaeolithic hunting spears from Germany. *Nature* 385, 807-10.

Thomas, D. A. 1995. *Music and the Origins of Language: Theories from the French Enlightenment*. Cambridge: Cambridge University Press.

Thornhill, R., and Gangstead, S. 1996. The evolution of human sexuality. *Trends in Ecology and Evolution* 11, 98-102.

Tobias, P. 1981. The emergence of man in Africa and beyond. *Philosophical*

Transactions of the Royal Society of London, B. Biological Sciences 292, 43-56.

Tobias, P. 1987. The brain of *Homo habilis:* a new level of organisation in cerebral evolution. *Journal of Human Evolution* 16, 741-61.

Tolbert, E. 2001. Music and meaning: an evolutionary story. *Psychology of Music* 29, 84-94.

Tomasello, M. 2003. On the different origins of symbols and grammar. In *Language Evolution* (ed. M. H. Christiansen and S. Kirby), pp. 94-110. Oxford: Oxford University Press.

Tomasello. M., Call, J., and Hare, B. 2003. Chimpanzees understand psychological states - the question is which ones and to what extent. *Trends in Cognitive Sciences* 7, 153-6.

Tomasello, M., George, B. L., Kruger, A. C., Farrar, M. J., and Evans, A. 1985. The development of gestural communication in young chimpanzees. *Journal of Human Evolution* 14, 175-86.

Tomasello, M., Gust, D., and Frost, G. T. 1989. A longitudinal investigation of gestural communication in young chimpanzees. *Primates* 30, 35-50.

Tomasello, M., Call, J., Nagell, K., Olguin, R., and Carpenter, M. 1994. The learning and use of gestural signals by young chimpanzees: a transgenerational study. *Primates* 35, 137-54.

Tonkes, B., and Wiles, J. 2002. Methodological issues in simulating the emergence of language. In *The Transition to Language* (ed. A. Wray), pp. 226-51. Oxford: Oxford University Press.

Toth, N. 1985. The Oldowan re-assessed: a close look at early stone artefacts. *Journal of Archaeological Science* 12, 101-20.

Toth, N., Schick, K. D., Savage-Rumbaugh, E. S., Sevcik, R. A., and Rumbaugh, D. M. 1993. *Pan* the tool-maker: investigations into the stone tool-making and tool-using capabilities of a bonobo *(Pan paniscus). Journal of Archaeological Science* 20, 81-91.

Trehub, S. E. 2003. Musical predispositions in infancy: an update. In *The Cognitive Neuroscience of Music* (ed. I. Peretz and R. Zatorre), pp. 3-20. Oxford: Oxford University Press.

Trehub, S. E., and Schellenberg, E. G. 1995. Music: its relevance to infants. *Annals of Child Development* 11, 1-24.

Trehub, S. E., Schellenberg, E. G., and Hill, D. 1997. The origins of music perception and cognition: a developmental perspective. In *Perception and Cognition of Music* (ed. I. Deliege and J. A. Sloboda), pp. 103-28. Hove:

Psychology Press.

Trehub, S. E., and Nakata, T. 2001. Emotion and music in infancy. *Musicae Scientiae* Special Issue 2001-02, 37-59.

Trehub, S. E., and Trainor, L. J. 1998. Singing to infants: lullabies and playsongs. *Advances in Infancy Research* 12, 43-77.

Trehub, S. E., Unyk, A. M., and Trainor, L. J. 1993. Adults identify infant-directed music across cultures. *Infant Behaviour and Development* 16, 193-211.

Trehub, S. E., Unyk, A. M., Kamenetsky, S. B., Hill, D. S., Trainor, L. J., Henderson, J. L., and Saraza, M. 1997. Mothers' and fathers' singing to infants. *Developmental Psychology* 33, 500-7.

Trevarthen, C. 1999. Musicality and the intrinsic motive pulse: evidence from human pyschobiology and infant communication. *Musicae Scientiae* Special Issue 1999-2000, 155-215.

Trinkaus, E. 1983. *The Shanidar Neanderthals*. New York: Academic Press.

Trinkaus, E. 1985. Pathology and posture of the La-Chapelle-aux-Saints Neanderthal. *American Journal of Physical Anthropology* 67, 19-41.

Trinkaus, E. 1995. Neanderthal mortality patterns. *Journal of Archaeological Science* 22, 121-42.

Trinkaus, E., and Shipman, P. 1995. *The Neanderthals*. New York: Alfred A. Knopf. Turk, I. (ed.). 1997. *Mousterian 'Bone Flute', and Other Finds from Divje Babe 1 Cave Site in Slovenia*. Ljubljana: Založba ZRC.

Turner, A. 1992. Large carnivores and earliest European hominids: changing determinations of resource availability during the Lower and Middle Pleistocene. *Journal of Human Evolution* 22, 109-26.

Unkefer, R. (ed.). 1990. *Music Therapy in the Treatment of Adults with Mental Disorders*. New York: Schirmer Books.

Unyk, A. M., Trehub, S. E., Trainor, L. J., and Schellenberg, E. G. 1992. Lullabies and simplicity: a cross-cultural perspective. *Psychology of Music* 20, 15-28.

Van Peer, P. 1992. *The Levallois Reduction Strategy*. Madison: Prehistory Press.

Vaneechoutte, M., and Skoyles, J. R. 1998. The memetic origin of language: modern humans as musical primates. *Journal of Memetics* 2, http://jom-emit. cfpm.org/1998/vol2.

Vieillard, S., Bigand, E., Madurell, F., and Marozeau, J. 2003. The temporal processing of musical emotion in a free categorisation task. *Proceedings of the 5th Triennial ESCOM conference*, pp. 234-7. Hanover: Hanover University of Music and Drama.

Wallin, N. L. 1991. *Biomusicology: Neurophysiological, Neuropsychological and*

Evolutionary Perspectives on the Origins and Purposes of Music. Stuyvesant, NY: Pendragon Press.

Wallin, N. L, Merker, B., and Brown, S. (eds). 2000. *The Origins of Music.* Cambridge, MA: Massachusetts Institute of Technology.

Wanpo, H., Ciochon, R., Yumin, G., Larick, R., Qiren, R., Schwarcz, H., Yonge, C., de Vos, J., and Rink, W. 1995. Early *Homo* and associated artefacts from China. *Nature* 378, 275-8.

Ward, R., and Stringer, C. 1997. A molecular handle on the Neanderthals. *Nature* 388, 225-6.

Watt, R. J., and Ash, R. L. 1998. A psychological investigation of meaning in music. *Musicae Scientiae* 2, 33-53.

Weisman, R. G., Njegovan, M. G., Williams, M. T., Cohen, J. S., and Sturdy, C. B. 2004. A behavior analysis of absolute pitch: sex, experience, and species. *Behavioural Processes* 66, 289-307.

Wenban-Smith, F. 1999. Knapping technology. In *Boxgrove, A Middle Pleistocene Hominid Site at Eartham Quarry, Boxgrove, West Sussex* (ed. M. B. Roberts and S. Parfitt), pp. 384-95. London: English Heritage.

Wheeler, P. 1984. The evolution of bipedality and the loss of functional body hair in hominids. *Journal of Human Evolution* 13, 91-8.

Wheeler, P. 1988. Stand tall and stay cool. *New Scientist* 12, 60-5.

Wheeler, P. 1991. The influence of bipedalism on the energy and water budgets of early hominids. *Journal of Human Evolution* 21, 107-36.

Wheeler, P. 1992. The influence of the loss of functional body hair on hominid energy and water budgets. *Journal of Human Evolution* 23, 379-88.

Wheeler, P. 1994. The thermoregulatory advantages of heat storage and shade seeking behaviour to hominids foraging in equatorial savannah environments. *Journal of Human Evolution* 21, 107-36.

White, M. J. 1998. On the significance of Acheulian biface variability in southern Britain. *Proceedings of the Prehistoric Society* 64, 15-44.

White, R. 1993. A social and technological view of Aurignacian and Castelperronian personal ornaments in S.W Europe. In *El Origin del Hombre Moderno en el Suroeste de Europa* (ed. V. Cabrera Valdés), pp. 327-57. Madrid: Ministerio des Educacion y Ciencia.

White, T. D., Asfaw, B., DaGusta, D., Gilbert, H., Richards, G. D., Suwa, G., and Howell, F. C. 2003. Pleistocene *Homo sapiens* from Middle Awash, Ethiopia. *Nature* 423, 742-7.

Wilson, S. J., and Pressing, J. 1999. Neuropsychological assessment and modeling of musical deficits. *MusicMedicine* 3, 47-74.

Wood, B. 1992. Origin and evolution of the genus *Homo*. *Nature* 355, 783-90.

Wood, B. 2002. Hominid reveleations from Chad. *Nature* 418, 133-5.

Wood, B., and Collard, M. 1999. The human genus. *Science* 284, 65-71.

Wray, A. 1998. Protolanguage as a holistic system for social interaction. *Language and Communication* 18, 47-67.

Wray, A. 2000. Holistic utterances in protolanguage: the link from primates to humans. In *The Evolutionary Emergence of Language: Social Function and the Origins of Linguistic Form* (ed. C. Knight, M. Studdert-Kennedy and J. R. Hurford), pp. 285-302. Cambridge: Cambridge University Press.

Wray, A., 2002a. *Formulaic Language and the Lexicon*. Cambridge: Cambridge University Press.

Wray, A. 2002b. (ed.). *The Transition to Language*. Oxford: Oxford University Press.

Wray, A. 2002c. Dual processing in protolanguage. In *The Transition to Language* (ed. A. Wray), pp. 113-37. Oxford: Oxford University Press.

Wray, A., and Grace, G. W. in press. The consequences of talking to strangers: evolutionary corollaries of socio-cultural influences on linguistic form. *Lingua*.

Wright, A. A., Rivera, J. J., Hulse, S. H., Shyan, M., and Neiworth, J. J. 2000. Music perception and octave generalization in rhesus monkeys. *Experimental Psychology: General* 29, 291-307.

Wynn, T. 1993. Two developments in the mind of early Homo. *Journal of Anthropological Archaeology* 12, 299-322.

Wynn, T. 1995. Handaxe enigmas. *World Archaeology* 27, 10-23.

Wynn, T., and Coolidge, F. L. 2004. The expert Neanderthal mind. *Journal of Human Evolution* 46, 467-87.

Yaqub, B. A., Gascon, G. G., Al-Nosha, M., Whitaker, H. 1988. Pure word deafness (acquired verbal auditory agnosia) in an Arabic speaking patient. *Brain* 111, 457-66.

Yellen, J. E., Brooks, A. S., Cornelissen, E., Mehlman, M. H., and Stewart, K. 1995. A Middle Stone Age worked bone industry from Katanda, Upper Semliki Valley, Zaire. *Science* 268, 553-6.

Zahavi, A. 1975. Mate selection: a selection of handicap. *Journal of Theoretical Biology* 53, 205-14.

Zahavi, A., and Zahavi, A. 1997. *The Handicap Principle*. New York, NY: Oxford University Press.

Zatorre, R. J. 2003. Absolute pitch: a model for understanding the influence of genes and development on neural and cognitive function. *Nature Neuroscience* 6, 692-5.

Zhu, R. X., Potts, R., Xie, F., Hoffman, K. A., Deng, C. L., Shi, C. D., Pan, Y. X., Wang, H. Q., Shi, R. P., Wang, Y. C., Shi, G. H., and Wu, N. Q. 2004. New evidence on the earliest human presence at high northern latitudes in northeast Asia. *Nature* 431, 559-62.

Zuberbühler, K. 2003. Referential signalling in non-human primates: cognitive precursors and limitations for the evolution of language. *Advances in the Study of Behaviour* 33, 265-307.

Zubrow, E. 1989. The demographic modelling of Neanderthal extinction. In *The Human Revolution: Behavioural and Biological Perspectives on the Origins of Modern Humans* (ed. P. Mellars and C. B. Stringer), pp. 212-32. Edinburgh: Edinburgh University Press.

插图鸣谢

我在此向绘制了图 7、图 8、图 20 和图 13 ～图 17 的玛格丽特·马修斯（Margaret Mathews）以及绘制了图 18 的简·伯勒尔（Jane Burrell）表示感谢。

图 1 改编自拉尔和富利（2004 年）。

图 2 ～图 4 摘自卡特（Carter）（1998 年）。

图 5 摘自佩雷茨和柯尔特哈特（Colthreat）（2003 年），得到了伊莎贝拉·佩雷茨的许可。

图 6 引自乔布林等人（2004 年）。

图 7、图 8、图 13 和图 14 引自约翰逊和埃德加（1996 年）。

图 9 复制自卢因（Lewin）（1999 年），得到了约翰·弗利格尔（John Fleagle）的许可。

图 10 根据艾洛和邓巴（1993 年）的数据绘制而成。

图 12 摘自罗伯茨和帕菲特（1999 年），得到了英格兰遗产委员会的许可。

图 15 引自特克（1997 年）。

图 16 引自怀特等人（2003 年）。

图 17 引自亨希尔伍德等人（2002 年）。

图 20 引自德里科等人（2003 年）。